U0339708

第一推动丛书：综合系列
The Polytechnique Series

复杂的引擎
The Engine of Complexity

[美] 约翰·E.梅菲尔德 著　唐璐 译
John E. Mayfield

湖南科学技术出版社

THE
FIRST
MOVER

总序

《第一推动丛书》编委会

科学，特别是自然科学，最重要的目标之一，就是追寻科学本身的原动力，或曰追寻其第一推动。同时，科学的这种追求精神本身，又成为社会发展和人类进步的一种最基本的推动。

科学总是寻求发现和了解客观世界的新现象，研究和掌握新规律，总是在不懈地追求真理。科学是认真的、严谨的、实事求是的，同时，科学又是创造的。科学的最基本态度之一就是疑问，科学的最基本精神之一就是批判。

的确，科学活动，特别是自然科学活动，比起其他的人类活动来，其最基本特征就是不断进步。哪怕在其他方面倒退的时候，科学却总是进步着，即使是缓慢而艰难的进步。这表明，自然科学活动中包含着人类的最进步因素。

正是在这个意义上，科学堪称为人类进步的"第一推动"。

科学教育，特别是自然科学的教育，是提高人们素质的重要因素，是现代教育的一个核心。科学教育不仅使人获得生活和工作所需的知识和技能，更重要的是使人获得科学思想、科学精神、科学态度以及科学方法的熏陶和培养，使人获得非生物本能的智慧，获得非与生俱来的灵魂。可以这样说，没有科学的"教育"，只是培养信仰，而不是教育。没有受过科学教育的人，只能称为受过训练，而非受过教育。

正是在这个意义上，科学堪称为使人进化为现代人的"第一推动"。

　　近百年来，无数仁人志士意识到，强国富民再造中国离不开科学技术，他们为摆脱愚昧与无知做了艰苦卓绝的奋斗。中国的科学先贤们代代相传，不遗余力地为中国的进步献身于科学启蒙运动，以图完成国人的强国梦。然而可以说，这个目标远未达到。今日的中国需要新的科学启蒙，需要现代科学教育。只有全社会的人具备较高的科学素质，以科学的精神和思想、科学的态度和方法作为探讨和解决各类问题的共同基础和出发点，社会才能更好地向前发展和进步。因此，中国的进步离不开科学，是毋庸置疑的。

　　正是在这个意义上，似乎可以说，科学已被公认是中国进步所必不可少的推动。

　　然而，这并不意味着，科学的精神也同样地被公认和接受。虽然，科学已渗透到社会的各个领域和层面，科学的价值和地位也更高了，但是，毋庸讳言，在一定的范围内或某些特定时候，人们只是承认"科学是有用的"，只停留在对科学所带来的结果的接受和承认，而不是对科学的原动力——科学的精神的接受和承认。此种现象的存在也是不能忽视的。

　　科学的精神之一，是它自身就是自身的"第一推动"。也就是说，科学活动在原则上不隶属于服务于神学，不隶属于服务于儒学，科学活动在原则上也不隶属于服务于任何哲学。科学是超越宗教差别的，超越民族差别的，超越党派差别的，超越文化和地域差别的，科学是普适的、独立的，它自身就是自身的主宰。

　　湖南科学技术出版社精选了一批关于科学思想和科学精神的世界名著，请有关学者译成中文出版，其目的就是为了传播科学精神和科学思想，特别是自然科学的精神和思想，从而起到倡导科学精神，推动科技发展，对全民进行新的科学启蒙和科学教育的作用，为中国的进步做一点推动。丛书定名为"第一推动"，当然并非说其中每一册都是第一推动，但是可以肯定，蕴含在每一册中的科学的内容、观点、思想和精神，都会使你或多或少地更接近第一推动，或多或少地发现自身如何成为自身的主宰。

再版序
一个坠落苹果的两面：
极端智慧与极致想象

龚曙光
2017年9月8日凌晨于抱朴庐

连我们自己也很惊讶，《第一推动丛书》已经出了25年。

或许，因为全神贯注于每一本书的编辑和出版细节，反倒忽视了这套丛书的出版历程，忽视了自己头上的黑发渐染霜雪，忽视了团队编辑的老退新替，忽视好些早年的读者，已经成长为多个领域的栋梁。

对于一套丛书的出版而言，25年的确是一段不短的历程；对于科学研究的进程而言，四分之一个世纪更是一部跨越式的历史。古人"洞中方七日，世上已千秋"的时间感，用来形容人类科学探求的速律，倒也恰当和准确。回头看看我们逐年出版的这些科普著作，许多当年的假设已经被证实，也有一些结论被证伪；许多当年的理论已经被孵化，也有一些发明被淘汰……

无论这些著作阐释的学科和学说，属于以上所说的哪种状况，都本质地呈现了科学探索的旨趣与真相：科学永远是一个求真的过程，所谓的真理，都只是这一过程中的阶段性成果。论证被想象讪笑，结论被假设挑衅，人类以其最优越的物种秉赋 —— 智慧，让锐利无比的理性之刃，和绚烂无比的想象之花相克相生，相否相成。在形形色色的生活中，似乎没有哪一个领域如同科学探索一样，既是一次次伟大的理性历险，又是一次次极致的感性审美。科学家们穷其毕生所奉献的，不仅仅是我们无法发现的科学结论，还是我们无法展开的绚丽想象。在我们难以感知的极小与极大世界中，没有他们记历这些伟大历险和极致审美的科普著作，我们不但永远无法洞悉我们赖以生存世界的各种奥秘，无法领略我们难以抵达世界的各种美丽，更无法认知人类在找到真理和遭遇美景时的心路历程。在这个意义上，科普是人类极端智慧和极致审美的结晶，是物种独有的精神文本，是人类任何其他创造——神学、哲学、文学和艺术无法替代的文明载体。

在神学家给出"我是谁"的结论后，整个人类，不仅仅是科学家，包括庸常生活中的我们，都企图突破宗教教义的铁窗，自由探求世界的本质。于是，时间、物质和本源，成为了人类共同的终极探寻之地，成为了人类突破慵懒、挣脱琐碎、拒绝因袭的历险之旅。这一旅程中，引领着我们艰难而快乐前行的，是那一代又一代最伟大的科学家。他们是极端的智者和极致的幻想家，是真理的先知和审美的天使。

我曾有幸采访《时间简史》的作者史蒂芬·霍金，他痛苦地斜躺在轮椅上，用特制的语音器和我交谈。聆听着由他按击出的极其单调的金属般的音符，我确信，那个只留下萎缩的躯干和游丝一般生命气息的智者就是先知，就是上帝遣派给人类的孤独使者。倘若不是亲眼所见，你根本无法相信，那些深奥到极致而又浅白到极致，简练到极致而又美丽到极致的天书，竟是他蜷缩在轮椅上，用唯一能够动弹的手指，一个语音一个语音按击出来的。如果不是为了引导人类，你想象不出他人生此行还能有其他的目的。

无怪《时间简史》如此畅销！自出版始，每年都在中文图书的畅销榜上。其实何止《时间简史》，霍金的其他著作，《第一推动丛书》所遴选的其他作者著作，25年来都在热销。据此我们相信，这些著作不仅属于某一代人，甚至不仅属于20世纪。只要人类仍在为时间、物质乃至本源的命题所困扰，只要人类仍在为求真与审美的本能所驱动，丛书中的著作，便是永不过时的启蒙读本，永不熄灭的引领之光。

虽然著作中的某些假说会被否定，某些理论会被超越，但科学家们探求真理的精神，思考宇宙的智慧，感悟时空的审美，必将与日月同辉，成为人类进化中永不腐朽的历史界碑。

因而在25年这一时间节点上，我们合集再版这套丛书，便不只是为了纪念出版行为本身，更多的则是为了彰显这些著作的不朽，为了向新的时代和新的读者告白：21世纪不仅需要科学的功利，而且需要科学的审美。

当然，我们深知，并非所有的发现都为人类带来福祉，并非所有的创造都为世界带来安宁。在科学仍在为政治集团和经济集团所利用，甚至垄断的时代，初衷与结果悖反、无辜与有罪并存的科学公案屡见不鲜。对于科学可能带来的负能量，只能由了解科技的公民用群体的意愿抑制和抵消：选择推进人类进化的科学方向，选择造福人类生存的科学发现，是每个现代公民对自己，也是对物种应当肩负的一份责任、应该表达的一种诉求！在这一理解上，我们将科普阅读不仅视为一种个人爱好，而且视为一种公共使命！

牛顿站在苹果树下，在苹果坠落的那一刹那，他的顿悟一定不只包含了对于地心引力的推断，而且包含了对于苹果与地球、地球与行星、行星与未知宇宙奇妙关系的想象。我相信，那不仅仅是一次枯燥之极的理性推演，而且是一次瑰丽之极的感性审美……

如果说，求真与审美，是这套丛书难以评估的价值，那么，极端的智慧与极致的想象，则是这套丛书无法穷尽的魅力！

序

像我们自身这样复杂的事物是怎么可能出现的？这个问题困扰了数个世纪来最杰出的一些思想家。复杂性的本质问题带来了理论和方法上的挑战。人们对复杂性提出了许多定义，其中很多都不能量化，无法对这种属性进行度量。我认为，信息、复杂和进化的概念在其中相互缠绕，只有综合考虑，对它们的认识才可能形成突破。而将它们结合到一起的是计算的概念。

极为复杂的事物随处可见。动植物就是明显的例子，还有许多人类发明的事物，例如航天飞机、美国国防部，以及现代汽车制造业背后的供应链。一些无生命、非人造的事物显得也很复杂，例如星系和山脉。有没有可行的方法比较人类和银河系的复杂性？或者珊瑚礁和超级计算机的复杂性？

解决与复杂性有关的问题不是件容易的事情。传统方法——常被称为复杂性科学——采取的是高度数学化的方法。许多专家的背景是物理学，虽然经常会涉及经济和社会系统，但研究的对象多来自非生物领域。我选取了不同的路径，一条偏向哲学和生物学，另一条避开数学，两条路径互为补充。非数学化的方法解释了数学方法曾试图解释的许多事物，反过来又说明了传统的数学为何有时候无效。这本书虽然没有什么公式，但并不是因为反感数学。书中的思想建立在计算理论的基础之上，这是高度专业化的数学分支。不包含公式，是因为在理解相关概念时，它们不是必需的，并且数学推导会给许多读者造成障碍。我希望能让非专业读者也能理解一些基本的计算概念，这些概念虽然本质上极为数学化，但其主要思想却可以用非数学的语言进行阐释。

理查德·道金斯于1986年出版的获奖图书《盲眼钟表匠》部分触及了复杂性问题。他意识到，我们真正想知道的不是如何度量复杂性，而是复杂事物是如何形成的。他指出，一些复杂事物有预先设计，而另一些则没有。计算机的出现是因为工程师的设计。一块嵌满水晶的岩石也很复杂，却没有科学意义上的预先设计；它只是一定条件下一系列自然力量长期作用的产物，而这些条件本身又是一系列长期的自然过程的结果。岩石和计算机都遵循物理定律，但创造计算机还需要一些东西：精确组织的特定信息。这一点将计算机与非生物、非人造的事物区分开来，从复杂性科学的视角来看，也正是这一点让它不一样。

生物也给人以设计感。然而，水母的构造并非由工程师设计。虽然过去60年，分子遗传学家对水母的结构已经研究得非常清楚，但水母仍然是没有预先设计的。当然现在我们知道了，是水母的DNA编码信息与化学和物理定律的协同运作使得水母的形成成为可能。对于生物，必须有描述其自身并且经常是存于其自身的附加信息，这一点将生命的复杂性与岩石、天气、太阳系这类事物的复杂性清晰地区分开来。因此我们必须追问，这些"附加"的信息从何而来？有意义的信息不会凭空产生，它肯定是来自某个地方。

再次归功于遗传学家，他们研究了达尔文的自然选择过程是如何作用于由不同个体组成的种群，发现生物种群中成员的DNA会随时间变化。个体的DNA不会变化，但种群的DNA会随时间改变。DNA的变化来自突变，然后经过自然选择累积，点滴增加的信息使得水母得以适应环境生存。种群中遗传物质的随机变化（生殖过程中产生的突变）受自然选择的长期作用，就是创造所有生物所需的附加描述信息的来源。但是当工程师设计新的计算机或悬索桥时，附加的描述信息又来自哪里呢？都是工程师凭空想出来的吗？显然不是，后面会解释，当被视为计算时，文化和技术领域遵循的是与生物界同样的运作模式。这意味着让众多复杂事物成为可能的所有附加信息是来自对随机变化的累积选择。我将这个逻辑范式称为"复杂引擎"。同样的引擎驱动了生命的进化以及社会和技术的进步，我猜想人类的学习和创造性也是受其驱动。

信息是个时髦的词："我们生活在数字（信息）时代"，"生物学正在成为信息科学"，"最有希望统一广义相对论和量子力学的是信息理论"——在这本书中，将许多事物具有的特殊复杂性与岩石、火星或半人马座阿尔法星这类事物的普通复杂性区分开来的是"附加信息"。

根据我们使用手机、计算机的经验，以及我们回应他人话语的基本能力，很显然信息可以被处理、操作和用于达成某种目的。对其进行研究的科学被称为计算机科学。这个学科是众多从不同角度解释世界的学科中的新成员。对计算的数学分析区分了什么是可计算的和不可计算的。一些人认为，从广义的信息和信息处理的角度来看，当我们观察世界的变化时，我们实际是在观察宇宙的计算。在书中我将阐明，这种相对较新的观点是怎样将进化的思想推广到之前只是在很模糊的意义上被视为具有进化性的领域，以及在许多并不涉及DNA的领域，进化计算是如何运作的。

计算的观点能引申出更广义的进化论，同时也能回答，对于信息没有编码在DNA中的复杂事物，其所需的描述信息来自哪里。答案是随机性：随机事件和随机选择是所有目的性信息的最终来源。这看似疯狂，并且完全有违直觉 —— 这也正是促使我写这本书的动机。

目录

引言

　　复杂性引出了许多问题。列举少许为例：为什么许多复杂事物看上去都具有目的性或以某种巧妙的方式适应某物？复杂事物与简单事物有何本质区别？复杂事物在理论上是如何可能的？概率上完全不可能的事物到底是如何产生的？对这类问题的疑惑促使我去做研究和写这本书。通过研读前人的成果并不断提升自己的认识，我意识到无法回避背后的进化机制。这里所说的进化，比生物课上讲授的物种起源的过程要更为广义。我说的是许多表面上看似无关的活动背后共同的逻辑。这种逻辑可以视为一种特殊的计算策略，这种策略的执行会产生出原本不可能出现的复杂事物。

　　许多学者会将这种计算的观点归类于哲学解释的"信息学派"。在我看来，计算的观点让许多原本很"模糊的"概念和讨论变得精确。例如"进化"的精确定义就可以不依赖于生命科学。我给出的定义就可以适用于实现了进化计算的所有系统。用计算来定义进化可以使这个概念更为广义，并且不失精确性。其他好处包括，可以将计算的概念推广到看似非计算的领域，澄清了热力学对进化过程的作用，也澄清了复杂性的研究。

　　大部分图书馆都藏有关于生物进化和以各种方式解释我们周围的物理世界的优秀书籍。然而虽然有这么好的资源，最近由美国国家科学基金资助的一项调查却发现，只有45%的美国人认为人类是由其他动物进化而来，只有33%的人接受大爆炸是宇宙的起源。如果我们的文化排斥科学技术，这样的结果还好理解，问题是我们不是。美国人早于其他国家很多年就接受了科学发现带来的技术成果，并且经济也因此而受益。讽刺的是，科学在总体上很受推崇，但科学知识的一些部分却由于非科学的原因受到排斥。最为典型的就是对生物尤其是我们自己是源自进化的观点的排斥。从计算的角度认识进化可以凸显出这种排斥的矛盾性，一个人如果承认计算机和大部分人类技术都服从进化机制，就没有理由否认生命进化。书中我将阐明，不仅生物的存在有赖于进化计算，你的身体抵抗感染的能力，人类学习新概念的能力，支撑现代生活的技术，以及作为社会基石的各种组织都有赖于此。

　　近年来，一个新的科学和数学研究领域对我们的日常生活越来越重要。这个领域就是计算机科学。数字革命正迅速改变人们的行为和思维方式。与此同时，这个新的视角也在改变科学家们对物理、生物学和工程等传统领域的理解和认识，并且帮助我们将它们紧密结合到一起。

　　将技术、生物学和计算机连接到一起的两个重要概念是信息和进化。我认为，要正确理解进化，就必须借助信息的概念。这是因为进化本质上就是积累信息。让人吃惊的是，信息的本质问题是哲学家、物理学家和生物学家持续不断的争议和混淆的源头。信息一词在不同领域甚至在同一领域中都并不总是意味着相同的事情，虽然这些领域有共同的主题。有趣的是，在计算机科学中似乎没有什么争议。这可能是因为没有清晰的定义这个领域就不可能存在，也有可能是因为计算机科学对实在的本质非常重要。

　　我是生物学家，同时又对一些更大的问题感兴趣，信息的问题至少有3个方面让我感兴趣。第一，任何一个现代生物学家都认识到，如果不彻底理解DNA中的信息是如何引导生物体的形成，就不可能彻底理解生命。第二，从计算的角度更容易理解进化的过程。根据这种思想，只要遵循特定的信息操作和累积策略，进化就会发生。在书中我将这个策略称为"复杂引擎"。第三，任何有意义的复杂性，无论是不是生物，都只有通过广义的计算过程才有可能实现。这个观点看似不对甚至荒谬，但我希望随着阅读的深入，我能说服你接受这一点。

　　生命和人类的公司似乎都表现出了高度的创新性。对此进行深入阐释是本书的主题之一。大多数人都会认为，从创新的角度来说，刺猬要比同等大小的花岗岩复杂得多。如果将进化视为计算，就能精确解释为什么刺猬要比花岗岩复杂。

　　进化计算一旦在某个物理系统中实现，这种"创新计算"往往能产生出原本不可能存在的复杂产物。事实上，进化和创造性的联系极为紧密，很有可能我们遇到的所有具有创造性的复杂事物都只有通过进化计算才有可能。

将达尔文的思想推广到非生物学领域，尤其是社会科学，并不新鲜；但我的一个目标是寻找进化的精确定义，从而回答以下问题：（在达尔文的意义上）过程X到底是不是进化？我在第5章给出的计算性定义达成了这个目标。从信息的角度理解进化也不新鲜，但即便是我的很多生物学同行，虽然已经是很成功的科学家，并且也完全接受达尔文的观点，仍然有许多人并没有认识到进化计算的威力以及它在生物学以外的作用。

从2500年前的柏拉图和亚里士多德开始，复杂性的起源就一直让许多最杰出的哲学家着迷[1]。这方面目前最活跃的领域之一是宇宙学，物理学家在探讨关于宇宙起源和本质的基本问题。目前讨论的一个热点是尝试将已经证明了的理论计算机科学的原理应用到物理学。用MIT的理论物理学家塞思·劳埃德的话说，"我们可以从数学上证明，一个计算的宇宙必然 —— 有高度的可能性 —— 产生越来越复杂的结构。[2]"还有观点认为，没有计算就不可能有复杂的结果。这里的计算定义为操作信息的过程。

我在这本书中呈现的思考开始于20年前，1993年我第一次读了道金斯的《盲眼钟表匠》[3]。当时我在给大一新生教生物学导论。我采用的教材详细介绍了进化，我讲起来没什么困难，大部分初次接触这个主题的学生也能够接受。但我还是感觉到这种标准的进化阐释似乎缺少了某种重要的东西。

为了丰富教学内容，我读了道金斯的书。坦白说，我自己也想学习一下。我在大学的专业是物理学，研究生专业则是生物物理学。我没有接受过关于进化的科班训练。不过，生物进化的事实不是问题。我的专业主要是研究DNA序列，对于这个领域的人来说进化是每天都要面对的事实。读道金斯的书让我重新认识了信息在进化概念中的核心地位。我甚至在书的空白处写下"信息才是重点"。但当时我并没有彻底领会其意义。

后来故事的发展超出了我的想象。一旦理解了信息和进化的关联，就能够解释许多表面上没有明显关联的事物。现在我明白了，我们在日常生活中关注的大部分事物，用进化的信息可以得到最好的解释。结合了信息的进化策略的力量是如此强大和具有说服力，我开始认识到，复杂事物的形成机制应当作为我们整个教育体系所教授知识的基石。令人遗憾的是，直到2013年，在大多数大学的课表里还是很难找到讲述这两个概念之间的相互关联的课程。这本书的读者对象包括专家、学生和普通读者，同时我也希望它能推动创建新的创造性课程，探讨信息、计算和进化对人类境况的意义。

我在这里给出的综合，任何受过教育的人通过广泛阅读也可以做到。不过，有引导的话会更方便。部分问题在于，要理解进化和信息的相互依存，人们需要用许多非计算机学家感到陌生的视角来认识世界。自学的另一个挑战是死胡同。我曾花费1年时间研究进化的热力学，最后发现这条路并没有什么助益。我最终认识到，进化过程从计算的角度理解才最有意义。一旦完成了观念上的跨越，对进化的热力学的理解就如同理解电脑为什么要插电才能工作一样自然。之前进化的热力学的神秘性消失了。另一个错误的方向是对"进化定律"的研究。我曾认为，进化过程应当表现出某种规律性，可以表示为简单的定律形式。150年来，许多极具才华的人都在寻找这样的定律。其中最大的成就是区分了达尔文理论的两大柱石，多样性产生和选择，并且阐明了多样性增加和自然选择的"定律"[4]。这并不能让人满意。从计算的角度认识进化有助于解释为什么进化定律如此难以捕捉[5]。

我发现有一条不遵循传统但极富成效的研究复杂性的途径，就是对两类复杂事物加以区分：一类是根据简单的化学和物理规律自发形成的简单无导向的复杂事物，例如岩石和星系；还有一类是具有目的性的复杂事物，例如橡树和喷气飞机，这类事物的形成依赖于复杂规则的存在；可以将这些规则视为"指令"。我认为，这些复杂的指令所包含的信息都源自进化计算。这个观点的意义深刻。

在草稿阶段，我曾认为我的论证有足够的说服力，那些因宗教或哲学原因排斥生命进化的人将不得不改变自己的思想，从逻辑上接受这个科学真理。现在我承认这不太可能，因为逻辑并不是障碍。达尔文理论的逻辑已经澄清了150年，然而还是有人拒绝接受它。对这些人来说，从更广义的角度思考进化，用统一的理论解释生命、免疫系统、人类思维、科学技术和现代经济，也许同样无法令其信服。人们排斥进化过程的解释效力和创造性的原因往往并不是基于科学逻辑，而是因为害怕。一些人害怕深刻的认识会有损他们的信仰，只会带来绝望而不是希望，对于这些人我想说的是，具有无限创造性的宇宙也许并不会那么让人沮丧。

还有其他作者也提出了生命的进化利用了简单的信息处理策略的思想。丹尼尔·丹尼特将这个策略称为"进化算法"[6]。道金斯强调"复制因子"——能够复制自身的实体——的关键作用。而我强调的则是组织成指令形式的信息的重要性，以及包含了复制、变化和选择的进化过程（基于道金斯复制因子的丹尼特算法）是创造这种信息的唯一可行途径。

我给出的视角为理解世界提供了一条路径，这条路径最近才由物理、哲学等各领域的思想家编织成一个整体，还没有被广泛认可为一个正式的领域。这个综合依赖于计算机科学的深刻原理，但理解它不需要精通计算机理论。我没有列出数学公式，因为所涉及的数学十分抽象，会让大部分读者望而却步，而且这些数学对于理解核心思想并不是必需的。

在发展这些思想时，我惊讶地发现目的和创造性这样的人文理念也可以从计算的角度来解释和理解。我们将看到，目的可以通过重复的选择自然涌现出来，创造性则是许多进化系统的自然产物。我认为，本质上，所有创造性都来自源源不绝的"随机性"，更准确地说是随机选择。进化过程有效地利用了这个资源，一旦适当利用，一切皆有可能。如果没有见过章鱼或电脑，谁能想象它们的存在呢？

被认为最有效的科学认识世界的方法一次又一次发生根本性改变，这被称为范式转变[7]。由于科学和社会的联系变得如此紧密，这些转变会深刻影响人类对自身及其境况的认识。许多人包括我在内都认为科学和社会正处于这样的转变之中。过去三四百年间发现的许多科学原理都被表述为描述宇宙特定方面规律行为的数学公式。牛顿的万有引力定律就是很好的例子。他给所有物体都赋予了质量属性，然后提出假说，认为所有质量之间都有被称为引力的相互作用力。万有引力定律提出，这种力的大小正比于两者质量的乘积除以两者距离的平方。这个关系简单而具有普适性。牛顿之后（他于1727年去世），科学家又发现了大量刻画物理世界规律性的简单关系。

看到数学关系的发现带来的巨大成就，人们很难不认为，只要发现了适当的方程，一切都可以描述。基于方程的世界观的一个后果是"决定论"。简单的方程严格可靠：填入同样的数字总是会得出相同的结果。但生命并不是这样，更不要说人类社会。简单的关系不能解释一切。许多现象都太过复杂，无法用简单的方程描述。没有方程能替代基于计算机的字处理软件，如果生命的历史可以重来，没有理由认为结果会一样。恰恰相反，进化论认为，如果生命的起源和演化可以一次又一次重演，每一次的细节都会不同[8]。与此类似，与我们在物理学中期望看到的可预测性不同，人类的行为也具有不可预测性。这表明我们需要有新的认识和探索世界的方法。

越来越多各领域的学者认为这个新的方法就是信息。我们生活在信息时代。数字化无处不在：手机、电影、钟表、股市，你还可以举出很多。计算机让越来越多的活动变得更加迅速和可靠。设计汽车需要它们，没有它们飞机就无法起飞，智能手机和家用电器都使用微处理器。变化的不仅是这些物品，也包括科学认识的基础。量子力学被用信息重新解读。1990年，20世纪最著名的理论物理学家之一，普林斯顿大学的约翰·惠勒，提出"万物源于比特"，以强调信息在我们的物理宇宙中的基础性作用。他希望这句话能激发学术界重新思考怎样从最根本的层面认识宇宙。MIT的机械工程教授赛斯·劳埃德认为这条思路最有可能解决目前物理学的最大挑战[9]。生物学也越来越像信息科学。50多年前发现DNA在其化学结构中存储了生物的描述信息。这种信息是怎样被用于构造和维护生命体是现在许多生物学研究的重点。心理学家也在逐渐接受人脑的首要功能是处理信息的观点[10]。社会组织及其互动也越来越多地用信息和进化来解释[11]。

用一个词描述信息处理，就是计算。任何信息操作都可以被认为是计算，计算机科学就是研究信息操作的局限和潜力的科学领域。计算机科学在20世纪40年代成为一个正式的研究领域，当时在战争中需要建造计算机破译密码和计算弹道。今天这个领域在理论和实践上都发生了巨变。

从物理学到社会科学，几乎所有领域都从信息和信息操作的角度被重新审视。因为基于信息的观点经常能带来更深刻的认识，并解决一些难题。这本书中介绍了一些例子。我本人是生物学家，因此我举的许多例子都来自生命科学，但是我相信这本书同样也属于计算机科学和哲学。

书中每一节的标题都是一个问题。这反映了科学的特性，从根本上说，科学就是问问题和回答问题。这能让我的写作更专注，希望对读者也是如此。

最后是免责条款。在向非专家读者介绍学术尤其是数学概念时，必须简化，直指概念的本质，而不能纠缠于技术细节。如果不具备背景知识，通常很难正确完整地理解专业概念。因此，肯定有些专家会质疑我的阐释。这时他们应当问一问，这里给出的简化是否具有误导性，以至于还不如不向读者解释？或者只不过是缺少细枝末节？

第 1 章
问题

地球有多特别？

　　假设你是一个研究地球的外星科学家。你通过仪器发现，大气层完全背离化学平衡，氧气偏高，二氧化碳偏低。与附近的行星比起来，金星的二氧化碳浓度要高 20 000 倍，并且没有自由氧。地球还发射各种波长的电磁信号，有些地方晚上还发光，而地表岩石的温度又没有到能发光的程度。拉近一点观察，发现有细长的带状物，长达数千千米，还有摩天大楼，以及植物组成的生态系统。再近一点，发现数以亿计的功能生命体。许多植物能产生极为复杂的化学反应，利用太阳光的能量合成各种化合物，释放氧气。动物则吃植物或动物，呼吸氧气，并进行同样复杂的连锁化学反应，将植物化学结构转化为动物化学结构，并暂时储存活动所需的化学自由能。还不仅如此。其中一种十分成功的动物还创造了结构复杂的非生命体，能极大地拓展其身体和心智能力。这个物种为了自身的利益改变了自然环境。显眼的道路和摩天大楼就是改变环境的两个例子。这个物种还发展了复杂的通信方式，并且创建了复杂的社会组织。一个星际旅行的外来观察者会马上意识到这繁盛的复杂性表明这个星球已经出现了进化系统。为什么她会得出这样的结论呢？这就是这本书要回答的问题。

　　人类已经发射了航天器探测金星、火星、木星和土星的卫星土卫六，并且在地球上和太空中架设仪器研究行星和它们的卫星。除了水星，所有行星都有大气层；除了月球，所有大一点的卫星也都有大气层。只要不是表层太软无法支撑结构，我们观察到的行星都有山脉和火山。有一些卫星还覆盖有厚厚的冰层，木星的卫星木卫一上还有硫火山。科学家发现了各种陌生或熟悉的现象，但是都能通过已知的化学和物理定律在一定条件下的长期作用得到解释。可解释事件的链条可以一直回溯到时间的开端，但如果某个事件所需的条件产生的概率极低，就无法用这种方式解释。不可能的事件一直在发生。目前科学还不能解释一切，但没有理由认为，奇迹或概率极低的事件能在宇宙历史中的某时某处发生。

　　地球不同于我们研究过的其他行星。虽然我们所知的世界里没有什么违反科学定律，但化学和物理课本却不能完全解释iPod、花草和贝多芬交响曲。化学和物理定律允许它们的存在，但却不能预测它们的出现，这些事物通过随机组合出现的概率低得难以想象，然而它们却随处可见。

　　显然生命的存在改变了概率的计算，但这是怎么做到的呢？生命似乎能创造无穷无尽的特征，这些特征无法用化学和物理定律进行预测，是什么赋予了生命这个能力？生命的存在又是如何预示摩天大楼和计算机的出现？光合作用和芝加哥西尔斯大厦有什么共同的原理是火星上没有的？又是什么让我们将一些事物，尤其是人类的天才创造，与非生物自然的产物区分开来呢？

为了富有成效地探讨这些问题，我们需要特别的视角。首先我们需要将事物分成更小的部分。这并不新鲜。希腊原子学派哲学家在公元前5世纪就认为所有事物都是由微小粒子（虚空中的原子）组成，而各种物体则是由原子随机组合而成。虽然时间久远，这个思想的一部分却仍在科学和哲学中回响。

现代观点认为物体是由原子和分子组成。组分的随机组合肯定会创造出许多不同的东西。如果有合适的组分，通过随机组合，经过足够长的时间，应当能产生出任何能想到的事物。从这个意义上说，随机蕴含万物。但很久以前柏拉图和亚里士多德就认识到，困难在于不受约束的随机很少能产生有趣的东西。如果组分的数量很多，那么任何特定形态的形成都会极不可能。将事物毫无意义地组合到一起的方式是如此之多，以至于要想见到特定的结构自发出现，等待的时间可能比宇宙存在的时间还要长亿万倍。

我们倾向关注的事物大部分都具有复杂的历史，并表现出具有高度针对性的复杂特征。现实世界中的许多结构让人明显感觉到具有目的性。它们似乎是为了某种目的设计出来的，或者为了适应某物，或者至少是在某种背景下"具有意义"。这引出了另一个问题：目的性有科学的解释吗？答案是：进化过程会自然产生出我们认为具有目的性的特性。

在关于进化的科学争论中，有一个重要的维度经常被生物进化的反对者忽视，就是现实世界的复杂性并不局限于生物。我们的周围到处都有非生命的复杂事物，从交响曲到太空飞船，它们都无法用物理学和简单概率进行解释。生物和人类公司制造的大多数产品都无法仅仅用牛顿力学和量子力学得到完整的解释。还需要其他思想：具有高度针对性的结构的形成需要有被正确组织和使用的信息进行引导，否则就不可能出现。正是对这个原理的有意识利用使得支撑现代文明的所有技术进步成为可能。

与之相应的一个原理是：生命和技术性的复杂事物显然的不可能性反映了形成它们所需的附加信息的量。所有生命和人类创造的非生命产品都体现了这一点。形成某物所需的信息越多，其表现出的不可能性就越大。举个例子，比较石斧和超级计算机，或者病毒和人类。越复杂的因而也越不可能的事物，制造它们所需的信息也越多。这种描述信息的形式表现为蓝图、配方、基因（DNA 或 RNA），或者统称为指令。指令可以有各种形式，但一个简单的定义可能是这样："指令是特定的编码信息，具有以下属性，当用来依序改变另一个系统时，可以得到预定的最终结果，并且对于创造这些指令的某人或某物来说，能带来某种好处或所希望的东西。"指令含有目的性信息。它们被创造出来是因为其产物能给创造者带来利益。指令通常指定或预先指定另一个系统需要执行的步骤和行为。这个系统可以是人类，也可以不是。步骤的完成会导致某个特定目标的达成。因此所有指令都隐含有目标。

这些指令一旦被执行，就会产生某种事物或行为，如果没有这些指令，这些事物或行为随机产生的概率极低，基本没有可能性；而有了正确的指令和执行指令的系统，产生出的结构就可以被认为是有可能的。显然要理解生命和人类天才的创造，我们必须解释指令的来源。

前面给出的指令定义很抽象，很难让大多数读者接受。举个例子会容易理解些。后面还有更多例子。

指令的基本思想大家都很熟悉，一个例子就是食谱。蛋奶酥这种食物只有人类会做。要做蛋奶酥，需要遵循一系列精准而简单的步骤。只要遵循了这些步骤，就会得到特定的结果。下面是网上找的一个蛋奶酥的做法[1]：

1. 将6个鸡蛋分为蛋黄和蛋清。

2. 溶化1/4杯奶油，混合1/4杯面粉，1勺盐，1/4勺芥末和少许辣椒粉。加热搅拌2分钟。

3. 缓慢加入1杯半牛奶，持续搅拌直至匀滑。再加热2分钟，持续搅拌，然后停止加热，加入1杯碎黄奶酪搅匀。

4. 将蛋黄打散，加几勺热奶酪酱，加热蛋黄，然后将热蛋黄加入奶酪酱充分搅匀。

5. 用电动搅拌器将蛋白搅至沫状，将1/3蛋白加入奶酪酱搅匀。充分搅匀后，将剩下的2/3加入奶酪酱。

6. 将奶酪酱倒入2升平底烤盘，放入预热的烤箱200摄氏度烘烤12－15分钟。

照这个食谱小心烹制就能做出美味蓬松的佳肴，远胜于你将这些配料直接混在一起在锅里炒出的味道。奶蛋酥要比炒蛋复杂得多（也难做得多），因而也更特别。特别在哪里？我认为其特别之处可以用食谱的复杂度衡量。从某种意义上说，与炒蛋相比，蛋奶酥所需的步骤更多，因此也更复杂。在这个例子中，复杂度增加不多，我们常常会遇到还要复杂得多的事物。即便是这样，就算是最有创意的厨师，如果没有看过食谱或没看别人做过，也很难做出蛋奶酥来。这个描述指令是1维和线性的，其他可能还有并行（同步）的步骤，还有一些是2维的，比如蓝图。无论采取哪种形式，它们的编码都是由某人或某物执行的特定的具有目的性的信息。

　　但并不是所有事情都需要指令。我们可以将周围无穷无尽的事物、系统和行为分为两类。一类包含那些形成需要指令（或配方、蓝图）的事物；也就是说，除了化学和物理定律以外，它们还需要附加信息。我们姑且称这些需要指令的事物为 Ⅱ 型事物。这其中包括所有生物，以及大部分人类智慧的产物，包括蛋奶酥和宇宙飞船。还有一类则包含所有无需指令的事物，我们称之为 Ⅰ 型事物。这一类包括大部分非生命或非人类活动的产物，例如岩石、海洋、气象和太阳系。两种类型一起涵盖了一切事物。

　　将事物分为两类可以将注意力集中在一些（但并非全部）形成过程中需要附加信息的事物，同时也回答了这一节的问题。地球之所以独特正是因为 Ⅱ 型事物。所有已知的 Ⅱ 型事物要么是在地球发现的，要么就是在地球制造的，Ⅱ 型结构将地球与其他已知行星区分开来。当然，也可能还有其他未知行星也有 Ⅱ 型结构。地球上也有许多 Ⅰ 型结构，但这一点并不能将地球与太阳系或系外的其他行星区分开来。生成 Ⅱ 型事物所需的指令编码了目的性信息。指令总是具有意向性。它们有固有的目的性。因此，我们面临着3个任务，认识"信息"是什么，了解指令的来源，以及研究指令固有的目的性来自哪里。最终进化计算将完美地解释指令的来源和目的性。

总结一下，从化学和物理学的角度看，世界上的许多事物是如此复杂和不可能，以至于很容易认为，如果没有超自然的智慧力量干预，它们的存在是不可能的。指令提供了另一种无需求助奇迹的解释。

什么是信息？

我们经常听说现在是信息时代，你可能和我一样，也对信息的用途和意义感到困惑。手机、电视机和计算机都是"数字"的。它们的功能依赖于编码为0/1序列的信息。这些序列编码了信息。将0和1组成的序列输入特定的设备可以产生出我们想要的东西。随便翻开一本词典，都能看到将信息与获取知识关联起来的信息定义。对于信息有一种认识，即它必须对某人或某物是有用和有意义的。领导计算大原理[2]计划的彼得·丹宁和克雷格·马爹利这样定义："信息是用符号模式传递的意义。"这个定义相当直接，也体现了信息的另一个重要特性：那就是可以被编码，能通过各种媒介存储和传递的消息。在计算机科学以外的领域，学者们通常将信息等同于获取知识。

信息的数学定义也很有用，但是无法体现上面这种意义。利用数学定义，我们可以计算呈现在特定场合（例如特定的符号序列）中的这种东西（信息）的量，但这无法告诉我们它有多少意义，或者一个符号序列有什么用。不过如果我们知道所研究的信息是如何产生，就可以改变这个局面。对于进化系统，或者推而广之，对于能学习的系统，获取的信息必定刻画了所适应的或学习的东西的某个方面。因此如果认定信息存在本身就是为了表达某种意义，就可以在一定程度上量化意义[3]。

　　量化定义是信息革命的基础，因此有必要了解一下数学家和工程师眼里的信息是什么。我们先了解一点历史。19世纪末，科学家们开始研究由原子和分子组成的粒子世界，并将这个新的视角与已经建立的热力学联系起来。古典热力学的研究对象是"系统"：边界内的物质组合。系统可以是复杂的机器，或是烧杯中的化学反应，甚至可以是房间里的空气——各种有边界的东西。所有系统都用能量、熵和物质刻画。热力学研究的是系统变化时能量和熵如何变化。热力学第一定律认为能量可以转换形式，但无法创生或湮灭。一些转换（但不是全部）可以做功。热力学中做功泛指与能量转换有关的活动。比如抬箱子、开车或是创造新的化学结构都与做功有关。在做功过程中，能量守恒，但是会转换成做功能力较差的形式。熵可以刻画一个系统做功的能力。系统的熵越大，做功的能力越差。热力学第二定律认为封闭系统的熵要么增加，要么不变，永远不会减少。这条定律很容易引起误解，因为我们平时遇到的系统很少是封闭的。当封闭系统的熵达到最大，我们就说这个系统达到了平衡态，不能继续做功。一般来说，系统会变化直至达到平衡态，然后就不再变化，除非某种外界影响作用于它（对系统做功或者增减某种东西）。

　　行进的汽车就是系统朝平衡态变化的例子。如果你改装一辆汽车，用气罐为发动机提供空气，用绝热的袋子收集发动机产生的所有尾气和热量，你就能有一个大致封闭的系统。这辆改装的汽车可以开动直到汽油（或空气）耗尽，然后就不能再移动，这就是处于平衡态。开车过程中系统的总能量不会改变，但汽油和（气罐中的）氧气会逐渐转化为绝热袋中的二氧化碳、水和热量。一旦汽油（或氧气）被转化完，汽车就无法再开动，除非你重新加油或补充压缩空气。将二氧化碳、水和热量放回油箱和气罐没有用；汽车需要汽油和（空气中的）氧分子提供的低熵形式的能量。一旦转化成二氧化碳、水和热量，系统的总能量不会变，但系统中能量的表现形式会退化成无法继续做功推动汽车的状态。二氧化碳和水有可能还原成汽油和氧气，但这需要消耗外部提供的低熵能量。

熵的概念可以从分子层面理解，德国物理学家玻尔兹曼和美国化学家吉布斯提供了思想和数学基础。根据这种思想，物理系统是由大量原子或分子组成，系统的状态可以用所有粒子的瞬时位置和速度来刻画。系统的所有分子在某个时刻的瞬时状态被称为微观态。由于分子不停地运动，系统也就不停地从一个微观态转换成另一个微观态。（我们看到或测量的）可观测状态实际上是测量期间许多微观态的时间平均。根据这个思想，熵实际上是系统状态所对应的微观态的数量；对应的微观态越多，熵就越高。也就是说，熵是对不确定程度的度量。熵越高，系统具体处于哪个微观态就越不确定。系统无法自发到达一些具有结构（比无结构系统的熵低）的微观态。

20世纪40年代和50年代，香农将物理学中熵的概念应用于通信。要解决的问题是如何设计一个系统可以在指定时间内传送所需数量的信息。为了解决这个问题，必须量化系统传送信息的能力。香农的基本思想由两部分组成：一个系统如果可以有多个状态，就具有携带信息的潜力；而且，可能的状态越多，一个具体的状态所含的信息就越多。香农的度量方法是基于概率。因为在给定条件下，所有可能状态的概率加起来必须等于1（必定有一个发生），可能的状态越多，平均下来任何一个特定状态发生的概率就越低。

举个例子，"the"这个词由3个字母组成，用t、h和e组成3个字母长的词有27种方式（例如thh、the和eee）。首字母为t的概率为1/3（必须是t、h和e中的一个）。同样，第2个字母为h的概率也是1/3。根据概率原理，如果事件是由子事件组成，每个子事件有独立的概率，则组合事件的概率是子事件概率的乘积。因此从一个有相同数量字母t、h和e的袋子中顺序取出3个字母刚好组成词the的概率是1/3 × 1/3 × 1/3，即1/27。再来看evolution这个词。它有9个字母长，使用了8种符号。用8种符号字母组成9个字母长的序列有8 × 8 × 8 × 8 × 8 × 8 × 8 × 8 × 8种方式（科学记数法为8^9）。结果为134 217 728。因此从装有许多字母e、v、o、l、u、t、i和n的盒子中取出9个字母刚好组成词evolution的概率为1/134 217 728。如果你想自己尝试，得多准备点时间！随着可能序列的长度和可能字母的数量增加，可能的序列数量增加得非常迅速。从全部26个英文字母中随机取字母组成evolution的概率是1/26 × 1/26 × 1/26 × 1/26 × 1/26 × 1/26 × 1/26 × 1/26 × 1/26，大约为5万亿分之1（12个零）。这个句子由118个字母、空格、数字和标点组成。26个字母、2个标点、2个数和1个空格（总共31个符号）组成118个符号的序列大约有1后面跟176个零这么多种可能。这是一个非常大的数，比可见宇宙中的原子数量还多，这还只是一个句子！想想整本书的可能性。

通信需要从可能的序列或状态中识别出1种。从通信工程师的角度看，可能的状态数量越多，确定下来的具体状态携带的信息就越多。文字对交流很有用，因为每个文本都十分独特——有许多种可能。一个很简短的文本也会携带很多信息。但是通信并不关心文本的意义，只关心它有多特别。

可能状态的数量、概率、文本的长度以及文本所携带的信息密切相关。长文本携带的信息比短文本多，长文本的概率也低得多。香农设定信息的度量是可加的；换句话说，如果两个文本的信息量分别为X和Y，则组合在一起的信息量应为X + Y。长度具有这个特性，但概率没有。结果发现这个问题本质上与玻尔兹曼面临的数学问题是一样的。区别在于信息系统是由符号序列组成，而物理系统则是由空间中移动的分子组成。让人难以置信的是，这两个看上去截然不同的情形却有着相似的数学框架。香农天才地认识到了这一点。

香农提出的对文本信息量的度量首先要给出所有可能状态（系统允许的每一种字符排列）的概率，并与概率本身的对数相乘，对每种可能的符号序列都计算这一项，然后将所有项相加。注释中给出了数学表达式[4]。如果对数以2为底，则所有项之和就是系统的香农信息量，单位为比特。

这个度量有两种解读，取决于你的视角。从通信工程师的角度看，香农度量刻画的是系统携带信息的能力。这种观点关注的是不确定程度——系统的这个量越大，你对于文本所知道的就越少。因此香农将他的度量称为熵，与热力学中的术语一致。

从另一个角度，即你感兴趣的具体对象的角度看，香农度量可以被视为这个对象所携带的信息量（不一定是通信）。这也是这本书大部分时候采取的视角。容易让人混淆之处在于，如果你得到了具体的对象（字符串），不确定性就消失了，（从通信的角度）香农熵为0！然而，如果将具体对象放在所有未实现的可能状态的背景下考虑，则可以认为具体对象所携带的信息量等同于对象所属系统的熵[5]。有时候也直接将对象或事件概率对数的负值定义为香农"自信息"。

（两种意义上的）香农定义的一个特点是，如果只使用2种符号（0和1），并且所有可能符号序列的概率都相等，则信息的比特量就等于序列（或对象）的长度。也就是说1000个0和1组成的字符串（例如10 110 100 010……）携带的信息量是1000比特，除非有某种规则使得序列中1和0的概率不相等。这个例子揭示了香农信息度量与序列长度的密切关联。

如果状态的概率（注释4中给出的那些）不一样，则携带的信息量低于能够携带的最大信息量。不过概率取决于背景。它们取决于现行的规则或已知的是什么。一般可以认为不具有背景知识，直接假设各种可能的概率相等。这时一个对象的"信息量"就等于（以这个对象为具体状态的）系统的最大熵，也等于（表示为二进制的）序列的长度[6]。为了简单起见，我通常用序列的长度作为序列可能携带的信息量。当信息表示为二进制时，长度单位为比特。这也是描述DVD容量或计算机中文件大小的度量。

香农的公式是现代通信的基础，但还有一些值得注意的地方。例如，当用于刻画对象时，它没有考虑冗余（概率原因的冗余除外）。因此，重复消息"I went to the marketI went to the market"包含的香农信息是单句的2倍。从常识来说这很愚蠢。如果你读了什么东西然后记住了，再读一次不会让你的知识翻倍。还有一个容易混淆的地方是香农信息度量与意义无关。"wtm nalt oeekh t tre"包含的香农信息与

"I went to the market"一样，因为有一样的长度，用的也是一样的字母。香农度量严格基于系统可能编码的不同信息的数量和概率，与其他的无关。有一个调和日常意义的"信息"与香农信息的简单办法是将香农信息视为文本可能包含的最大信息量。实际的意义或用途可能比这个量少，甚至可能为0。

根据物理学，当分子可以在空间自由运动历经所有可能的微观态时，分子系统具有最大熵。当存在结构时，一些分子无法四处自由运动，它们被限定在特定的位置。因此在相同的温度条件下，如果原子数量和种类相同，具有物理结构的系统比不具有结构的系统有更低的熵（更低的自由度）。实际熵与抽象的最大熵之间的差值有时候被称为负熵。

符号序列中也可以存在结构。这时的结构指的是符号的非随机分布。符号不会在序列中移动，非随机指的是概率不相等。如果可以确定具体的概率，用它们计算香农熵，然后与（概率相等的）最大熵相减，就能得到与物理学中的负熵对应的信息量。这个量度量了存在的结构[7]。

任何由多个部分组成的系统都可以用熵和信息刻画。重要的是，还有其他与信息类似的刻画系统的方法。例如，当考虑有明显内部结构的系统时，很显然一些比另一些要更复杂。结构的这方面性质接近复杂性，却没有被香农信息、熵或负熵体现出来。后面我们还会对此进一步讨论。

什么是进化系统？

所有进化系统都是基于存储的信息，并具有完整的信息处理策略，能够对信息体进行修改、添加和删除操作。所有进化系统的核心都利用概率计算，可以从随机发生的事件中提取目的性信息。一旦这种计算有可能生成指令，再用指令生成有用的事物，就有可能形成正反馈循环。指令的变化如果能改善结构或行为，就有可能以此为基础在将来进一步改进指令及其产物。通过这种高效的循环，指令不断改进。当指令是用于解答某个问题时，如果最初对答案是怎样的没有任何想法，这种策略将是寻找答案的最有效的方法。

当从信息的角度来认识相关的对象和活动时，会发现随机性才是新事物的终极来源。对计算机科学不熟悉的人可能会觉得难以置信，但其中的逻辑是合理的。确定性的规则精确决定结果；因此只要输入不是随机的，结果就一定可以预料。确定性的计算机之所以如此强大就是因为只要给它们同样的输入，总是会得到同样的结果。这是创造性的对立面。创造性意味着意料之外的结果，但在确定性过程中这样的结果只有当输入不可预测时才有可能。不可预测性是随机性的精髓。所有创造性活动的设计都隐含了随机输入，这本书中讨论的进化过程几乎都可以视为从随机来源进行提取的概率计算。

所有进化过程的共同特征包括以下5个要素[8]：

1.个体。一般都有许多某种类型的单元体。它们有各种名字，比如：生物、自主体、基因、概念和公司。

2.可遗传的特征。个体的描述信息，以某种形式编码为个体本身的一部分（生物的这种信息编码为DNA）。

3.个体可以繁殖或复制。通过这个机制，个体从父辈或之前的个体拷贝编码信息。

4.变化机制。信息在复制、繁殖或维护过程中必须有机会产生适度的改变。在许多系统中变化机制就是复制过程中产生的错误。

5.基于特征的选择。繁殖（或复制）的成功必须部分取决于各个体编码信息所描述的特征。

只要系统同时具备了这5个要素，个体组成的群体中的编码信息以及相应的个体特征就会随时间改变；遗传的个体特性必然会越来越适应决定繁殖（复制）成功率的标准。

具有这种逻辑结构的系统会累积适应选择标准的编码信息。它们利用随机变化做到这一点，有时候也利用非随机变化，以免偶然性过大，不利于产生有用或有趣的东西。这个信息累积和改进的过程就是概率计算。它有效的原因很简单。很小的变化通常是有可能的。最小的可能变化是是/否、增/减、要么/要么这种类型的。这样的选择一般有一半对一半的概率发生，也有一半对一半的概率一个比另一个好。而无目的的大变化基本不可能发生。通过小的并非很不可能的变化，并累计好的变化，就有可能达到本来很难达到的目标。著名的进化论作家道金斯有一本书的书名就体现了这个思想：《攀登不可能的山峰》[9]。

可能会发生错误的指令复制机制一旦与在多个结果中选择的机制相结合，就会产生戏剧性的变化。这种选择复制过程一旦成型，即使没有引导，也会逐渐装配出本来出现概率极低的复杂目的性指令。复杂的指令反过来又使得本来极为不可能的复杂对象或行为的形成成为可能。后面我们会看到化学和物理定律作用于自然产生的物质也可以自发形成结构，有一些还相当复杂。这类对象的形成不需要指令。无需指令的结构的形成局限于有较大概率自发形成的事物。而指令则为创造有用的、神奇的、聪明的、美丽的概率极低的事物提供了无限可能。在第4章我们会看到一些例子。可以毫不夸张地说，不违反化学和物理定律的任何事物都可以利用适当的指令得到——相当惊人的论断。当然，挑战在于得到正确的指令。没有指令，可能性就会大为受限。

由于指令的使用是如此强大而普遍，最好是将使用指令产生的复杂性（Ⅱ型事物）与不需要指令的复杂性（Ⅰ型事物）区分开来，并且将Ⅱ型事物归于更高形式的复杂性。我在书中反复强调，所有最复杂的指令都是由进化计算创造的（我们不知道还有哪种计算策略能做到这一点）。对这个断言的一个检验是只要发现了不一般的复杂性，就应当能识别出明确的编码指令以及创造指令的计算的物理基础。对于生物，信息是用DNA分子编码。细胞和生物通过生存和繁殖执行这种计算。实际上，生物依赖于两种非常不同的计算。一是创造和维持生命本身。这些过程部分依赖于DNA编码的信息[10]。不是所有人都将这些化学和发育过程视为计算。另一种很不一样的计算是基于DNA的信息一代又一代慢慢改变。这才是这本书所关注的进化计算。名为群体遗传学的生物学分支描述的就是改变生命的进化计算是如何一代又一代进行的。

　　确定性的电子计算机也能够执行进化计算，但与生命执行的不一样。对于计算机，进化的信息是软件代码。大脑也可以被视为是计算机，信息则编码为神经元的通信模式。在第10章，我们会探讨学习和思维活动是进化计算的可能性。

　　从信息累积和提取的角度看待进化可以带来更深刻的认识，同时也让一些原本很困难的问题变得容易解决。例如，进化进步的观念在生物学中存在争议，也没有人否认生命的最终起源是一个尚未解决的科学难题。计算的视角有助于澄清这些问题。对于进化进步，如果进步等同于复杂性的增加，则根据信息理论可以确认，特定情形下复杂性的不断增加是可以预期的结果。后面我们会探讨复杂性的另一个方面——深度，并证明为什么它在特定条件下会增加。书的最后还会探讨为什么所有进化系统的起源包括生命在内都要受信息理论的限制。总的来说，由于进化计算具有产生越来越大的复杂性的巨大潜力，有理由怀疑只要出现了显著的复杂性，就存在进化引擎。

什么是科学的认识？

　　我写这本书的目的是希望能让读者更深刻地认识世界，包括我们自己。我尽量让自己的解释可信，让读者满意。结论可以通过观察和理论的逻辑推导得到，但只有通过实验检验才会被接受。毫不奇怪，这正是科学研究的方式。读者需要自己评估论证和检验结论是否可信。

从根本上说，科学之所以可能是因为宇宙有可预测的模式。科学的中心任务就是发现这些模式。不是所有事物都有规律，许多都没有，但规律肯定在某处存在。牛顿的万有引力定律（具有质量的物体有相互吸引力，力的大小反比于距离的平方）就是这样的规律[11]。在牛顿之前，虽然所有人都知道物体下落，但没有人认识到其本质。

但科学的认识并不仅仅是观察到的一系列规律。要认识某种结构或活动，我们不仅要知道相关的定律，还要能预测它们在特定情形下如何随时间变化。例如，工程师要能利用引力定律、能量守恒和动量的概念预测炮弹的轨迹或坐过山车时感受的压力。一旦预测得到验证，我们就能对所采用的原理有信心。科学之所以如此受推崇正是因为每天都有许多基于科学的预测得到证实。

装置能阐明原理和验证认识。如果借助科学认识创造出了能产生可预测结构和行为的装置，认识就能被证实和丰富。以声波理论为例，理论认为声音由波组成，通过媒介（通常是空气）分子的密度变化传播。扬声器和麦克风正是基于这个原理。扬声器的弹性表面可以被设备（通常是电磁铁）前后驱动。表面的快速运动会压缩和舒张附近的空气，从而形成运动的压力波。但我们怎么确定这种波的确存在呢？麦克风可以用来检测压力波，压力波会改变麦克风弹性面的形状，弹性面的运动转换成电信号，通过放大就能驱动另一个扬声器，或是在示波器上显示，也可以记录下来等将来使用。如果声波理论不正确，扬声器和麦克风的设计和实现就是不可能的。人类制造的这些装置阐明和证实了科学理论。

科学提供了两个相容但又大致独立的对事物的解释 —— 物理和生物进化。物理主要是解释非生命现象，但也能用来认识生命功能。生物进化解释生命的起源以及它们如何适应环境。

传统进化论对于理解星系或原子不起作用。不过近50年来进化的解释范围逐渐拓展，开始涵盖生命以外的事物，包括人造物和特定类型的计算机程序[12]。一些物理学家甚至提出宇宙的演化可能也与生物进化类似。

300年前，牛顿用几条简单的原理和微积分这门新的数学工具，用一种全新的方式解释了太阳系的复杂性。在此之后，科学的巨大进步带来了新原理的发现，并据此重新解释了我们的物理世界。今天的生物化学家、分子生物学家和生理学家就是利用化学和物理定律解释生命。

150年前，达尔文用全新的方式解释了生命的复杂性。许多科普读物都指出了进化是理论，而物理则是基于定律。在科学中，理论是对现象的解释。理论可以是猜测性的，也可以是严格确证的，取决于验证的强度。定律一词在科学中的定义并不完善，但定律也可以是猜测性的或是严格确证的。定律主要是描述关系或原理。定律通常可以表述为一个简短的命题或简单的方程。牛顿万有引力定律就是两个质量块之间的关系的代数表示。热力学第一定律（能量既无法创生也无法湮灭）则表示为原理。

进化既不是关系也不是简单的原理。进化是一个过程，基于之前的成果创造更先进的成果。因此，进化很少表示为定律，虽然它是强大的并被广泛认可的科学解释。同物理过程类似，进化论也是基于测量、数学定理和物理定律。进化并不是唯一解释过程产物的理论。星体的形成、大陆漂移和工程师解释的内燃机工作原理也是过程理论。成功的解释性理论要基于物理定律和细致的测量，但它们的内涵通常无法用简单的方程表示。

与一些反进化论者的论调相反，科学并不仅仅限于只能在实验室里直接验证的问题。经常有一些现象，虽然人类还无法复现，但还是被认为已得到充分认识。例如山脉、星体和恐龙蛋。对物理现象的解释只要遵循了已被认可的理论、原理和定律，并且可以构想、模拟或示范出合理的机制，就会被认可。很久以前起源的生物和生物特征的进化论解释就是这样被认可的 —— 还有许多太大或者形成过程太慢以至于无法在实验室复现的事物的科学解释也是一样。

有批评意见认为进化论没有为重要的进化产物如何通过逐步的小变化产生提供明确的证明，例如能调焦的眼睛、细菌鞭毛或细胞代谢的复杂性[13]。但是许多论证后来被发现是基于误解或是对科学文献的理解不完整。近20年来，在理解调节基因如何塑造动物的器官和附器方面的进展迅速。新的发现逐渐澄清了进化过程是如何通过合理的小进步逐渐创造出全新的器官和生物。新出现的学科进化发育生物学就是从分子机制的角度研究如何通过随机突变和自然选择的累积变化创造出各种生物结构。这个过程的关键在于已有的结构同时也可以有新的用途。有一个早就知道的明显例子：鱼鳍逐渐演化成用于行走的腿，前腿演化成（蝙蝠和鸟的）翅膀，颌骨演化成内耳骨，叶子演化成（沙漠植物）保护性的刺。最近，DNA序列分析发现，今天对复杂器官的形成很关键的高分子在远古时期曾对一些似乎无关联的结构的形态改良起作用[14]。

虽然还没有人能用非生命物质人工创造出活细胞，或用进化的方法创造出眼睛或耳朵之类的复杂结构，但现在几乎所有生物学家都承认进化论是对生物复杂性的正确的普适性解释。无数实验证实了选择具有改变从病毒到奶牛等各种生物种群的力量。没有进化论，就无从解释生物对环境的适应，以及各物种DNA之间的关联。成功的现代农业和养殖业养活了全世界，也验证了进化论的正确性。可以想见如果对动植物的人工选育持续百万年会带来怎样的成就。

科学的认识带来的不仅仅是对现象的解释，同时还有难以想象的技术进步。其中许多已经改变了人类的生活和我们居住的星球。如果你不相信，想一想400年前的人口还不到现在的1/20。当时的人口受制于疾病和饥饿，大部分人的预期寿命不到30岁。大多数人从事农业，夜晚靠月光和油灯照明。出行靠步行、马或帆船。远距离通信是少数人的特权。今昔对比，差别主要在于科学技术。当然社会组织和社会结构的进步也改善了许多人的生活，但大部分改变都是因为新的技术才有可能，没有人能否认过去400年科学技术的进步彻底改变了世界。

人类远在有文字记录以前就在创造技术，但大部分时间进步都很缓慢。是什么加快了创新的步伐？答案很简单：一旦认识了相关的自然规律和原理，就能利用这些原理发明新的装置。没有对万有引力和推进火箭的化学反应的认识，就不会有探索火星的宇宙飞船。自然界不存在像航天器这样能依照我们的想法行事的结构复杂的装置。科学解释存在的现象，技术则利用这种认识创造新的装置。因此，技术成就证实了背后的科学认识的正确性。如果麦克斯韦电磁理论不正确，设计的发电机就发不出电，墙上的开关也打不开灯。我们每次开灯都是在证实对电的科学认识。如果科学认识是错的，工程师就无法依靠它建造能工作的设备。这就是为什么占星术、炼丹术、巫术和宗教教条对于建桥和治病这类实际事务没用，以及为什么它们不具有科学的可信度。再强调一次，没有科学也可能有技术，但是会很有限；而一旦受科学引导的技术有效，它就证实了其背后的科学。

那么对于什么是科学的认识这个问题有没有简单的答案呢？有，科学的认识是所有透彻研究和学习了某个问题的人们当前的共识。这样的共识总是可以通过设计新的实验来探索和检验，以确定这种认识的逻辑推论是否与新的结果相符。如果不相符，就是哪里出了错，要么是实验的逻辑需要被重新审视，要么是基本的认识需要被修正。反过来说，如果有人想挑战目前的科学认识，他们所需做的就是用逻辑分析或可重现的实验证明得到的结果与目前的认识不相容。然后学术界就会去重现这个实验或是确证其逻辑，如果新的实验可靠，原来的认识就会被修正。通过这种方法，科学认识就会不断改进 —— 或者说进化？

计算机科学如何加入？

伽利略之后，数学成了刻画自然规律的通用语言。我们对物理现象的认识大部分都被写成数学语言，数学也被广泛用于预测将来的结果。生物学和社会科学似乎没有遵循这项惯例，这通常被归因于它们极端的复杂性。许多人都认为找到合适的数学支撑生物学或社会工程只是时间问题。我的观点是合适的数学已经找到了，就是计算机科学。

　　计算机科学及其相关的理论可以帮助认识传统数学对于理解复杂过程的作用。计算机输入的是程序和数据，程序操作数据中包含的信息，操作的结果称为输出。

　　物理世界可以用类似的方式理解。如果将物理定律视为宇宙的程序，物理结构就是输入输出。雪花是化学和物理定律作用于温度低于凝点的含有过量水蒸气的空气（输入）的结果（输出）。广义上我们可以将物理过程视为计算，自然规律作用于输入状态产生输出状态。

　　计算机理论所揭示的输入输出的关系对于理解各种复杂事物很重要。一个非常重要的原理就是，简单的规则作用于简单的输入可以产生极为复杂的事物。当输出作为下一轮计算的输入时尤其如此。有了合适的规则，重复过程运作得越久，输出就会变得越复杂。一个典型的例子是通过简单操作产生复杂图像的计算，反复用每一轮的输出作为下一轮的输入。图1.1展现了用这样的过程得到的图[15]。物理宇宙中的许多事物也可以通过反复应用简单规则得到。雪花、星系和火山就是简单物理定律反复作用的产物。

图1.1 计算机反复应用简单规则生成的图形

计算机理论中还有一条不那么明显但同等重要的原理是，一些复杂事物无法通过应用简单规则得到，无论过程执行多长时间。这类事物只能通过应用复杂规则即长程序得到。由于化学和物理定律，以及传统数学中的大部分，都是处理相对简单的关系，通过计算机理论我们可以知道，应当有一些结构的形成无法表述为简单的数学关系。现代计算机技术提供了大量这样的例子。想一想用来创造这份文档的计算机程序。微软的WORD提供了各种服务，包括保存、格式、查找、语法检查和拼写检查。告诉我的计算机该如何做这些事的基本程序文件占据了8.4M硬盘空间。因此，将我敲的字转化为格式化文档的"规则"比这本书（大约1M文本）还长。越简单的字处理软件程序越短，但没法缩减到只有几条规则。没有哪个数学分支能为文档的格式化计算提供工具。同厨师烹制蛋奶酥一样，格式化最简单的方法是遵循一长串规则。之前给出的食谱就是现成的例子，不可能为蛋奶酥写出简单的做法。

如果输入和输出之间的关系可以用数学表示，输出就往往是可计算的。数学的威力在于提供捷径。如果存在简单关系，则经常无需通过执行具体的物理过程来得到输出。一个例子是行星未来位置的计算。如果关系不简单（程序很长），则往往没有捷径，如果要知道结果就只能老老实实地执行过程。计算机科学的确可以模拟自然过程，但如果条件复杂，过程又长，则精确仿真所需的计算会与被仿真的现象一样复杂。这类例子包括天气、经济，以及机翼在高速状态下的性能。

如果要考虑输入输出之间的所有可能关系，复杂的会远远多于简单的。没有人知道物理宇宙是否也是这样，但这至少说明我们也许会发现不能通过简单数学认识的现象。生命、生态和大多数社会现象可能都属于这一类。

在对规则的讨论中，大部分关注的是相同初始条件导致相同输出的确定性规则。然而，大多数物理过程和一些计算机程序遵循的规则都允许随机事件。如果有随机成分，即使规则简单，也无法预测具体的结果。当这样的过程被反复执行，每次的结果都会不一样。幸运的是，在许多这类情形中，可以通过统计平均来预测，我们可以称之为总体性预测。雪花就是很好的例子。预测下一个雪花的细节是不可能的，但雪花的特征在总体上却可以预测。在某种程度上生物进化也与此类似。进化过程允许某种程度的随机变化，虽然过去或未来具体的结果无法预测，大致的趋势却可以预测出来。

科学如何解释目的复杂性？

前面我们看到可以将所有事物分为两种类型：Ⅰ型是基于简单规则，Ⅱ型则需要附加的复杂规则或指令。这样区分后，可以看到地球之所以特殊完全是因为有Ⅱ型事物，包括它们的行为和影响。这样的区分突出了指令的重要性，同时也需要解释指令中的信息来源。Ⅱ型事物还有一个特点：它们可以被视为具有某种"目的性"或"适应性"。指令总是具有目的。所有指令都引导产生特定的结果，其结果可以被认为是为了某种目的或适应某种环境。丹尼尔·丹尼特将这种对无生命对象的动机认识称为"意向性立场"[16]。

他注意到将意向性赋予无感知无思维的事物往往能正确推论出它们在未来的行为并理解它们为何如此。为什么鸟有翅膀？为了飞。为什么它们要飞？为了觅食和躲避捕食者。为什么外套隔热？为了身体保暖。为什么鱼有灵活的尾巴？为了在水里游得快。所有这些例子都与对环境的某种适应有关。这样的例子数不胜数。为什么有这么多事物都是这样？答案在于这些事物从何而来的认识。换句话说，目的性来源于创造Ⅱ型事物的过程之中。

虽然指令有产生复杂结构的惊人潜力，宇宙中大部分结构的形成还是没有依赖它们，而且其中一些还相当复杂。一个明显的例子是星系团。第3章还会给出一些例子，但没有一个可以被合理地认为是具有目的性。基于指令的结构的另一个不同之处是它们的形成。它们需要说明书，说明书不能违背自然规律，但自然规律并不提供说明书。指令不违背化学和物理定律，而是利用它们来让本来不可能的特殊结构或过程成为可能。

目的性很早以前就受到宗教和哲学的关注。它是威廉·佩利1802年论证上帝存在的基础。他认为，如果没有造物主赋予目的，目的性事物（包括人在内）怎么可能存在？对此，道金斯在《盲眼钟表匠》中对进化如何导致目的性出现给出了优雅而有力的论证[17]。他认为是选择导致目的性的产生。选择是进化机制的本质之一。它决定前一代的变化有哪些会留存到下一代。个体组成的群体中会累积越来越多过去选择的特性。鱼似乎是为生活在水里设计的，是因为其祖先比那些没有留下子嗣的个体更善于在水中生存和繁衍。

加里·齐科在《没有奇迹》一书中也探讨了复杂事物如何出现的问题[18]。他列举了很多复杂现象，从细菌进化到人类思维，基本上都有很好的"适应"。适应有两种，一种很平常，例如打碎的瓷盘。碎片能相互拼合，因为它们以一种简单的方式源自同一个整体。还有一种能让人感兴趣的，是目的性适应。这种适应不是源自某个整体。在这种情形中，是创造了某种东西来实现适应。这类例子包括抗体对病毒的适应，生物对生态系统的适应，技术创新对用户需求的适应，思想对个人愿望和需求的适应。齐科认为，对为什么复杂事物（我们说的Ⅱ型事物）总是对某种背景有意义的问题，唯一的解释是反复的选择过程。

根据定义，指令和Ⅱ型结果总是成对出现，而指令–结果对总是某种动机。执行指令得到的产物对象满足了指令的目的，指令则是依某种需求、愿望或可能给出。第4章讨论了螺丝刀的例子。螺丝刀有用是因为它们适应螺丝头和人手操作。螺丝刀与岩石之类的 I 型事物的区别不在于是不是可能有用，而在于如果没有指令，螺丝刀的制造实现是基本不可能的。在螺丝刀的例子中，创造指令是因为人们想拧螺丝。鱼适应水是为了生存和繁殖。在这个例子中的动机是延续生命。

指令不是碰巧产生，它们的存在需要解释。在科学研究中，说某人（或神）想出了它们是不能被接受的。指令包含了特殊的信息，如果想对世界有深刻的科学认识，就必须研究这种信息的本质和来源。目前所知的唯一能产生新指令的过程就是进化计算。这里说的进化并不仅仅限于生命的进化，而是包含了一系列通过特定计算策略积累有用信息的活动。所有的进化过程，无论是否涉及生命，其背后都有一个不断循环的计算过程，这个过程能够从细微并且通常是随机的变化中提取目的性信息。这种计算的原理在于，基于现有的信息体产生细微的变化，然后根据一致的标准判断并保留能带来好处的变化。

前面我说过，II 型事物的复杂性直接源自其指令的复杂性。蛋奶酥比煎蛋复杂恰恰是因为制作所需的步骤更多，其步骤由食谱给出。总的来说，指令集越复杂，产物就可能越复杂。指令引导过程，而过程越复杂，最终的输出通常也会表现出更大的复杂性。

多步骤过程有天然的低概率性，而引导过程的指令集越长，概率就越低。与此相应的一个观察是，如果有合适的指令和执行指令的手段，产生的结构的复杂程度（和低概率性）会超乎想象。例如现代计算机，要制造这种机器，需要采矿、冶炼，制造半导体以及各种特性的塑料，再用这些材料制造出复杂的芯片和电线、电源、风扇等结构，然后还要精确地组装这些元器件。指令指导这一切：各个元器件的准确成分和设计、元器件的位置、安装顺序以及元器件的连接。只有化学和物理定律不用说明。没有这些指令，就根本不可能有电子计算机。遵循了指令，就自然会产生预设的最终结构。所有的现代技术和制造以及所有重要的人类文化创造，包括音乐、建筑、科学，甚至宗教组织，背后都是基于"指令"的原理，生物也是基于同样的原理。

在进化系统中，变化以代为单位发生，目的性通过累积选择过程一点一点慢慢地建立。例如，鱼生活在水中，生长发育机制根据DNA编码的信息形成有灵活尾部的流线型身体。编码在DNA中的信息具有让鱼在水中生活和高效移动的目的性。但并不是一开始就是如此。鱼类的祖先曾经非常小，也不是依靠肌肉运动；在水中推进是依靠纤毛，纤毛是细胞上的凸起，运动起来类似桨。这些生物也有DNA，但它们的DNA没有编码鱼的流线型身体、尾巴或肌肉的信息。这类信息之所以出现在鱼的DNA中，是因为DNA在过去的变化如果有利于鱼类适应环境就被保留了下来。原型鱼吃小东西，因此体形大都有进化优势。发生让一些后代体形更大的突变后，更大的个体繁盛起来并因此拥有了更多的后代。但大都带来其他问题。体形大阻力也大，纤毛不再是高效的运动方式。随着时间推移，划水逐渐取代了纤毛运动，从而允许更大的体形。在自然选择的残酷压力下，游泳变得越来越高效。最终，纤毛运动被从鱼的谱系中彻底抛弃。

效率可以作为对适应性的一种度量，经常会带来更高的繁殖成功率。一旦DNA的随机变化碰巧导致了更高的效率，这种变化就会在DNA的结构中保留下来。通过反复的试错和选择过程，流线型身体、尾巴和肌肉的目的性信息慢慢累积下来，并在鱼类的DNA中逐渐完善。这个过程从没有编码如何高效游泳的信息的DNA开始，最终累积了许多相关的信息。

从计算的角度看，目的性的科学解释可以从创造指令的方式中找到。反过来，这种解释也意味着，不需要指令的事物没有目的性。它们也许会有某种用途，但它们不是为了某事而被创造出来。而指令是有目的性的，这是它们的根本定义和它们的形成方式决定的，因此它们所描述的事物也是如此。

指令的来源是进化计算，我称之为复杂引擎，在对此进行深入探讨之前，我们需要进一步探讨计算的本质以及计算、物理过程和结构形成之间的关联。

第2章
计算

什么是计算？

当你在早上启动汽车，发动机会"决定"多少汽油和空气进入气缸；随着发动机升温，油气比例发生变化。踩下油门，比例再次改变。这是怎么实现的？当你听音乐或上网时，所用的设备又是怎样的原理？所有这些事情的背后都是计算机在起作用。今天已经很难摆脱计算机的影响。计算机计算账单，无需胶卷生成照片，追踪你的喜好，预测天气。计算机是操作信息的机器，计算机科学则是研究这种活动的局限和潜力的学科。这一章我们会探讨计算的概念。我希望你能认识到计算不仅仅是计算机中发生的事情，许多物理活动都与计算密不可分。

计算机科学的基础是信息。信息可以被编码为符号，通常是向某人或某物传递意义的序列。第1章介绍了信息的一种度量：香农信息。这种度量对于一些目的很有用，比如确定存储一些你感兴趣的信息需要多少物理空间，或将其远距离传送需要多大带宽。这一章我还会介绍另一种度量——算法信息，它对计算机理论也特别有用。

理解计算的概念的一个可行途径是将所有计算都视为一个过程，过程以编码模式（通常是符号序列）为输入，经过一系列变化，最终产生输出。输出可能有输入所不具备的用途。这个大致的思想表示在图2.1中。

1. 输入信息（编码为某种模式）

2. 操作信息（编码为机器状态）

3. 输出信息（编码为某种模式）

图2.1　计算的3个部分

这引出了几个问题：操作信息是什么意思？计算中会损失信息吗？新的信息来自哪里？计算机要能"操作信息"的必要条件是什么？要回答这些问题，我们需要一些背景知识。

我们从物理中"系统"的思想开始。系统是具有边界的某种事物。虚空不是系统；数学上的点或几何平面这类抽象思想也不是。宇宙可能是也可能不是系统，取决于其是否有边界。所有比有限宇宙小比亚原子粒子大的事物都是系统，也是更大系统的一部分。系统通常由多个部分组成，各部分之间可以有不同的组合方式。我们将组合方式称为系统的"状态"。在第1章我们看到，状态如果可以相互区分，就能够携带信息。至于信息是否有用则是另一个问题，取决于是否存在另一个系统通过与原系统的特定状态互动产生特定的变化。以开车为例，你自己是一个系统，车是另一个系统。两个系统互动。坐在驾驶席上脚踩油门踏板的你处于某个状态。脚踩下去你就变成另一个状态；这个新的状态导致汽车系统转变成一个新的更快的状态。你的某些状态就对汽车系统有意义；还有一些比如闭上一只眼睛或挥动左手则没有。在物理的世界里，意义来自系统状态的互动。如果没有互动，就没有意义。要具有意义，一个系统的特定状态必须对另外的系统有特定的影响。

在信息科学中，意义经常与表示的概念联系到一起。计算的背后有一条原理是一个状态可以表示为另一个状态。这里的状态不必是在同一个系统。举两个例子，你在键盘上敲的字可以表示为计算机里的电压和电流；人类艺术家演奏的音乐可以表示为 DVD 上的银点样式。当某种表示影响到了你，它就对你有意义。

计算机程序是由能导致计算机内部发生特定的状态序列并产生输出的命令组成。在计算机科学中，完成某件事的命令序列被称为算法。在其他场景中可能被称为食谱或指令。指令和算法表示完成任务的方法。大部分计算机算法都接受数据输入并产生针对某种场合的输出。数据和算法都包含信息。数据可以视为外部世界某方面的表示。这样来看，计算就是将对方法的表示（算法）作用于对世界某方面的表示（数据）产生内部表示（机器状态）的序列，并得到最终的表示（输出）[1]。无论哪种表示，都是某个系统的物理状态，也都可以理解为信息。这可能让人感觉很抽象，但让人吃惊的是，这可以用物理设备实现，并最终解释为什么信息在许多场合中对我们如此重要。计算机就是可以呈现许多内部状态的设备。在计算机中，内部状态与输入状态互动产生新的内部状态。最终状态就是输出。

　　计算的现代概念已经发展了几十年。在有计算机之前，人们通过演算解数学题，数学家和哲学家则希望能用机器模拟这个过程。20世纪30年代后期，年轻的英国数学家阿兰·图灵建立了现代计算机科学的数学基础。数年后他领导一个英国团队成功破解了德军密码。图灵对第二次世界大战的贡献很重要但鲜为人知，以至于在战后很难找到工作。直到他在1954年自杀后，他对战争的贡献才被广泛认可。图灵最大的科学成就源自对人如何解算术题的仔细分析。例如用58 432除以83。大部分人都可以不借助计算器通过一些简单步骤演算出结果。小学就教了这个。表2.1列出了20个步骤，只要照着做就能得到正确答案。就连我这样在小学时讨厌长除运算的人都记得这些冗长的步骤。如果你不想一行行读这张表，就不用读它。

表2.1	58 432 ÷ 83的20个简单分解步骤

1. 将数字58 432写在纸上。

2. 将83依次与5、58和584比较，直到找到比83大的数。

3. 由于83小于584，猜测一个最大的小于10的整数，与83相乘的结果小于584。

4. 在58 432中的数字4上面写下这个数。

5. 将刚才写下的数与83相乘。

6. 将乘积写在（58 432中的）584下面并相减。

7. 如果第6步得到的差为负，擦掉第4步写的数，减去1，然后重新进行第4步。

8. 如果第6步得到的差为正并且大于或等于83，擦掉第4步写的数，加上1，然后重新进行第4步。

9. 如果第6步得到的差为正并且小于83，将（58 432中的）3附在其后面。

10. 将得到的数与83比较。

11. 如果大于83，猜测一个最大的小于10的整数，与83相乘的结果小于这个数。

续表

12. 将这个数写在58 432的3上面。

13. 如果第10步是小于83，在58 432的3上面写0，然后将（58 432的）2附在第9步得到的数的后面（因为第9步的相减得到的数小于83，我们略过得到其他结果后的不同步骤）。

14. 如果第13步得到的数大于或等于83，猜测一个最大的小于10的整数，与83相乘的结果小于或等于这个数。

15. 将猜的数写在58 432的2上面。

16. 将第15步写下的数与83相乘，将结果写在第13步得出的数下面。

17. 相减。

18. 如果17步得到的数为负，返回第14步，将猜的数减1。

19. 如果17步得到的数为正并且大于或等于83，返回第14步，将猜的数加1。

20. 如果17步得到的数为0，计算过程结束，58 432上面写的就是正确答案（704）。

　　任何人只要遵循这些步骤就能得到正确答案。他们无需"理解"他们在做什么，也无需具有在第3、第11和第14步一猜即中的天赋。他们只需知道判断一个数比另一个数大还是小，以及做乘法和减法。如果他们不知道乘法，也可以将乘法还原成重复相加（步骤会增加）。图灵认为任何计算，无论多复杂，都能通过顺序执行极为简单的步骤解决——甚至比表2.1中的步骤还要简单。由于这些步骤很简单，不需要什么聪明才智，因此可以设计一台（不会思维的）机器来执行这些步骤。然后他展示了如何设计一台这样的机器。为了纪念他，他提出的这个想法现在被称为图灵机，所有计算机专业的学生都会学。现代计算机的设计已经有了很大变化，但仍然是基于图灵的思想。原则上，图灵机可以通过顺序执行适当的无需思维的简单步骤来解决任何可计算的问题。

第一台实用的计算机在第二次世界大战期间被建造，通过反复解数值问题计算炮弹弹道，通过系统地对数百万种可能性进行测试破译军用密码。无论具体的设计和执行计算的细节如何，所有计算机执行的都是一长串极为简单的步骤。它们的优势在于能高效准确地执行这些步骤。

表2.1给出的20个步骤就是一个算法。算法的一个显著特征是它们的逻辑结构超越了对它们进行编码的物理系统。这意味着算法的结果独立于执行算法的机器。用丹尼特的话说，无论是"在纸上、在羊皮上、在计算机里 …… 还是在天上"，长除问题的答案都是一样的[2]。这是因为算法可以用不同的物理媒介甚至不同的语言表示。其超越性来自符号序列可以被复制、重排、转换成其他符号形式，而不会失去信息本身的意义或逻辑结构。算法的一个重要特征是必须有结果。一系列命令如果不能产生输出就不是算法，也没有意义。

计算机接受的程序（算法）是用由顺序排列的符号组成的语言写出来的。输入符号的顺序驱使机器做特定的事情。例如，在许多计算机语言中，命令"x = 3"会使得计算机将数字3存储在标号为x的存储器中，随后的命令"print x"就会使得计算机将x的内容（例如3）送到打印机或屏幕上。符号的顺序决定一切；"rpint x"或"x print"都无法让数字3出现在屏幕或打印纸上。

计算的概念不限于编码为符号序列的信息。2维和3维样式也可以被视为信息。不过，大家包括计算机专家在内都喜欢1维，因此几乎所有人造的计算机都是基于对顺序符号序列的操作。

操作信息是什么意思？

在计算的过程中，计算机产生一系列内部状态，每个状态都由之前的机器状态和新的输入决定。状态链条从输入数据、算法（规则）和机器的初始状态开始。所有这些，输入、规则、内部状态和输出，都编码信息。由于信息最终都位于状态中，计算机就可以视为一个状态（输入）与另一个状态（当前机器状态）互动产生最终状态（输出）的设备。所有状态都依约定表示什么。最简单的计算只涉及两个状态，初始状态和最终状态。

计算机通过历经由算法和输入数据决定的机器状态序列执行计算过程。字处理软件体现了这个思想。我逐次键入字母和空格（输入），然后看见它们成行成页出现在屏幕上（输出）。每一次键盘敲击与机器当前状态的互动导致形成新的内存和处理器状态，继而又导致屏幕上的特定状态。改变输入就会导致不同的内部状态产生不同的输出，但过程始终完全由输入、程序和机器的设计决定。

计算的广义概念涵盖了范围广泛的活动，可以分为 3 个宽泛的类别：可逆的、确定性的和随机的。每个类别各有特点。你的计算机是确定性的并且是不可逆的。因为是确定性的，每次你运行同样的程序都会得到同样的输出。可逆计算指的是既能往前也能往后运行的计算。这意味着可以根据输出得到输入。前面我们考虑了除法问题 58 432 ÷ 83。解决这个问题得到答案 704 的过程是不可逆的。如果只知道数字 704，无论是计算机还是你都无法重构出具体的问题。要让计算可逆，答案就必须包含重构所需的足够信息。比如 "704 是某数除以83的答案"就能通过适当的算法重构出原来的问题。

随机计算每次运行都会产生不同的输出。至少要有一条规则具有随机行为。随机计算既不可逆也无法重复。但它们能产生你想要的一切，只要你愿意运行计算足够长时间。现代数字计算机是确定性的，设计者花费大量心力就是为了确保这一点。如果一台计算机对相同的输入每次都得出不同的输出，则对大部分应用都不会很有用。

数字计算机之所以可以实现，是因为可以制造出能基于是/否、通/断或电平高/低的顺序组合执行逻辑运算的物理设备。在计算机中，从输入和初始的设备状态开始，顺序产生出设备状态（电平高低或开关通断的组合）的链条。将高电平作为1，低电平作为0（反之也行），就能用状态表示数字，计算机就能通过序列的高低电平逻辑操作实现数学运算。每一步操作都是图灵定义的作为所有计算的基础的简单步骤，引用名为逻辑门的电路实现。

图2.2展示了两种逻辑门以及由它们组成的一个简单逻辑电路。电路用高低电平分别表示1和0，可以执行简单的逻辑运算。上面的符号代表XOR（异或）门，中间的是AND（与）门。两者都通过输入线（图中标为A和B）接收高低电平。AND门的两个输入如果都是1（高电平），输出就为1，否则就输出0（低电平）。XOR门的两个输入如果有且只有一个为1，输出就为1，如果两个输入都为1或都为0，输出就为0。如果将这两种逻辑门像下图那样连接起来，电路就能正确执行两个1和0的各种组合（0+0、0+1、1+0和1+1）的加法。如果输入A是1，B是0，上面的输出就是1，下面的是0。十进制数1的二进制表示

是01（参见表2.2）。如果两个输入都为1，输出就为10（十进制数2）。这个简单的加法器不能输出11（十进制数3）；它只能加到2。这个支配加法器功能的"规则"隐含在电路的物理结构中。更复杂的逻辑电路可以执行多位数的加减乘除[3]。

表2.2　　　　　　　二进制数和十进制数的对应关系

二进制	十进制
00	0
01	1
10	2
11	3

计算机也可以建造成不需要通过硬连线而是以可编程的方式实现逻辑运算。也就是说图2.2中的XOR门和AND门不用像图中那样固定，而是可以与其他门用各种方式组合起来完成不同的逻辑运算。在这样的机器中，逻辑由程序决定。

可以将逻辑和要操作的信息都作为输入，此时一般将输入分为两部分：程序和数据。程序可以视为由机器内建的（基础性的）规则集组成的规则。计算过程中根据程序规则操作数据。现代数字计算机通过编程基本可以实现任何逻辑运算。具有这种特性的机器称为通用机。其他计算机能够执行的计算，通用计算机都能通过编程实现。通用性定义了很宽泛的一类操作，称为可计算数学函数，其中涵盖了几乎所有已知的数学。这就是为什么电子计算机的用途如此广泛。

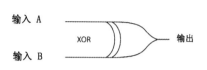

A	B	输出	电平		
0	0	0	低	低	低
0	1	1	低	高	高
1	0	1	高	低	高
1	1	0	高	高	低

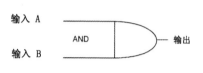

A	B	输出	电平		
0	0	0	低	低	低
0	1	0	低	高	低
1	0	0	高	低	低
1	1	1	高	高	高

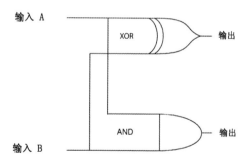

图2.2　上图：XOR门；中图：AND门。表中列出了所有可能输入对应的输出。
下图：2比特加法器。输入A和B可以为1或0。两个输出组成了由输入决定的二进
制数（00、10或01）

计算机科学如何定义和度量信息？

对于确定性计算，输出中呈现的信息必然也以某种方式呈现在输入中——信息必须来自某处。计算机不会产生信息；它们被重排、计算、复制和删除，但不会无中生有。古谚"太阳底下无新事"道出了确定性计算的精髓。第1章曾说过，对字符串信息量最简单的度量是长度。不过这个简单的度量没有反映出确定性计算不会产生信息的事实。显然许多计算产生的输出要比输入长。

有一种被计算机学家广泛使用的度量，它来自一个认识，就是有许多方式都可以计算出特定的输出。实际上，有无穷多种方式。如果你不信，想一想有多少算术题的答案为8。4+4=8，2+6=8，12－4=8，440－432=8，还有很多，要多少有多少。但是对于任何给定的输出（答案），使用指定的语言，至少有一个最短的输入，即没有更短的输入能产生同样的输出。可能有几个最短输入，都有同样的长度，但总存在一个最短长度，没有长度比它低的输入能产生给定的输出。

为了让你信服，考虑上面的例子，答案为8的所有算术题。显然，4+4（3个符号）比12－4（4个符号）或440－432（7个符号）短。有10个3符号的算术题的输出为数字8：0+8，1+7，2+6，3+5，4+4，8－0，9－1，1×8，2×4和8÷1。它们的长度一样，并且没有比这更短的。如果用二进制编码，这10个表达式的长度不一样，但上面的原理仍然成立：对任何输入，给定计算机和语言，存在某个输入长度，低于这个长度没有输入能产生给定的输出。

20世纪60年代末，苏联数学家柯尔莫哥洛夫将这个认识形式化，并据此给出了不同于香农度量的信息定义。这个度量被称为算法复杂性或柯尔莫哥洛夫复杂性，其基础是通用计算机。前面说过通用计算机是可编程的，因此，它能执行其他计算机能执行的任何计算。你的电脑就是一台通用计算机。功能简单的计算器则不是。

大体上，一个二进制串（0和1组成的串）的算法信息量就是输出为这个串的特定通用计算机的最短输入的长度。这个输入的长度依你选择的计算机和语言的不同而有所不同，但柯尔莫哥洛夫从数学上证明了这个长度的差异不会超过一个常数，这个常数只取决于选择的电脑，与输出无关。这意味着对于很长的输出（远远大于常数），无论采用什么通用计算机（和语言），得出的算法信息量基本是一样的。如果我们选择的机器接受自然语言命令，输入程序"重复1000次01"产生的输出由2 000个交替的0和1组成（2 000比特长）。这个程序如果直接转化成二进制大约需要50个0和1（50比特）。因此我们可以确定这个2 000比特的输出的算法信息量不超过50比特。如果选择其他语言，上限可能可以降低，但绝不会低于15比特，因为重复的串（01）、命令"重复"和数字1000都对算法信息量有贡献。

算法信息与香农信息的共通之处是确定性计算不能创造信息。输出的信息量可以比输入少，但绝不会多。因此算法信息符合我们的直觉，即信息无法无中生有。

如果用一个对象的长度减去其算法信息，差值就是信息的"冗余"或"可压缩性"。这表明一个巧妙的对象表示可以比对象本身短多少仍可以通过适当的确定性计算恢复出对象。压缩文档比原文档短，但可以恢复出原来的0和1的排列。

随机性的概念很难给出精确的数学定义，算法信息提供了一个有力的定义。如果算法信息量和符号序列的长度相等（准确说是差异小于由使用的计算机决定的一个小常数），则序列的结构被认为是算法随机的。这意味着任何确定性计算如果要将这样的序列压缩得更短，都会不可逆地损失一些信息。具有这种属性的序列没有冗余，被认为是随机的。

这种随机性定义揭示出算法信息一个有趣的特性。当比较两个相同长度的序列时，最接近随机的那一个具有最高的信息量。当我们考虑复杂事物时，通常不会认为它们是随机的，而是具有复杂的特定结构。为了认识随机性与复杂性的关系，想一想重现一个特定的序列需要准确说明每一个符号。序列0101010101……（重复1000次01）有许多重复成分。因此可以写一个很短的程序输出这个序列。随机事物缺乏重复性，因此要输出一个特定的随机序列的程序就必须以某种方式包含序列本身。复杂事物的特点是有许多细节，要产生所有这些细节需要很长的程序，因此复杂的事物其算法信息度量有可能也高，但并不总是如此。

简短程序能产生大的复杂性吗？

对逻辑运算的数学分析揭示了确定性计算能做什么和不能做什么的基本限制。以下3条原理很重要：

原理1：简单输入和简单变换规则能（但并不必然）导致输出具有大的复杂性。

原理2：如果简单变换规则作用于简单输入产生大的复杂性，则变换需要很多计算步骤。

原理3：许多复杂对象的形成需要复杂的程序。这类对象无法通过简单规则作用于简单输入产生，无论多少计算步骤也不行。

沃尔弗拉姆深入研究了原理1，并在《新科学》一书中展示了他的许多发现[4]。他将NKS（新科学）系统定义为通过简单规则和输入产生大的复杂性的逻辑系统，并认为我们在物理世界中观察到的大部分复杂性都是原理1的体现。

图2.3到图2.6展示了4个NKS系统。这些例子被称为元胞自动机（CA），其状态是根据一些简单的规则随时间逐步变化。有许多NKS系统并不是基于元胞自动机，但这种计算能很好地说明这个原理。元胞自动机是元胞（不是生物学意义的细胞）组成的1维、2维或3维阵列，其状态定期变化。在图2.3中，规则集由左边图示的8条规则组成。每条规则由1个大格子中的4个小格子描述。左边显示的规则相对右边的计算区域旋转了90度。第1条规则的意思是，如果某一步相邻的3个元胞都是白的，则中间元胞下一步是白的。第2条规则的意思是，如果3个相邻元胞最右边的是黑的，则中间元胞下一步会变成黑的，以此类推。根据这8条规则，显然只要3个元胞有1个是黑的，中间元胞下一步就是黑的，只有3个元胞都是白的，下一步的中间元

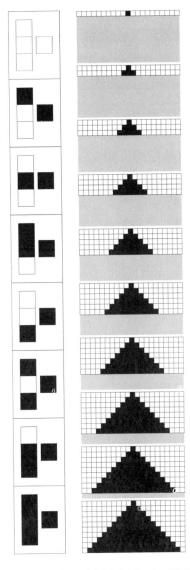

图 2.3 应用规则集 254（左侧）的元胞自动机会产生一个一直生长的黑三角形（右侧）。沃尔弗拉姆研究公司版权所有（参见注释 4）

胞才是白的。

从第1行元胞开始用规则集执行计算。你可以从任意的黑白图样开始。图2.3右边的初始行只有1个黑元胞，其余都是白的（第 1 步）。然后应用规则集254。产生的行有3个黑元胞，其余都是白的（第2步）。

继续执行，会基于第2行产生出第3行元胞图样（第3步）。这一行有5个黑元胞。计算可以一直继续下去。可以看出，从这个简单的输入数据开始（第一行），应用这个简单的规则，结果很简单，就是一个生长的黑三角形。规则集254无法产生出比输入行明显更复杂的图样。图2.4展示了用不同规则集实现的一个更有趣的元胞自动机。这个例子也是从只有一个黑元胞，其余全白的初始行开始。产生的图样被称为塞平斯基填充，这是数学中一个经典的分形图形。继续更新，会产生越来越大的三角形以及各种大小的小三角形。

如果元胞限于2种颜色（黑和白），并且每个元胞的颜色由上面的3个相邻元胞的颜色决定（如图2.3和2.4中的例子），则覆盖所有可能需要8条规则，因此总共有2^8＝256种规则集。这些规则集大部分都只能产生简单图样，或是在第1行之后根本没有图样。少部分会产生更复杂的图样。

图2.5展示了规则110作用于只有单个黑元胞的输入行的结果，产生的图样规则与不规则并存。令人吃惊的是，规则110是通用性的。意思是说通过让规则110一遍又一遍作用于适当的输入行可以构造一台通用计算机。这个理论结果证明了通用计算逻辑上可以很简单，简

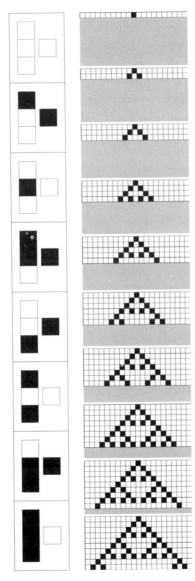

图2.4　实现规则集90（左侧）的前10步的元胞自动机。这个图样被称为塞平斯基填充。沃尔弗拉姆研究公司版权所有（参见注释4）

单规则也能产生大的复杂性。

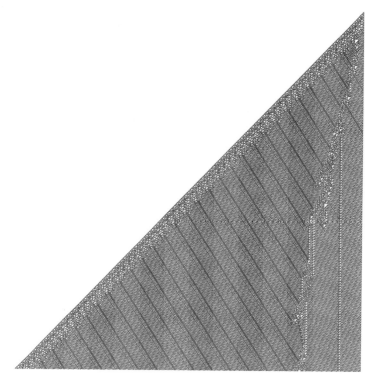

图2.5 实现规则集110的元胞机前1000步产生的图样的左半边。沃尔弗拉姆研究公司版权所有（参见注释4）

如果将元胞的颜色增加到3种（白、黑和灰），全部规则的数量从8条增加到27条，规则集的数量则增加到700多万种；但是同样，只有小部分规则会产生复杂的图样，大部分还是只能产生简单输出。

稍微改动一下方案，让元胞的颜色由上面3个相邻元胞的灰度均值决定。3个元胞的颜色均值有7级灰度，因此需要7条规则组成规则集：白（3白）、浅白灰（2白+灰）、白灰（白+2灰或2白+黑）、灰（3灰或白+灰+黑）、黑灰（2灰+黑或白+2黑）、深黑灰（灰+2黑）和黑（3黑）。这样总共有$3^7 = 2\,187$种规则集。同样，使用这种规则集的元胞机大部分都只能产生简单输出，但少数会产生相当有创意的图样。图2.6展示了规则集1635作用于只有一个黑元胞，其余全白的初始行产生的图样。

这4个简单的元胞机例子体现了简单规则反复作用于极为简单输入（这里是只有1个黑元胞，其余全白）会发生什么事情。显然对这一节标题中提出的问题的答案是，一些简单规则作用于简单输入能产生显著的输出复杂性。计算机学家设计了各种系统来测试将简单规则作用于简单输入，结论都是简单规则和输入的结合能产生显著的复杂性，但并不普遍，即便是在那些能产生复杂性的系统中，大部分规则集都只能产生简单结果[5]。

图2.6说明了我们讨论过的几个信息度量并不符合我们日常的复杂性观念。所有人都会同意图中的图样很复杂。图2.6靠近底部的一行元胞似乎编码了很多信息，因为很复杂很长。但我们知道它的算法和香农信息度量很低，因为产生它的规则集和输入数据（1个黑元胞）很简单。因此，我们讨论过的这些信息度量并不是人类观察者所认识的复杂性的可靠指标。

NKS系统的行为通常用计算机进行探索，但我们看到的这4个例子也可以通过在桌上排列黑白灰卡片完成。后面我们会看到在试管中也有类似行为的系统。可以将其视为是通过自组装名为分子砖的小单

图2.6 规则集1635前3000步产生的图样，采用的是3种颜色和均值规则。
沃尔弗拉姆研究公司版权所有（参见注释4）

元执行计算。这种计算的输出是物理结构。

物理结构能够计算吗？

在现代的科学世界观中，是很少的一些相对较简单的规则作用于简单的初始条件，经过漫长时间的演化，产生出大量的复杂事物。物理系统同计算系统一样受限于规则，但这里的规则是化学和物理定律，而不是来自人的设计。如果物理定律没有逻辑可循，数学就无法刻画自然，也不会有物理学这门科学。规则在计算和物理系统中的同等地位引发了长期的争议，人们怀疑是不是可以将宇宙视为一台计算机。这一节并不想尝试回答这个问题，而是阐释为什么不可能在物理过程和计算之间划分明确的界线。

加州理工学院的埃里克·温弗里与其同事创造了行为类似于1维元胞机的物理系统[6]。这种系统是基于名为"分子砖"的化学结构。砖块是扁平结构，有两条边可以与其他砖块结合。通过适当的设计，砖块可以"自组装"成预先设定的结构。

扁平砖块只能通过边结合形成1维或2维结构，形成3维结构则需要3维砖块。图2.7a上面一行展示了4个扁平砖块[7]。每个砖块两端都有A型或B型结合点。假设有2条规则——A只能结合B并且A不能与倒置的B结合（B也不能与倒置的A结合），那这4个砖块结合的方式只有一种，产生的结构如下一行所示。

图2.7b展示了端部有4个结合点的3个砖块。这个例子中结合点有4种类型：A、B、C和D。基本规则是A与B结合，C与D结合。同样不允许倒置的结合。这些砖块上每个标有字母的结合点都有特定的形

状。结合点的特定组合可以形成交错的结构，就像下面的3个砖块那样。

在图2.7c中用了给出的4种砖块建造一个生长的结构。只有互补的形状才能结合。如果规则要求只有一端的两个结合点都能匹配的砖块才能结合，那图2.7c上面的砖块就不能生成任何结构，因为这些砖块相互之间都无法结合。

为了解决这个问题，必须从一个模板或种子行开始组装过程。图2.7c下面展示的生长结构从模板行开始，模板中间部分有一个灰色的结合点。Ⅰ型砖块可以在模板的任意位置结合，只有那个用星号标记的灰色位置除外。这个位置只有Ⅲ型砖块可以结合。在模板上组装的第1行砖块上面又可以形成第2行。第2行大部分也是由Ⅰ型砖块组成，但是在第1行唯一的Ⅲ型砖块上面相邻的是Ⅲ型和Ⅵ型砖块。第2行上面又可以组装第3行，可以一直进行下去。每一行都是由下面那一行的样式决定。如果将Ⅰ型和Ⅱ型砖块填成灰色（如图所示），将Ⅲ型和Ⅳ型填成白色，则白色砖块的生长样式为塞平斯基填充。与图2.4元胞机规则集90计算出的样式一样。模板上唯一的Ⅲ型结合点在物理拼砌系统中起到的作用与图2.3到图2.6的1维元胞机中唯一的黑色元胞一样。

图2.7c是画出来的。图2.8中展示的塞平斯基填充则是在试管中由DNA短链砖块自发形成的微观物理结构。这些物理砖块是图2.7c中设计的砖块的化学版本。图2.8中的结构是通过在适宜的盐水中加入混合的DNA砖块和少量模板形成的。原则上，适当设计的砖块

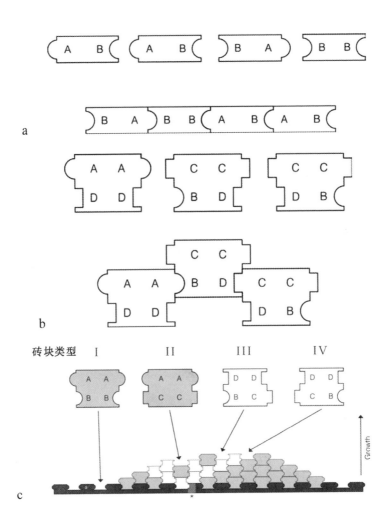

图2.7 a.两端各有1个结合点的自组装砖块图以及砖块形成的结构。

b.有4个结合点的自组装砖块。这种特定的结合点设置只允许交错匹配。

c.4种类型的砖块在模板（黑色部分）上的组装。在模板上的第一行，Ⅰ型砖块可以结合任意位置，除了一个位置（用星号标记）。Ⅲ型砖块可以结合这个位置。接着往上的每一行都表现出新的特点（参见注释7）

和模板组成的分子拼砌系统能生成任何想要的序列。这意味着，理论上，电子计算机能实现的任何算法也能通过适当的砖块集合和模板的组装实现。这也意味着，只要有适当的砖块集合和模板，任何可以构想的2维结构都可以通过自组装创建出来。推而广之，"物质可以通过编程从简单的成分自我组装成有用的结构"[8]。

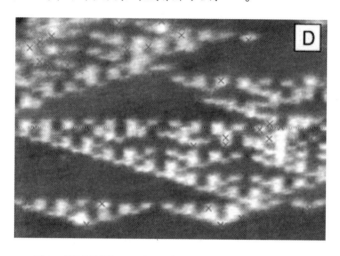

图2.8 原子力显微镜下DNA短链砖块形成的三角形图样。白色砖块被设计得比灰色砖块突出，形成颜色对比。错误标记为x（参见注释7）

埃里克·温弗里在他的博士论文中研究了砖块组装的潜在计算能力，他证明了可以设计出能执行（通用）图灵机计算的砖块集。这表明电子计算机能计算的原则上分子砖也能计算。

目前的拼砌系统由于错误率很高，实用性还很有限。分子系统不像电子计算机那样表现完美，因为分子结合有时候会出错。尤其是两个结合点必须绑定到一起砖块才能形成大的结构的规则很难保证遵守。在图2.8的实验中就出现了一系列错误。在简单的自组装系统中，错误的传播会摧毁组装的确定性，从而限制能够成功形成的结构的复杂性。不过我们知道，还是有可能通过自组装形成非常复杂的结构。毕竟生物体就是这样的结构。

错误传播的问题并不是只有分子砖组装系统才有，实际上所有形式的确定性计算都会有。你的计算机通过将错误率降到极低水平，有时候还结合纠错策略，从而避开了这个问题。纠错指的是在继续进行下一步之前检查上一个步骤是否执行正确的机制。在分子尺度的过程中，热噪声是无法避免的。因此许多基于分子组装的计算实现都必须有纠错机制。生命系统的存在依赖于复杂结构的分子自组装，因此也具有许多类似的策略。其中许多还无法有效地在人工的试管自组装系统中实现。

物理对象的自组装的特点是通过砖块设计来物理体现计算规则。可以通过图2.7c与图2.9的对比说明这一点。图2.9中标有1和0的方块形成了交错的行。在图2.7c中砖块基于互补形状形成行。图2.9展示了计算规则："如果下面的2个砖块有1个为1就添加1块1型砖，如果下面2个砖块都为0或都为1，就添加1块0型砖。"这就是图2.2中用逻辑门实现的"异或"（XOR）逻辑函数。塞平斯基填充就是从一个单独的1开始，通过反复应用XOR逻辑函数得到的。规则集90（图2.4）是XOR逻辑函数的另一个实现。图2.8中分子结构的建构则是在化学上重复应用同样的XOR逻辑函数。这个规则没有明说，而是隐含在砖块的设计中。不同的砖块设计能实现其他逻辑函数并形成其他结构。

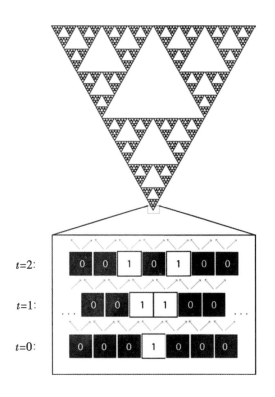

图2.9 用砖块实现塞平斯基填充的背后的逻辑。$t = 0$, $t = 1$和 $t = 2$表示依次产生的行，每一行的图样都是取决于下面的行（参见注释7）

　　图2.9也能帮助我们理解种子序列的作用。塞平斯基三角形的生长是通过将XOR函数作用于包含一个1其余全为0的初始行。如果种子行由隔得很开的1组成，则每个1都会长出塞平斯基三角形图样。最终，三角形图样会碰到一起，图样相互干扰，变得很复杂。由0和1的复杂样式组成的初始种子序列会导致后续的0和1样式同样复杂。通过巧妙地安排种子序列，只需用XOR函数作为规则，就能计算出特定的复杂序列。但XOR规则还不足以实现通用计算。你需要规则集110

（图2.5）那样特殊（并罕见）的规则。

　　想象一下人类活动尺度的砖块自组装，假设在拼图的每一块的边缘特定位置附上小磁铁。磁铁的强度被设置成只有两对磁铁正确对齐才能精密绑定到一起。这种特殊的拼图具有魔术般的特性，只需将图块放在平面上，所有面朝上，然后水平摇晃，让图块跟着晃动但不翻转，就能组装起来。最终，图块会以合适的角度相遇并结合到一起。慢慢地拼图就会自行组装。图2.10展示了这样的例子。

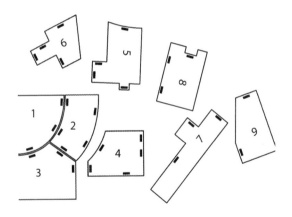

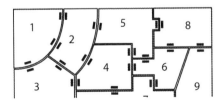

图2.10　9个图块的自组装拼图。小黑块是磁铁。图块要组装进来必须至少有两个磁铁与其他图块结合。上面的图展示了最开始组装的3个图块。下面的图展示了完成后的拼图

在图2.10中黑色的小块是磁铁，摇晃的强度使得单独一对磁铁无法长期绑定在一起；只有当两对或更多磁铁在相同时间接触到一起，图块的结合才会牢固。只有图块1和图块2符合条件，可以无需其他图块的帮助结合到一起。一旦图块1和图块2结合到一起，图块3就能同它们结合，图块3结合后，图块4就能结合，然后是图块5，然后是图块6。图块6结合后，图块7和图块8就都能结合，而图块7和图块8都加进来后图块9才能结合，从而完成拼图。

自组装将通常被区分开的物理过程和计算的概念连接到了一起。最终，物理结构的形成和计算都能通过状态之间随时间的互动来认识。确定性数字计算构成了一个极端，状态只由（0和1）两种组分形成，并且采用的规则总是被遵循（没有错误）。物理系统也是计算，但它们通常有许多组分，并且有噪声，因此错误很常见，即便知道规则也往往无法详细预测确切的结果。

为什么需要长程序？

我们大部分人在思考计算时，不会想到自组装砖块或NKS系统，甚至不会想到任何基于简单规则的物理系统；相反，我们想到的是需要长程序的应用，例如字处理软件和电子表格。根据我们的经验，大部分有用的计算机应用都需要长程序。通过研究一切可构想计算的所有可能的输出，数学家证明了大多数都需要长输入才能产生。考虑到计算和物理组装的密切关联，有理由认为我们想得到的许多事物也会需要长程序。对于NKS和拼砌系统，由于规则和砖块类型有限，这意味着大多数可能的行（输出）如果没有复杂的种子行就无法实现。因此虽然元胞机规则集90、110和1635产生的行很复杂（图2.4、图2.5和图2.6），如果种子行简单，大多数可构想的行永远也无法通过这些计算产生。大部分时候，要得到一个特定的行，你需要从一个仔细设计并且已经很复杂的种子行开始。种子行的细节决定了任何给定规则集的产出。再次强调前面说过的，计算机理论告诉我们，如果输入（规则和种子）简单，大多数可构想的结果都无法通过确定性过程产生。

好的一面是，在符号语言的领域内只要有合适的长程序似乎就能生成一切。经常使用电脑的人对此有经验。长程序能产生令人炫目的输出，字处理、电子表格、网页编辑和计算机游戏只是一小部分例子。大多数日常计算机应用就是无法用短程序实现，再巧妙的设计也不行。

这个简单的原理几乎肯定对物理世界有效。想一想生命和许多人类技术产品的形成。生物和汽车的产生都需要长而且复杂的指令。根据计算机科学的原理，我们可以想见，如果只依靠化学和物理定律，没有附加的信息，这类事物是根本不可能出现的。这就是指令的作用。

总结一下这一章给出的许多概念，计算可以被认为是逻辑规则作用于已存在的状态产生新状态的过程。至于状态是发生在计算机电路里，还是含有分子砖的试管里，或是活细胞里，抑或是自组装的拼图，并不重要。

系统的状态之间如果可以相互区分，系统就能携带信息。系统状态可以表示其他系统的状态，这一点很重要。这样意义就能从一个系统传递到另一个系统。信息和意义的概念与日常用法纠缠不清。在第

1和第2章我们遇到了定义和度量信息的3种方法。用长度度量很简单，但无法体现全部；香农信息是基于状态的概率；算法信息则是基于过程（产生对象的计算）。在确定性计算中长度可以增长，但算法信息和香农信息不会。所有这3种都可以归结为计算的结果。还没有人提出过意义的量化度量。

计算的一个重要原理是显著的复杂性可以通过简单规则反复作用于简单初始条件产生。NKS和DNA拼砌系统提供了实在的例子，化学和物理定律反复作用于物质简单的初始状态形成的物理结构也说明了这一点。下一章我们会看到这种结构的一些例子。

计算机科学的另一个重要原理是一些复杂事物无法通过简单输入和简单规则的计算产生。生命以及许多生命的产物，包括人类社会和技术，似乎都需要长程序。长指令在物理世界扮演的角色就好像长程序在计算世界扮演的角色。没有它们，一些复杂的对象和行为就不可能产生。第4章我们会看到一些这样的例子。

第 3 章
免费的结构

如果物理过程是计算，程序在哪？

　　想象一个水分子飘浮在空气中，自由运动，直到碰巧遇到了一片正在生长的雪花。如果条件合适，它可能会粘上去，也有可能会弹开，继续漂浮。这个看似随意的过程不断重复，直到产生出一个美丽而规则的结构。想想流经岩石的河流。水分子无数次地碰撞，形成流向水底的漩涡。再想想规模宏大的氢气云在虚空中通过引力的互相吸引聚拢形成亿万颗恒星和行星组成的旋转星系。最后，想一想上一章讨论过的 DNA 砖块根据其化学形状组合到一起形成规则的三角形图样。

　　这些过程有什么共同之处？都是自发形成。都有某种类型的基本成分：原子、分子或分子砖块，根据简单的规则相互作用，形成结构的过程都无需智能的参与。都有某种吸引力法则在起作用。一旦形成，结构之间的互动就会导致新的结构。结构形成结构，成型后又作为种子形成新的结构。如果沿着事件链条回溯，结构之前还有结构，最终模块本身作为规则作用的产物涌现出来。天文学家告诉我们，一切都源自 137 亿年前。已故的英国宇宙学家弗雷德·霍伊尔在一个广播节目中提出了大爆炸一词，以区别"稳态"理论（他喜欢的）和有明确开端的理论（目前被绝大多数宇宙学家所接受）。根据大爆炸理论，整个宇宙开始于无穷小无穷致密无穷热的点；物理学家称之为奇点。

这就是目前关于宇宙的主流科学观点。自然规律无处不在；它们在所有尺度上，在所有时间和地点都起作用。时间、空间，也许还有规律本身都是起源于大爆炸。规律并没有写在什么地方，但是它们可以被人类观察者发现和描述。

物理定律大部分是数学化的，可以用它们来计算宇宙从最开始又小又热的状态如何演化成现在的样子，但定律并不能解释它们自身的来源。现代宇宙学的圣杯就是找到能解释这些定律的自足的理论。对这个问题感兴趣的读者可以参考注释中给出的文献[1]。幸运的是，没有这样的"万有理论"我们也能学习物理定律和研究它们的影响，无论我们是否能在更深的层面上理解它们，它们都一样有效。

一些定律是确定性的，也就是说，在相同条件下它们总是会导致相同的结果。一些则是随机的，即使条件相同也会导致不同的结果。我们还知道在有些情形下确定性定律的作用会产生混沌，这时无法精确预测长期的结果。由于随机性和混沌，有时候无法准确预测未来的细节；因此虽然遵循的定律是一样的，每一片雪花却都不一样。

第2章我们看到了通过简单计算产生的结构。这些例子表明简单规则作用于简单输入有时候会产生极为复杂的结构。系统的研究表明，许多（可能大多数）简单规则和简单输入的组合都不能产生复杂的结构[2]。许多组合什么都不能产生，一些则产生简单的重复性图样，只有极少数组合会产生出复杂图样。在物理和化学中也是一样，定律作用于简单或平常的初始状态可能什么都不会产生，或是偶尔产生重复性结构，极少产生复杂结构。要了解特定的结构如何产生需要有相关的定律和初始条件的知识。

类似于计算机的输出，物理结构的形成是不确定的，也就是说有许多途径可以形成特定的事物。可能很难发现具体是哪条途径产生所研究的事物。幸运的是，理解一个结构并不需要知道它到底是如何形成的；只要知道它可能的形成途径即可。再次以雪花为例。水分子从不同的角度接近生长的结构，并附着于表面不同的位置；每一个分子的碰撞细节决定了雪花的唯一性，但我们无需知道这些细节也能大体上了解雪花的形成过程。虽然每片雪花的形成细节都不同，但雪花形成的原理基本是一样的。

当考虑形成某种事物的可能场景时，必须承认有随机创造的可能性，组分被偶然地放到一起。结构可以也的确会偶然产生，但随着组分数量的增加，出现特定构造的概率变得越来越小。即使是组分数量不太多的构造，特定的有序结构产生的概率也会小到宇宙的生命期内都不会出现。我称这个为概率问题。如果在某个场合遇到了概率问题，就需要另外的解释。

第 1 章说过事物可以分成两种结构类型：I 型（基于简单规则）和 II 型（需要复杂规则）。有一种完全不同的对结构分类的方法来自热力学的研究。根据这种分类方法，一些事物的形成是当系统接近热力学或化学平衡态时，另一些事物的形成则是当系统远离热力学或化学平衡态时。近平衡态结构的例子包括水晶和太阳系。除非有外力改变系统，否则这种结构会一直维持下去。这种结构总是处于特定的平衡态，处于系统的最低能态。远离平衡态结构的例子包括流体中的漩涡，湖中的波浪和太阳。这类结构被认为处于稳态而不是平衡态。例如，生物体就是稳定的非平衡态。非平衡态结构的存在也有赖于力的平衡，但它们的形成只有在有能量稳定流经系统时才有可能。例如当你给某个设备插电或当风刮过湖面形成波浪时。如果能量流停止，就会失去稳定性，结构溃散。简而言之，在平衡态，只有在改变结构时才需要能量，而在非平衡态，维持结构就需要能量。

还有一种分类方法是分为静态结构（不动的）和动态结构（动的）。无论是平衡态还是非平衡态结构都有运动。例如，太阳系中行星围绕太阳转，卫星围绕行星转，就是运动的平衡态结构。这种运动不需要来自太阳或其他地方的持续能量输入。相应的，当你将浴缸中的水放掉时则是［近］静态非平衡态结构，虽然水分子在排下去时在转圈。在水流进下水管时，漩涡的形态基本保持不变。必需的能量流是由水释放的势能提供的。

让事情变得更复杂的是自然界充满了短暂存在的结构。这类事物持续时间不长，形成了系统的暂态。在长期结构和暂态结构之间没有明确的区分。太阳系对我们来说似乎很久远，但相对于银河系的生命却很短暂。在非平衡态结构中，经常有结构从一种形态变成另一种形态，但并不溃散。

让物理结构成为可能的是相反的力的平衡。在特定的条件下物理定律描述的力相互作用。一些物理定律描述物质聚拢的趋势，另一些则描述远离的趋势。在引力和斥力之间自然而然会有平衡点。平衡就会产生结构。我称之为免费的结构[3]；意指系统和定律中蕴含了产生结构的机会。无需预先设计；条件满足了结构就自然产生。

　　下面我们来举两个例子，看看吸引和排斥律的相互作用是如何导致结构的自发形成。两个例子中结构都是通过系统达到热力学平衡而形成，不需要指令。

如何解释一粒盐？

　　食盐由钠和氯组成。同其他原子一样，钠原子和氯原子也是由组分组成：带正电的质子，带负电的电子，以及电中性的中子。质子和中子在原子的中心被强大的核力紧紧束缚在一起，电子则在外围。我们的宇宙有一条定律是正负电荷互相吸引。引力与带电物体距离的平方成反比，这就是著名的库仑定律。这条定律可以表述为 10 个符号的简单代数关系式：$F = -k \cdot q_1 \cdot q_2 \div r^2$（$q_1$ 和 q_2 各被视为一个符号；点号表示相乘）[4]。这个看上去可能复杂也可能不复杂，取决于你的教育背景，但根据我们之前了解的信息定义，库仑定律并没有表示多大的信息量，它就是一条简单的规则。

　　库仑定律精确描述了带正电的质子与带负电的电子之间的引力，以及两个质子或两个电子之间的斥力。根据这个定律，大部分原子最喜欢的状态是相同数量的电子和质子尽可能紧密地结合在一起。钠原子有 11 个质子和 11 个电子，氯原子则各有 17 个。如果原子的质子和电子的数量一样多，我们就说原子是电中性的。不过，原子有可能有不同数量的电子和质子。这时原子就具有净电荷，或正或负，我们称之为离子。

根据库仑定律，电荷越接近，作用力就越大。如果只有这条定律起作用，则钠原子中的11个电子和11个质子就会挤碎在一起，也就不会有我们知道的钠原子。这一切之所以没有发生是因为量子力学和被称为泡利不相容原理的规则。量子力学也是可以表示成简单方程的规则[5]。量子力学规则的一个特点是系统按"能级"划分。对于原子这意味着电子处于某个能级并且与质子的距离不能低于最低的能级。因为电子具有自旋的特性（可以有两种值），同一个能级上可能有两个电子，各有不同的自旋。规则作用的结果是钠原子的最低能态（平衡态）有两个电子占据能级一，两个占据能级二，两个占据能级三，到能级六就只有一个电子。更高的能级上则没有电子。

量子力学的一个特点是，有2、10、18、36、54和86个电子的原子特别稳定。由于钠的电子数量11，将一个电子拉离原子（变成10个电子）所需的能量很少。一旦失去了第11个电子，就变成了钠离子，具有11个质子，10个电子，和+1的净电荷。氯原子的情形也类似，每个低能级上各有2个电子，能级九上则只有1个电子。由于中性氯原子有17个电子，而18个电子特别稳定，也就意味着氯原子倾向于接受一个额外的电子。这使得氯原子变成氯离子，总净电荷为-1。量子力学、库仑定律以及数字的相互作用赋予了每种化学元素独有的特征。

当等量的钠原子和氯原子混合到一起，就会发生自发的反应，使得系统转变成新的平衡态。这个化学反应会释放热（能量），每个钠原子失去一个电子，每个氯原子获得一个电子。根据库仑定律，带正电的钠离子和带负电的氯离子相互吸引，但不能距离太近，因为填充的能级（化学的轨道）不能相互渗透。当所有钠离子都被氯离子包围，氯离子也被钠离子包围，形成非常规则的3维结构，相抵触的规则之间就会达到最优平衡。能级的物理维度决定了离子之间的最优距离。钠离子和氯离子具有不同的大小，能平衡物理和几何不同需求的状态是一个规则的网格，每个氯离子周围有6个钠离子，每个钠离子周围也有6个氯离子。这个规则的立方体结构向各个方向延伸，从而形成我们所熟悉的盐晶；在适当的温度和浓度条件下钠离子和氯离子相遇就会自发形成这种结构。当钠离子和氯离子溶解在水里并且水缓慢蒸发时这尤其可能发生。

盐晶是室温下钠和氯离子的低能（平衡）态。维持它不需要能量流，结晶过程中也不需要外来的能量源。晶体是免费结构的简单例子。3个简单规则 —— 库仑定律、泡利不相容原理和量子力学 —— 的相互作用决定了其结果。盐晶的形成可以通过有合理可能性的初始条件（例如，溶解于水的钠离子和氯离子以及逐渐失去水）和3个规则得到解释。其他化学成分的存在可能让情况变复杂并导致其他结构的形成；但适合盐晶形成的条件并不是那么罕见，岩盐（氯化钠晶体）在地球上也是很常见的矿。

结晶是计算吗？在第2章我们看到，DNA砖块根据简单规则的结合就能"计算"结构。在这两种情形中都没有常规意义上的算法，但都是规则作用于初始结构（输入）产生出了最终的结构（输出）。这与第2章图2.4中用元胞自动机的计算创造出各种大小的三角形从而形成结构有多大区别吗？在这些例子中都不存在明显的程序，作用于结构的规则决定了发生的事情。

太阳系是怎样形成的？

运动的平衡态结构的一个例子是太阳。我们的太阳系大部分也可以视为三个作用定律的产物，分别是能量守恒、动量守恒和引力。能量守恒定律说的是能量既不能创生也不能消灭，只能转换形式。常见的例子包括化学能转换成火的热能，跳伞时势能转换成动能，发电机将机械能转换成电能。动量守恒说的是运动物体除非受到外力作用，否则会一直保持运动速度和方向。引力定律的经典形式说的是两个物体会互相吸引，吸引力正比于两者质量的乘积，反比于两者距离的平方。引力定律的表达式类似于库仑定律，只不过吸引的是质量而不是电荷，并且质量从不互相排斥[6]。

如果不在意细节的话，太阳系的形成很容易理解。故事大致是这样。在宇宙中不断有恒星诞生。在太阳出现之前，空间中有气体和尘埃组成的云。云中大部分是氢和氦，但也包含碳、氧、氮、铁等在现在的太阳系中找得到的元素。氢和氦大部分在宇宙大爆炸最初的几分钟里形成，其他元素则在恒星中形成，恒星在超新星爆发后将其组成物质抛散到空中变成尘埃微粒。这些超新星很重要，因为它们创造了重元素，并且爆炸产生的物质流会导致附近的尘埃和气体云运动，分布变得不均匀。

空间中不均匀的气体云是不稳定的。引力定律决定了所有原子、分子和尘埃会相互吸引。结果原子向原子运动，物质块向物质块运动。动量就是对这种物体相对运动的度量。

对于运动的粒子，如果最初没有朝质心运动，动量守恒会阻止它们直接相向运动。动量守恒和引力定律的交互作用会使得粒子围绕高密度的中心旋转。

能量也必须守恒。当粒子相互旋转时，它们的速度会增加，因为引力势能会转换成动能。随着相互吸引的气体和尘埃粒子旋转得越来越近，它们的速度也会越来越快，发生碰撞越来越频繁。碰撞后会发生什么取决于粒子的化学性质。一些碰撞是弹性的，粒子就好像台球相互弹开。一些碰撞是无弹性的，粒子就好像橡皮泥一样粘到一起。无论哪种碰撞都必须遵守能量守恒和动量守恒。

碰撞还会产生热，以红外辐射的形式放射。粒子碰撞、弹开和黏合到一起的结果是黏合的粒子越来越多，并且所有粒子的运动变得协同一致。所有粒子聚拢并降低速度，导致热能损失。由于旋转，气体云会变成盘状。大部分尘埃和气体会在中心附近，少量在外围。能量和动量守恒使得中心附近的粒子和气体运动得最快，最外面的物质则运动得最慢。随着分子越来越接近旋转中心，碰撞也越来越频繁。碰撞越多释放的热量也越多，中心也变得更加热和致密。最终云团中心变得如此热和致密，以至于开始出现热核反应。这又会产生更多热和辐射。辐射将原子和分子外推，与向内的引力相互抵消。

　　当辐射导致的外推与引力的向内拉相互平衡，就会形成稳定的结构；我们称之为恒星或太阳。这时外部的气体和尘埃盘变得引力不稳定，因为大块环绕物质的引力会改变附近物体的轨道。改变的轨道相交，导致的碰撞形成更大的物体，对附近的聚集体、气体和尘埃的引力也越来越大。变大的物体相互吞噬，最后只留下少数大的聚合体（行星）。行星围绕太阳形成稀疏有序的结构，相互之间的距离遥远，不会相互干扰。如果它们靠得太近，就会相互拉扯偏离轨道并最终相撞。

　　大致就是这样。实际的细节极为复杂，但三个简单规则的交互确保了，只要存在规模合适的、运动的和不均匀的气体尘埃云，就会形成有序的太阳系结构。太阳系的具体细节取决于初始气体云的大小和成分"黏合"规则（量子力学）和热核反应的规律。不过只要考虑三条简单规律——引力、动量守恒和能量守恒——就能大致理解太阳系有序结构的形成。由于宇宙中有大量的气体和尘埃云，可想而知太阳系必定很常见，虽然最近才开始对它们有所认识。运动在太阳系中扮演了重要角色，因为只要物体在运动，就要遵循动量守恒。只要质量块不是直接相向运动，动量就会对抗引力，行星轨道就是沿直线运动的趋势（动量）和相向运动的趋势（引力）之间平衡的结果。

　　太阳系体现了两种结构。行星的稳定轨道是平衡态结构。行星的持续运动和分布不需要能量输入，只要没有摩擦和外力，太阳系会永远运转下去。太阳中心的结构则不同。如果核反应堆耗尽，太阳就会缩减到目前直径的百分之一。如果质量足够大，就会变成黑洞。恒星需要热核反应提供的持续能量来维持其稳定结构。它是非平衡态结构。

非平衡态结构如何形成？

不均匀加热的流体和气体是另一种自发形成结构的例子。这种结构比吸引和排斥的简单平衡形成的结构要难理解一些，但也更为引人入胜。

烧水就能观察到非平衡结构。如果从底部加热一盆水，就会发生惊人的变化。如果加热不剧烈，不会发生什么值得注意的事情。在亚微观层面上，与盆底碰撞的水分子会加速反弹，通过与活跃振动的盆底原子碰撞获得动能。能量通过碰撞在水中传递。如果加热不剧烈，表面的水会比底部的水温度低，但不会低很多。如果提高供热，更多热量会被传递给盆底，剧烈的碰撞会增多。同时表面和底部的水温差别会增大。

热水比冷水的密度低，因此当加热到一定程度时，就会出现高密度的冷水在上面，低密度的热水在下面的不稳定情形。当容量相同，高密度冷水会比低密度热水受到更大的地球引力，如果受力差别大到一定程度，上面的冷水就会通过对流和热水交换位置。水分子在液体中不停的碰撞，因此活动并不那么自由，而是协同运动。在一些区域，水会一致往下流，另一些区域则会一致往上走。在特定条件下，从底部往表面传送热量的最佳方式是一种被称为对流环的协同运动。如果液体很薄，就可以观察到特别有趣的情况。这时表面张力压制了浮力，如果盆很平，热量传递很均匀，就会自发形成非常规则的六边形对流环，这被称为贝纳德流（图3.1）。在这种结构中，水从每个环胞的中心上升，在环胞边缘下降。如果条件没有严格满足，环胞就没那么规则。如果将液体限制在两块平板中间，顶部不开放，就会形成翻滚（称为瑞利－贝纳德卷）而不是六边形环胞。

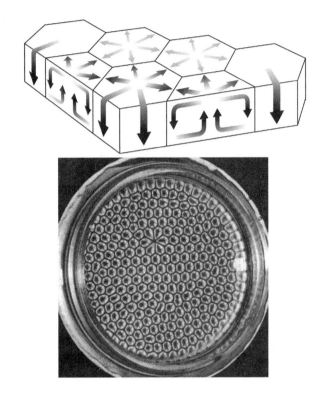

图3.1 贝纳德流的图和照片。图中给出了几个六边形对流环胞的截面图。箭头为运动方向。照片是从顶部观察薄层硅油，为了便于观察添加了铝粉。照片经科施米德尔许可引用

这些规则运动很稳定，只要对盆底的供热量合适（不太多也不太少）就会一直保持。供热太快，就会变混乱。供热太慢，协同运动就会停止。

对流环胞是非平衡态结构的经典例子，大量分子自发协同运动，无需指令告诉它们怎么做。这个特性使得一些科学家提出远离平衡态的自组织有可能为生命系统的许多复杂性提供解释。这个问题还悬而未决。贝纳德流还不是特别复杂。同晶体类似，它们也是源自简单规则的交互作用。对于上表面敞开的薄液层（贝纳德流所需的条件），起作用的是黏性、表面张力（分子之间的吸引力）和热运动（扩散）[7]。对于较深的液体，浮力（基于密度和重力）压制了表面张力驱动对流。

有一个基于对流的更复杂的结构是雷暴。暴风雨在许多方面类似于贝纳德流，不过是发生在大气中而不是液体中，浮力是驱动力，只是环境不像火上的平底盆那样规整。大气对流还有其他特点，空气上升会变冷，密度降低，当温度降到凝点以下水蒸气会凝结成水。同时水凝结时会释放热量。上升的湿空气凝结产生的热量会让空气升得更高，从而进一步冷却。

热带风暴开始于晴热的早上，低空大气中有许多水蒸气。太阳光加热地面或海面，反过来加热低空大气。低空大气逐渐变得越来越热。最终大气变得不稳定，底层的热空气上升，上层的冷空气下沉，很类似贝纳德流，但水蒸气的存在让事情变得不同。根据理想气体定律，上升的空气扩张冷却。当冷却到一定程度，水蒸气凝结成水滴，释放热量。释放的热量加热空气，导致其进一步上升，并继续扩张冷却；这反过来又导致进一步冷凝和释放更多热量。空气上升后，附近的低层温暖湿空气流入补充，产生更多水滴。小水滴碰撞聚集成大水滴。

最终，上升的空气无法支撑不断增大的水滴，水滴开始下降。水滴在下降过程中会裹挟空气分子产生向下的气流和雨滴。水滴会聚集自由电子，带有水滴的风在云的不同区域产生大的电离，放大了云层和地面的电位差。当电离大到一定程度，就会通过集中的电流中和，也就是我们看到的闪电。这种电流会让空气局部剧烈升温，引发声光现象。含有水的空气的上升下降也会产生水平方向甚至旋转的风。风暴通过不断补充湿热空气和降雨（冷到一定程度就降雪）排出冷水维持。一旦没有了上升的湿空气，风暴就结束了。这一般是因为太阳下山了，也有可能是因为流入的是干空气，或者风暴遇到了高空暖气流。

类似于晶体，贝纳德流和雷暴也是少量简单规则作用于不是特别罕见的初始条件形成的。

结构必须有永久部分吗？

风刮过水面会形成波浪，风越大，浪就越高。水波是非平衡态结构，它们的形成有些类似于贝纳德流，不过能量的来源是风。类似于雷暴，形成波浪的分子也只是暂时参与。它们短暂地成为一个长期结构的一部分，结构离开时并不带走分子。从这个角度来说，波浪和雷暴独立于它们的组成成分（分子）。许多结构都有这样的特点，包括我们自己的身体。为何会这样？

水波提供了一个很好的例子。当风刮过平坦的水面，空气分子与水面的分子碰撞，导致它们运动。液体分子相互牵制，因此无法运动很远。由于微观的不均匀性，风的分子与部分水分子的接触更多。这导致它们"堆叠",就像贝纳德流一样,这种运动是大量分子的协同运动。最初的堆叠只是涟漪,一旦形成涟漪,迎风面的分子受到的风力就会大于背风面。由于分子不断相互碰撞,能量沿着水面在分子之间传递。由于水很难被压缩,每次运动都必然伴随着补充运动。在各种限制下,自发出现的协同运动是分子沿垂直方向的环运动。大量垂直的环形运动的总和就是波浪。随着波浪经过,分子前下后上转圈(图3.2)。

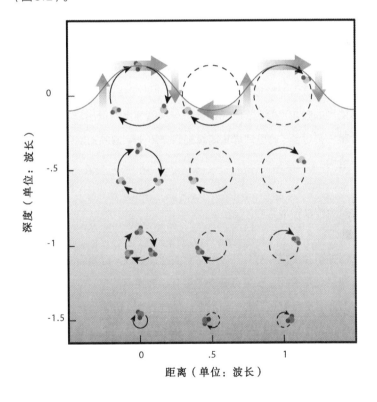

图3.2 波浪中的分子协同运动。箭头标示了波浪不同部分的运动方向。波浪从左往右运动,水分子则沿环形运动

位于波浪顶部的顺着风向运动，位于浪中间的则反向运动。所有分子都有节奏地前下后上运动，但不会运动很长距离，虽然波浪可能会走得很远。这种协同满足了随风力运动和"补充"浪顶向前运动的水的要求。表面的分子没有离开表面；水面则随着分子的环形运动起伏。表面下层的分子也作环形运动，但越深圆环越小。

大量水分子高度协同的运动组成了动态非平衡结构。风刮得越大越久，环就越大，产生的波浪结构也越大。一旦风停了，有组织结构就会逐渐耗散，波浪也越来越小。运动的计算很复杂，但决定波浪形成和推进的规律很简单，只不过是黏滞性（水聚在一起）、不可压缩性、风传递给水的能量以及水分子之间的能量传递（守恒）。分子对波浪结构的参与是暂时的；它们参与一次循环然后退出。结构本身就好像是一个对象。这里同样是简单规则作用于平常的初始条件就自然形成结构。

行为是一种结构形式吗？

物理事物由规则作用于3维空间的物质产生；行为则由规则作用于时间的结构产生。水波有节奏的变化，方式很简单。如果系统可以储存势能并间歇释放，则能产生更复杂的行为。一些会有不规则但有特点的行为。闪电就是这样的例子，另外还有陡峭山坡上不稳定的积雪。一旦大意的滑雪者震动了雪堆，积雪就会通过一系列复杂的运动沿山坡崩塌。储存的势能通过这种运动释放，然后再次累积至临界态。

物理学家在实验室用沙子研究了产生崩塌的系统的行为。结果发现，仅仅只是缓慢堆积沙子，其他什么也不做，沙堆也会表现出复杂得惊人的行为。随着沙子逐渐累积，沙堆越来越高，坡度也越来越陡。最终，再增加一点沙粒就会导致崩塌。继续堆积沙子，会重建沙堆，直到再次发生崩塌。有趣的是，崩塌的规模大小不定。有时候会出现大规模崩塌，但规模越小的崩塌越频繁。如果仔细测量，会发现崩塌的规模遵循所谓的"幂律"[8]。发生大规模崩塌的可能性要比小规模的小得多。根据幂律，事件规模每增加一倍，特定规模的事件数量会减少一个常量。图3.3给出了一个例子。幂律关系表明，崩塌的规模看似随机，实际上却以一种有序的方式相关。这种相关性可以视为一种结构。

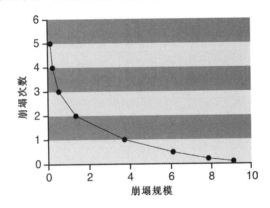

图3.3 崩塌次数和崩塌规模之间的非线性关系，小规模崩塌比大规模崩塌要频繁得多。如果用对数坐标绘制，得到的图会是往右倾斜的一条直线

许多现象都表现出幂律。其中包括许多看似不相关的事物，例如地震的大小和频度，挪威海岸线上峡湾的大小和数量，英语词汇的使用频度和排名，生物灭绝的规模和频度，以及城镇和城市的大小和数量。佩尔·巴克在《大自然的运作原理》一书中对此有更详细的讨论[9]。巴克观察到表现出幂律性的系统具有一种特性，他称之为自组织临界性（SOC）。这个词指的是在有序（比如晶体）和随机（比如

气体）之间保持平衡的一种状态。在这些特殊的边缘区域，化学和物理定律会导致特别复杂的状态，系统中的所有元素都相互影响。这种特别的状态的发生比人们预期的似乎更为频繁，因为它们是"自组织的"。也就是说有些系统会随着时间自然发展直至达到一种临界状态。沙堆提供了一个很明显的例子；临界态就是再堆一粒沙就有可能导致崩塌的平衡点。这种系统不能越过临界态，因为崩塌会让其处于亚临界；再堆一些沙子又会回到临界。具有这种特性的系统有可能会表现出幂律行为，从而以一种可预测的（也就是结构化的）方式行事。佩尔·巴克等人认为自组织临界性在许多复杂行为中都扮演了重要角色。

　　毫无疑问自组织临界态是一些非平衡态系统的特点，但目前仍不清楚自组织临界态对于复杂性的全面认识有多重要。就好像开车，你的里程表从1开始增加，直到10，里程表的第一位变成0，第二位增加1。这是一种崩塌，第一位记录的前9千米被舍弃，代之以十位的1。这个模式不断重复，直到100千米，这时会发生更大的崩塌，前两位的记录被舍弃，代之以第三位的1。如果将里程表翻转的规模与各种规模的翻转次数的对数描出来，就会得到一条表现出幂律行为的直线。里程表表现出某种自组织临界性，但并不能给复杂性问题带来多少认识。沙堆的例子吸引人的地方在于，简单系统通过表现出不同规模的崩塌能产生显著的行为复杂性。崩塌的发生在统计上具有可预测性，但除非你跟踪沙堆里的每一粒沙子，否则具体的一次崩塌是不可预测的。

崩塌可以用计算机模拟吗？

　　在第2章我们看到，在计算和物理过程之间没有明确的界线。同样，沙堆的思想也很容易通过计算机来体现。同物理沙堆一样，算法沙堆产生的复杂结果也具有统计幂律性。

　　图 3.4 给出了一个例子。原理如下。计算机程序在一个有 25 个（虚拟）格子的"板子"上随机堆积（虚拟）沙粒，图中每一个大方块就是一块板子，填有数字的小方块就是格子。每个格子能堆 3 粒。一旦堆到 4 粒，就会散落出去，周围 4 个格子每格 1 粒，原来的格子变成空的（图中的 0）。如果板子边缘的格子有 4 粒，1 粒就会从板子边缘"掉下去"，离开系统。

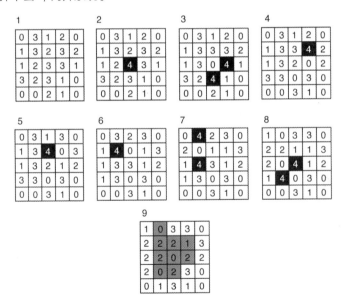

　　图 3.4　崩塌模型。在板子 2 中间的格子堆了第 4 粒沙。然后 4 粒沙散开到相邻的 4 个格子。这导致又有两个格子有了 4 粒沙（板子 3）。这些沙再次散开到相邻格子。崩塌一直持续到没有格子有 4 粒沙。板子 9 给出了这次崩塌最后的状态和所有受影响的格子（阴影）

从空板子开始（全0），沙粒逐渐累积，直到一些格子有3粒，如图左上的板子所示。如果3粒沙的格子再堆1粒，就会触发一系列动态过程，具体的发展取决于板子上所有格子的状态。在图3.4的板子2中，中间格子堆了第4粒沙。4粒沙散开，导致两个相邻格子有了4粒沙（板子3），继续散开又导致另一个格子有了4粒沙（板子4）。这个过程一直持续，直到所有格子都没有4粒沙（板子9）。这个过程就是崩塌，这次崩塌包括9个格子的10次散落事件。这个过程中，中间格子散落了两次。板子9中没有格子有4粒沙，并且标出了所有曾发生散落事件的格子。

堆一粒沙导致的后果取决于堆放的位置和板子上所有格子的状态。如果沙粒被堆放到没有3粒沙的格子，则不会发生崩塌；如果沙粒堆放的格子有3粒沙，但相邻格子都没有3粒沙，则崩塌规模为1；如果相邻格子有3粒沙，会发生更大规模的崩塌。如果生成随机初始状态的板子，反复玩这个游戏，并描出崩塌规模与崩塌次数的对数关系，结果将是一条表现出幂律的直线。崩塌规模的上限由板子大小决定。板子越大，能产生的崩塌就越大，但总是越大的崩塌发生的频度越低。

这个基于计算机的系统再次阐释了什么是自组织临界性。除非有格子堆了3粒沙，否则就不会产生崩塌。所有格子都不到3粒沙的板子是亚临界的。一旦有格子有了3粒沙，系统就是临界的，就有可能发生崩塌，但崩塌何时发生，规模多大，取决于系统的具体状态和下一粒沙落在哪里。系统不能越过临界态，因为4粒沙的格子是不被允许的。因此，只要有新的沙粒落到板子上，系统就必然"自组织"成临界态。结果的幂律分布反映了导致特定规模崩塌的状态的潜在可能性。也就是说，可能产生大规模崩塌的状态要比可能产生小规模崩塌的状态出现的可能性低得多。

这个系统证明了，幂律型复杂性可以通过简单规则作用于特定初始状态产生。计算沙堆和真实沙堆唯一的区别在于"粘连"规则不一样。对于真实沙堆，是物理定律决定了沙粒在掉下来前可以堆多高，而对于算法沙堆，则是程序决定了一个格子可以堆多少粒沙。

免费的结构从何而来？

结构和行为可以通过简单规则作用于特定初始条件自发形成，第 2 章讨论的《新科学》和拼砌系统，以及这一章讨论的盐晶、太阳系、贝纳德流、雷暴、波浪和崩塌，只是其中一小部分例子。不是所有条件都会产生结构，但有一些会。无论是计算机中的程序，还是平衡态物理结构，或是非平衡结构，原理是一样的。这些细节不会为我们从总体上理解这些结构如何形成带来多大区别。它们都揭示了一个结构形成的基本原理：一旦适当的简单规则作用于特定的情境，结构就会作为交互作用的规则的结果而产生。这并不意味着只要是简单规则和情境的结合就能形成结构 —— 大部分都不会 —— 但能产生某种结构的规则组合也不是那么罕见。它们存在于自然界，并且通过人工系统得到也不是很困难。

对于这一章讨论的 6 个系统，如果从微观层面上去跟踪结构形成过程中单个原子或分子的行为，细节会非常复杂，但如果后退一步，从宏观上来研究其行为，就会看到只需少数规则交互作用于特定但不罕见的初始条件就会导致结构的自发形成。贝纳德流、波浪和雷暴都需要通过系统的持续能量流；晶体和太阳系则不需要。对于雷暴，是附近大气的异常导致了结构的不断变化。当沙粒堆积到沙堆上，就会产生统计上可预测的结果，虽然具体的时间很难预测。沙堆算法表明不可预测性来自沙粒之间的大量互动。在临界态，系统所有部分都相互影响。一旦出现这种情况，行为就变得复杂。

这一章讨论的所有例子的特点是：其作用的简单规则和条件都是有可能的。值得注意的是，尤其是对于非平衡态结构，在很短的距离内相互作用的分子（10^{-8} cm）形成的结构和行为的尺度从纳米级到数亿千米都有，取决于系统；并且都无需任何的预先计划。没有蓝图；只需简单的初始条件以及化学和物理定律就可以。这是真正免费的结构。

在这一章的开头我提出了以下问题：如果物理过程是计算，程序在哪？反思这些例子，都是物理定律作用于初始条件产生新的结构。因此，初始条件以及物理和化学定律就是"计算"的输入。不存在预先设计的程序，也没有指令，只有作用的规则，但这些输入就足以产生显著的结构。

下一章我们将继续讨论依赖于物理定律的结构，但不同的是它们需要附加的，并且经常是很复杂的局部规则。这些规则的概率极低，不可能通过随机的方式产生。它们需要特别的解释。

第 4 章
目的性结构

用不免费的指令能得到什么？

假如你是一位发明家和企业家，想到了一个创意。你用木构件和绳子制作了一个原型，看上去似乎能行。你该怎样做才能用铝合金和塑料大量生产呢？你不会去请一位理论计算机专家替你设计只需摇晃就能自行组装成产品的简单构件。你也不会去请一位纳米工程师替你设计微型机器人，只需简单编程就能放到装有铝和塑料块的箱子里，自行将构件组装成产品。你要做的是画出设计图，写出熟练机工和模具工能明白的指令，以及如何组装零件的指令。有了合适的指令，你就能制造这个新产品的许多份拷贝。

上一章我们看到简单规则（化学和物理定律）作用于简单条件就能自发形成结构。我称之为"免费的结构。"包括雪花和太阳系在内许多神奇的事物都是这样形成的。但是免费结构的概念（短程序反复作用于简单输入）无法解释草木、贝多芬交响曲和计算机。

世界上有许多事物无法用简单规则作用于简单初始条件产生。从计算的角度来说是需要长程序。从物理的角度来说，长程序的形式可以是用于完成特定任务的指令、方法和设计图。它们编码目的性信息。指令并不限于人类活动，可以是任何指导事物形成的规则。只要遵循这些规则，就能得到预先设定的结果。结果具有某种目的性，并且生成结果所需的特定规则（指令）不同于一般的物理定律，这些规则只在某种背景下起作用。例如，DNA（脱氧核糖核酸）和 RNA（核糖核酸）编码的指令只在活细胞中运作，设计图只对机工或建筑工程师有意义。指令并不是要替代化学和物理定律，而是利用它们，并且它们总是具有目的。我们以一种常用工具的制造过程为例，来看一看这种信息的特殊之处。

很少有工具像螺丝刀一样简单而又实用，做事的人都少不了它，但很少有人会自己做一把。虽然很常见，但所有人都知道螺丝刀是人类活动的产物。我们可以肯定，没有哪把螺丝刀是自然定律自发作用于天然形成的组件的产物。为什么呢？让我们看看制造螺丝刀的细节。

大二工科学生内特·约翰逊在艾奥瓦州立大学的机械工程入门实验课上做了这种工具。螺丝刀由两部分组成：一根硬杆，一端是平的，以便插入螺丝头部的槽，以及直径粗一些的手柄，适合握在手里。粗手柄利用杠杆原理，这样用适度的力转动手柄就能在平头部分产生很大的扭矩。刀头有多种形状，但这不会改变螺丝刀的基本特性。图4.1是内特在课程作业中的设计图和计算机生成的效果图[1]。内特和他的同学拿到的原材料是8毫米粗的钢杆和25毫米粗的塑料棒。还有其他一些材料。杆和刀口必须坚硬，但不能易脆。钢最适合，铜或钛金属也可以。手柄可以用木头或陶瓷。在课程中学生会学习使用复杂的电动工具，但他们也可以用手钻、手锯、锉刀、刻刀（用于手柄造型），

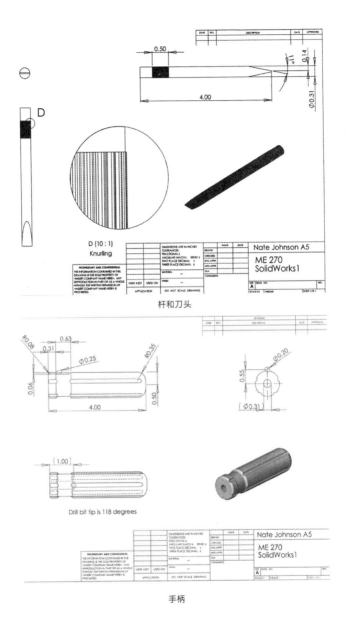

图4.1 螺丝刀设计图和计算机生成的效果图。经内特·约翰逊许可引用

甚至可以用石头当锤子。

设计图为制造者提供视觉指导，但要利用设计图内特还需要设计一系列制造步骤。表4.1列出了制造步骤，遵循这些指令，就能制造出图4.1中描绘的螺丝刀。

在制造螺丝刀的过程中，同盐晶的形成过程一样，内特也依赖化学和物理定律。两者都是从初始状态开始形成结构，但与盐晶不同的是，螺丝刀的结构不会自发形成，概率太低了。指令的作用是说明一系列低概率的状态。在这里指令表现为步骤，每一步都设置一个状态，生成的结果作为下一步的条件。设计图的阅读者必须将图转化成步骤。而内特作为制造者也是这些状态的组成部分。一旦设定，状态就会引发一系列完全由化学和物理定律决定的事件过程（免费的结构）。

我们仔细来看第一步。钢杆本身就是很特殊的状态，在离一端10厘米的地方被压在运动的锯片上。离端部的距离与物理无关，但一旦钢杆被压在迅速运动的锯齿上，结果就由物理定律决定。锯齿在钢杆表面撕扯。单个金属原子之间的化学键被机械力拉开，将金属屑从深切槽的表面切削下来。具体的细节取决于施加的力、金属的硬度以及锯齿的硬度、锐度和速度，但只要金属棒被压在快速运动的硬金属锯齿上，就必然会挖出锯齿宽的槽并最终截断钢杆。一旦杆被压在运动锯齿的切削面上，初始状态被设置好，之后的变化就取决于化学和物理定律。这部分过程是免费的结构。

表4.1中大部分步骤都涉及各种切削工具的使用，只是初始配置

状态不同。最后一步有点不同。内特将钢杆的非刀口端插入手柄上钻出的 8 毫米粗的孔，并捶打手柄的另一端。动量和能量守恒确保力从锤子传递到手柄，导致钢杆改变孔的内表面。如果力足够大，变形会导致塑料挤在钢杆被压扁处，手柄就会和钢杆固定在一起，螺丝刀就做好了。锤子施加的力度很关键。力太大钢杆会击穿手柄；力太小钢杆又和手柄结合不紧。制造者可以通过反复敲打来调整总共施加的力。重要的是一旦钢杆被放入手柄的孔中，并且挥动了锤子，之后的结果就是完全是由物理的力以及手柄和钢杆的材料特性决定。

表 4.1	制造螺丝刀的步骤或指令

用电锯将 8 毫米粗的钢杆截为 10 厘米长。

用切削机以 11°的角将杆的一端削（磨）至 3.5 毫米深。

沿杆轴翻转 180°，将杆头的另一面也以 11°的角削至 3.5 毫米深。

用辊轧机将杆的圆头 12 毫米处压至 10 毫米宽。

将 25 毫米粗的塑料棒截为 10 厘米长。

在塑料棒一端 8 毫米处用车床车出 2 毫米深 16 毫米宽的拇指槽。

在塑料棒拇指槽一端的中心钻出 25 毫米深 8 毫米粗的孔。

在手柄上制造 5 条等距的 1 毫米深的槽。用 5 毫米钻头的固定钻，将手柄在转动的钻头上来回移动。

用锤子将钢杆的圆头用力插入手柄，让压扁处紧紧嵌入手柄。

　　表 4.1 中给出的每个步骤都表现出同样的基本模式。建立一个特定的状态，然后物理定律作用于状态就会产生特定的结果，结果由状态的细节以及物理和化学定律预先决定。这 9 条指令步骤编码了一个掌握了必要工具知识的人以正确顺序配置必需的状态所需的信息。设计图包含了附加的信息，可以帮助制造者解读指令。也可以用语言描述图中所有的相关信息，但是没这么方便。重要的是，没有简单规则

或公式能够预先确定或描述整个过程。在制造螺丝刀时，制造者总是遵循一个算法（复杂的规则）来实现所期望的结果。

表4.1中列出的9个步骤并不是全部。制造螺丝刀所需的信息还包括如何制造两个杆，制造所使用的各种工具和机器，以及操作机器的方法所需的所有信息。完整的指令表还必须包括采矿、炼钢、塑料生产和成型，制造所有的工具，以及制造这些工具的原材料。穷尽所需的指令会非常长；但原则上还是有可能列出制造螺丝刀所需的所有指令。

就算完成了指令表也还是不够。我们目前为止讨论的所有指令都需要由人来阅读、理解和完成。制造螺丝刀对人的要求包括：能够安排材料和使用工具的人体以及能够指挥身体、理解指令、解释设计图、理解任务和将理解转化为行动的大脑。现代分子遗传学已经发现了人体本身也是指令的产物。这些指令以DNA分子的化学结构的形式存储在我们身体的每个细胞中。现代神经科学还发现，阅读指令、解读设计图、理解和使用机器以及指挥身体的动作的内部信息编码在我们大脑的神经连接和通信模式中。指令、设计图、DNA序列和神经连接模式都编码了目的性信息。

现在我们能清楚认识到一块岩石和螺丝刀的区别。螺丝刀很特殊，是因为说明其形成所需的特定的低概率状态序列需要附加信息。只有发生特定的事件序列，我们才能制造出一把螺丝刀。岩石、盐晶、雪花、贝纳德流和太阳系的形成都不需要附加信息，因为它们形成所需的初始条件出现的概率足够高，到处可见。

没有钟表匠会有钟表吗?

想象一块老式怀表,里面有发条和很多齿轮的那种。许多零件的协同运动使得精确的时间呈现在表盘上。要让钟表工作,就要让机械部件正确匹配,要做到这一点,每个零件都必须符合严格的规范并正确安装。活细胞要比钟表更加复杂,但它们也需要准确构造的部件正确匹配到一起。细胞的部件不是金属齿轮和发条,而是蛋白质,生命必需的大分子。细胞比钟表更复杂,部件也更多,功能更多样,但每个蛋白质都必须有正确执行功能所需的属性。

钟表匠的比喻有很长的历史。1802 年神学家威廉·佩利记述了穿过一片灌木时捡到钟表的经历。他比较了钟表和旁边的岩石,他知道岩石是一直在那儿的。他想知道的是为什么钟表会出现在这里。如果认为钟表也像岩石一样从最开始就一直在这里,显然很荒谬,钟表必定有制造者,而且基于同样的逻辑,人类必然也是这样。理查德·道金斯在他的《盲眼钟表匠》一书中采用了这个著名的比喻[2]。书中道金斯认为创造生命的钟表匠其实是进化过程,而不是佩利所认为的那样!

要彻底理解道金斯的观点,我们需要了解细胞的运作原理,以及蛋白质的生成。在现代世界之前,所有蛋白质都是由活细胞生成。要认识生命就必须认识细胞。这些微小的结构单元有一些基本的特性,如表 4.2 所列。每一项都依赖于蛋白质的活动。

蛋白质通过与某物结合产生效用。同所有极微小的事物一样,它们是化学物质，并且同所有化学物质一样，它们的表面有原子尺度的特征，能够与其他物质原子尺度的特征产生吸引或排斥。这意味着如果某种蛋白质与另一种分子能够精确匹配并且表面的特征相互吸引，两者就可以黏合在一起。如果形状不匹配并且相互吸引的化学特征无法对齐，结合就不会发生。准确结合需要单个原子尺度上的空间位置能匹配，比钟表齿轮的啮合还要精密得多。细胞是怎样生成这种结构的呢？

表4.2   所有细胞都具有的7个特征

1.由脂质蛋白组成的半流质膜隔开内外部分。
2.DNA分子编码合成RNA和蛋白质的指令。
3.具有合成蛋白质的机构。
4.通过自我调节的代谢网络维持相对一致的内部环境。
5.系统提供了所有所需部件的有序置换、修复和复制。
6.细胞的生长和繁殖机制。
7.获得化学能量和所需的原材料的机制。

在蛋白质的合成过程中，存储在DNA中的信息在细胞中扮演的角色同人类钟表匠执行的指令一样。用DNA写出的指令引导细胞中的机构准确组装特定的蛋白质分子。这个策略十分巧妙。许多步骤涉及自组装——免费的结构，但没有DNA中编码的指令，完整的过程就不会发生。

蛋白质是由名为氨基酸的小分子通过化学键连接到一起组成的链，就好像珠子串成的项链。氨基酸是相对简单的化学分子，有10到27个原子（比较一下，水分子有3个原子，乙醇有9个原子）。所有生物的所有细胞都基于同样的20种氨基酸，典型的蛋白质由数百个氨基酸组成，大蛋白质有数千个。

　　氨基酸都具有共同的可变结构部分，称为侧链。侧链的化学特性决定了氨基酸的特点。在一条链上氨基酸的相互作用（结合）会导致链向自身折叠，使得蛋白质在整体上具有特定的形状。这种形状及其表面的氨基酸的化学性质，决定了蛋白质可以与什么结合以及结合多紧密。图4.2展示了由129个氨基酸组成的还没有折叠的链，图4.3则是链折叠后自然形成的3维形状。

图4.2 129个氨基酸组成的溶菌酶的氨基酸链

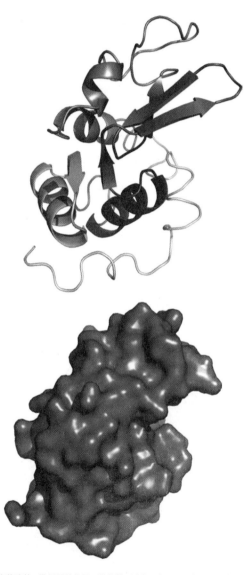

图4.3 溶菌酶的3维折叠结构图。带状模型（上图）展示了氨基酸链的构形。
表面模型（下图）则展示了分子表面的所有原子。绘图软件采用薛定谔有限责任公
司的PyMOL分子图像系统，版本号1.2r3pre

在自然界，所有蛋白质都以同样的方法合成。DNA中编码的信息决定每条蛋白质链上氨基酸的顺序，顺序又决定了形状。图4.2和4.3中展示了溶菌酶蛋白质都具有同样的氨基酸序列和同样的形状，暴露在表面的也是同样的侧链。就算只改变一个氨基酸，形状和表面的细节也会有所不同。

一些蛋白质催化（加速）小分子的化学反应。具有这种特性的蛋白质称为酶。酶的功能是与参与反应的小分子结合。一些蛋白质的功能是与DNA结合，还有一些是与特定的蛋白质结合。所有结合都很精确，并且蛋白质的氨基酸序列的任何变化都有可能改变其表面结构的细节，从而无法与预定目标结合，也许会与其他东西结合。人类细胞能生成数千种不同的蛋白质，都能以高度的特异性与细胞内部或外部的某种物质结合。

细胞的运转依赖于大量精确的蛋白质结合事件，因此正确的蛋白质合成对所有生命都很重要。这是通过微小的分子机制实现的，而这种机制本身又是依靠蛋白质和RNA，RNA是与DNA关系密切的大分子。RNA的合成需要蛋白质酶，蛋白质的合成又需要RNA。因此细胞合成蛋白质的机制也依赖蛋白质。

蛋白质合成是从DNA开始。与蛋白质类似，DNA分子也是由微小单元组成的链。蛋白质是由氨基酸组成，DNA分子则是由核苷酸组成。核苷酸有4种不同类型，一般简记为A、G、C和T。核苷酸可以以任意序列组链。因此，DNA分子可以用字序列描述，例如ACGATTCAAAGTCTCAG，其中每一个字母都代表DNA链中的一个核苷酸。这些字母携带了对细胞有意义的信息，就好像文字可能携带对你有意义的信息一样。细胞中的DNA分子很长，通常包含100万（$1 \cdot 10^6$）到1亿（$1 \cdot 10^8$）个核苷酸。核苷酸组成基因，每种基因编码一种蛋白质。

细胞中的DNA由两条核苷酸链相互缠绕连接而成，形成双螺旋结构。能够形成这种结构是因为A核苷酸可以与T结合，G核苷酸可以与C结合。这种配对使得双螺旋中的两根单链具有互补性：一边是A另一边就是T，一边是G另一边就是C。这种冗余使得损伤可以修补，DNA分子也可以被复制。

合成蛋白质的第一步是复制DNA单链上的特定部位合成RNA。RNA的化学结构类似DNA，但使用的核苷酸有些不一样。它们也有单字母缩写，分别是A、G、C和U。一种名为RNA聚合酶的蛋白质负责合成RNA，合成的RNA的核苷酸链与选取的DNA段序列相同，不过DNA上为T的地方，RNA上为U（图4.4）。大多数复制的RNA是信使RNA（mRNA），但也有一些RNA具有其他功能。

mRNA分子可以与核糖体分子结合。核糖体的作用是将氨基酸按mRNA中核苷酸的顺序连接起来合成蛋白质。这样DNA中核苷酸的顺序就间接而准确地决定了蛋白质中氨基酸的顺序。RNA核苷酸只有4种而氨基酸有20种，因此并不是一种氨基酸对应一种核苷酸。mRNA链中3个连续的核苷酸组成的三联码对应蛋白质链中的一个氨基酸。4种核苷酸3个一组总共有64种排列（AAU，ACU，GAU，…）；每种三联码称为一个密码子。64种密码子中有61种都对

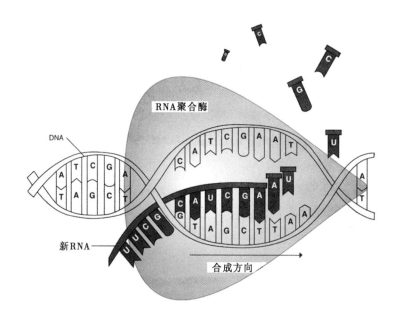

图4.4　RNA聚合酶从DNA序列复制RNA的示意图

应特定的氨基酸。还有3种是"终止"密码子。这个合成过程称为转
录，意指核苷酸编码的信息被"转译"成氨基酸编码的信息。

　　氨基酸与核苷酸的结合效率不高，还需要名为tRNA的适配器分
子在核糖体中将正确的氨基酸与对应的mRNA密码子对齐（图4.5）。
这种适配器确保氨基酸与每3个核苷酸对齐。这个过程的正确性很重
要。一旦出错，生成的蛋白质就会有错误的氨基酸序列，从而可能折
叠成错误的形状并且无法正确执行功能[3]。

　　越来越多的氨基酸被合成后，会从核糖体伸出来，氨基酸相互作
用，使得尚未成形的蛋白质开始折叠成由序列决定的3维形状。大多

数蛋白质在合成结束时就已经成形了；有一些则需要后续修饰，还有一些要等到与目标物结合时才会最终成形。

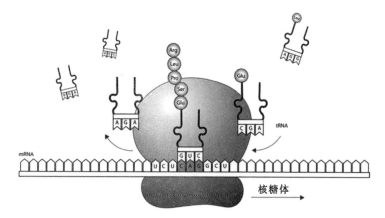

图4.5 核糖体、mRNA和tRNA适配器参与蛋白质的合成。深色结构是与mRNA（长链）作用的核糖体，tRNA与mRNA碱基配对，同时还连着一个氨基酸链。图中下一个要结合的tRNA正在从右边进入核糖体，前一个tRNA则正从左边离开。中间的tRNA在与mRNA的3个核苷酸配对后，连在它上面的氨基酸链将被转给后面进来的tRNA

自发折叠是理解氨基酸链编码的信息如何转换成3维结构的关键。氨基酸会相互作用，因此链会寻找优化所有相互作用的总能量的形状。过程的这个部分是免费的结构。存在大量可能的蛋白质形状，因为有大量可能的氨基酸序列，每种都会折叠成不同的形状。这就是蛋白质的生成过程，细胞的正确运作需要准确生成的蛋白质。每个蛋白质的生成都遵循编码为DNA的指令。正是DNA序列确保了正确的蛋白质被生成出来。改变序列，就会改变蛋白质。生物不是钟表，而且要复杂得多，但它们的出现无需钟表匠的介入。

DNA 编码的指令如何说明比单个蛋白质更复杂的结构？

我们继续钟表的话题，不过现在想象一种机械装置，不是由钟表匠组装，而是将零件放在箱子里摇晃就能自行组装。滑稽吗？能不能设计出这种零件放在一起摇晃就能自行组装的钟表？需要什么样的零件？当然我们所知的钟表零件做不到，但病毒的确是这样形成的。

病毒是像钟表一样复杂的生物装置，但要小得多。病毒的分子组装就类似于在箱子里摇零件。这是如何做到的？首先，零件都很小，一旦悬浮在水中就会由于热运动自发跳动，这是所有极微小事物的特点。第二，零件是蛋白质，我们已经看到，所有蛋白质都有很精密的形状。第三，它们的表面具有能与其他病毒蛋白相互作用的分子特征。一旦适配，蛋白质之间就会紧密结合。

病毒能够繁殖，但并不生长，也没有独立于宿主细胞的化学代谢。在存在的大部分时间里它们都完全不活动，介于生命和非生命之间。病毒的繁殖很像塑料玩具的组装，零件的凸起与其他零件的凹槽相嵌。区别在于没有爸爸或妈妈来组装。同其他蛋白质一样，所有病毒蛋白质的形状都是由特定的氨基酸序列决定。形状（以及相应的表面特性）决定了它能结合什么样的形状。将一个病毒蛋白质放到正在成形的病毒的正确位置上所需的所有信息都编码在其结构的细节里。

可能没有哪种活细胞能抵抗一切病毒的感染。幸运的是，病毒具有高度的特异性，任何特定的病毒都只能感染有限种类的细胞。感染细菌的病毒尤其容易研究。它们被称为抗菌素或噬菌体。名为 T_4 的抗菌素是被研究得最多的细菌病毒之一。它完全由蛋白质和DNA组成。这种病毒相对较大也较复杂，很适合用来说明自组装的潜力。T_4的DNA编码了274个基因，分别对应病毒组装和繁殖所需的274种不同的蛋白质。其中一些蛋白质是改变受感染细菌细胞的代谢的酶；一些则是合成T_4的DNA所需的酶；还有一些参与274个基因的表达。大约有50种蛋白质用于建造其怪异的外壳，当病毒从一个濒死的细胞中释放出来时，外壳可以保护其DNA。这个外壳还用于在遇到下一个适合的细菌细胞时对其进行感染。T_4的外壳由40种3 500多个蛋白质分子组成。图4.6画出了它的结构。DNA隐藏其中，缠绕在"头部"。幸运的是这种病毒不会感染人类细胞。

图4.6 T_4噬菌体（参见注释4）

与其怪异的结构相比，它的形成更让人吃惊。并没有什么小精灵围着它用微小的锤子将所有零件装到一起。这个结构是自组装的。其中的3 500个蛋白质都只能与特定的伙伴分子匹配。这本身倒没什么；毕竟，汽车零件就是以特定的方式组装到一起。但汽车无法自组装。汽车零件的设计并不是让你可以将它们放到一个大箱子里摇晃，然后就能组成一辆车。蛋白质很小，受周围快速运动的水分子影响，会不断跳动。当相互匹配的形状发生接触，就会结合到一起。每一次结合都会产生新的结合点，可以让另一个蛋白质结合。这建立了一个组装顺序。只有前两个蛋白质结合到一起，第三个蛋白质才能结合，然后第四个才能结合，依次进行。这样蛋白质就以特定的顺序被添加到生长的结构上；从而从随机混合的蛋白质溶液中就能自发出现特定的结构。

这种组装通过3条并行的"组装生产线"进行（图4.7），头、尾和长尾纤分别组装，最后才组装到一起形成完整的噬菌体。在头部与尾部相连之前，它会利用被感染细胞提供的能量装入T$_4$的DNA。

这个过程很像图2.10中的自组装拼图游戏，但结构是3维的，图块是蛋白质。拼图和病毒的形成都有赖于让形状能以预先确定的方式精确组合的目的性信息。对于拼图，设计图块的信息是由人的大脑创造。对于T$_4$，信息编码在病毒的DNA中。如果没有说明这些组块细节的指令，病毒（或自组装拼图）就永远都不可能出现。

自组装病毒与第2章讨论的分子砖块以及新科学（NKS）系统都属于同一类活动。这类系统通过组装计算物理图样和结构。计算的规则 —— 程序 —— 包含在组装部件的形状和化学结合特性中。

细胞中的许多活动也是基于自组装蛋白质结构的活动。实际上，整个细胞甚至整个躯体都可以视为大量自组装事件的产物。小部件以特定的方式组成大部件，反过来又成为更大更复杂结构的基础。在已存在的结构之上建立预先确定的结构。从这个意义上可以说细胞就是活的计算机。细胞中几乎所有的结构最终都依赖于用DNA语言编码的指令，DNA决定了蛋白质和RNA，它们的相互作用以及它们的形成。

指令能引导活动吗？

由于病毒很小，在水中随机跳动。给以时间和运气，这种随机运动最终会将病毒带到合适的宿主细菌。在6条长尾纤的顶部（图4.6）有结合点，能与宿主细胞表面特定的分子结构匹配。一旦某条长尾纤与目标结合，很快其他长尾纤就也会相继与细菌表面的目标点结合。这时，T_4就会头朝上尾朝下稳稳地附在细菌上。长尾纤的成功结合会引发蛋白质的变形。这个过程很像变形金刚玩具，零件以特定的顺序移动使得车或飞船变成机器人。变形金刚可以恢复原状 —— 病毒不会。

一旦长尾纤结合，病毒底部名为短尾纤的蛋白质就会展开，与细胞表面的其他特征结合。这又会导致基座从六边形变成星形，触发144个尾鞘蛋白质展开。这会使得尾鞘缩短大约2/3，驱动内尾管像注射器一样穿过细胞外膜。宿主细菌细胞有3层防线、外膜、细胞壁、和内膜。T_4的DNA要成功进入细胞，就必须离开噬菌体的头部，通过尾管穿过细胞的3层防线，进入细菌的细胞质。尾鞘收缩会将尾管顶端顶在第2层细胞壁上。这是一层坚固的结构。管端部的酶会解开细胞壁上的化学键，让其变弱，从而使得管子可以穿透进去。这样尾

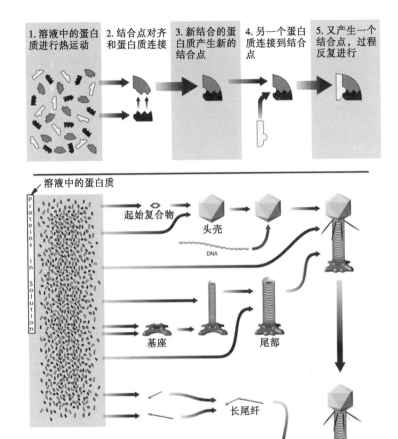

图4.7 T₄噬菌体的组装（参见注释4）

管端部就顶到了细胞内膜。然后管蛋白与内膜蛋白相互作用，形成一个孔，让DNA得以穿越最后一道屏障，进入细胞质，在这里开始合成噬菌体蛋白[4]。

在结合和注射的生命阶段，T_4噬菌体短暂变成非常活跃的结构，大量蛋白质变形，并且有两次大规模重排，尾鞘收缩和DNA注射。T_4不能生产代谢化学能，因此势能在组装的时候就储存在其结构中。就好像发条玩具被放开后在地板上移动。一旦储存的能量被消耗掉，病毒外壳就无法再活动。与玩具不同的是，这里没有可以重新上紧的发条。T_4的活动完全取决于其结构以及蛋白质与环境的相互作用。感染过程中发生的具体动作都是由T_4的DNA编码的信息预先决定的。特定的外部信号触发预先设定的动作。我们可以认为这些动作本身是预先组装好的，等待触发。

持续进行的活动呢？

噬菌体感染是很短暂的顺序执行的动作，由病毒结构预先决定，以达到低能态。下面我们想知道的是长期持续的活动是不是也能预先编程。这个问题的答案当然也是肯定的。我们的例子同样来自生物学。有一种基于细胞的系统能不断产生活动波。这种波被称为动作电位，由交替产生的离子流造成，它是我们身体里的神经细胞相互通信的基础。这种波的模式形成了一种时间上的非平衡态结构，它们需要来自细胞代谢的持续能量输入。回忆一下，离子是带电原子或分子。这个例子也为我们后面讨论人类学习建立了分子基础。

身体里的细胞分别执行不同的任务。肌肉细胞专门产生物理力，血红细胞传输氧，白细胞则负责侦测和消灭外来细胞和病毒。神经细胞的任务是在身体里进行远距离通信。细胞的特性和活动主要是由它们的蛋白质决定，而就如我们知道的，蛋白质又是由DNA序列（基因）表达为 mRNA 分子，然后又转录为氨基酸链，并且折叠为具有高度特异性的结构形成的。

　　所有细胞都维持一个不同于外界的内部环境。其中一个不同之处就是离子的浓度。尤其让人感兴趣的是钠离子和钾离子。钠离子就是食盐里有的离子，在身体里，主要分布在细胞外部的血液和间质液中，而钾离子则是细胞内部的浓度更高。在细胞膜上有一种被称为"泵"的特殊蛋白质不断用细胞内部的钠离子交换外部的钾离子来维持这种差别。它们通过在两种结构状态之间不断来回转换做到这一点。每次状态转换都会携带离子穿过细胞膜。一次翻转将钠离子送出去，下一次翻转将钾离子带进来。这种泵送活动需要能量，能量由细胞内部其他蛋白质酶参与的化学反应提供。

　　许多神经细胞（神经元）都很长很细。你身体里最长的神经细胞从下脊椎一直延伸到脚趾尖。长颈鹿和巨型乌贼的可以有几米长。信号通过移动的动作电位沿这些细胞传递。动作电位由短暂的钠离子内流和紧接着的钾离子外流组成。这个模式沿着细胞膜前进。这个短暂的离子流会引起电脉冲。从信息的角度看，动作电位可以视为传递了一个比特的信息。复杂的动作电位模式可以编码更复杂的信息。

　　在分子层面，动作电位并不复杂。它是细胞膜上称为"通道"的微小蛋白质门的顺序开启和关闭所引发的。这些通道的结构与钠/钾离子泵蛋白质不同，它们可以选择性地让离子通过，无需消耗额外的能量。有两种通道与我们的问题有关，一种是钠离子通道，还有一种是钾离子通道。自然有消除化学浓度差别的趋势，因此如果两种通道都长期开启，细胞内部和外部的钠离子和钾离子浓度就会相同，细胞会死亡。由于门只是短暂开启，因此细胞不会受到损害。

选择性的离子泵和离子通道的组合在神经细胞的细胞膜两侧产生微小的电位。这被称为"静息电位。"通常介于 -60 到 -70 毫伏（mV）之间。毫伏是千分之一伏。神经元离子通道的开关受电压影响，所谓的"电压门控"。一旦细胞的静息电位与 0 的差低于某个阈值，通常约为 -50 mV，就会引发动作电位。这种电位变化一般是通过与其他神经细胞的互动产生，但科学家也可以诱使其发生。

一旦达到阈值，电压门控钠离子通道就会通过相继的 3 个结构状态发生一系列变形。关闭的通道对电压敏感的状态称为静息状态。一旦膜电位减少到 -50 mV，通道就会打开，允许钠离子进入细胞。这个状态大约持续 1 毫秒（千分之一秒）。然后通道自行关闭，进入短暂的对电压不敏感的状态。大约 2 毫秒之后，蛋白质重新恢复原来的构形。钠离子通道的整个循环花费大约 3 毫秒。第二个状态的短暂延时对动作电位的形成很关键。

钠离子的内流会局部改变离子平衡，使得细胞膜的一小片区域的电位短暂地从 -50 mV 变到 $+30$ mV。这个变化有两个效应。它会触发附近的电压门控钾离子通道开启，并且触发稍微远一点的钠离子通道准备开启。等到最先开启的钠离子通道开始关闭时（开启之后 1 毫秒），旁边的钾离子通道正在打开。这使得细胞内部局部区域的钾离子外流（带走携带的正电荷），使得局部的膜电位恢复正常。等钾离子通道完全打开时，旁边的钠离子通道正在关闭，而稍远一点的钠离子通道则

开始打开。然后，钾离子通道又跟着钠离子通道打开。结果是钠离子
内流紧跟着钾离子外流交替进行。离子流模式沿细胞表面移动，产生
出短暂的电压变化波。这个过程如图4.8所示。

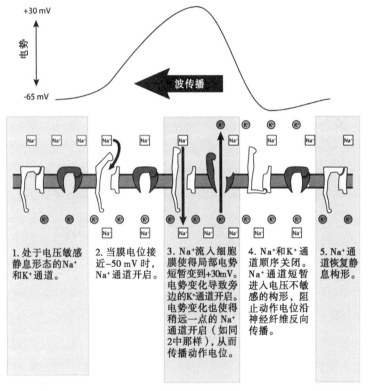

图4.8　细胞膜的离子流引起电压变化，形成动作电位。电压波从右往左传递。
（参见注释5）

从钠离子内流到钾离子外流，然后恢复正常，整个循环大约5毫
秒。动作电位沿细胞表面传播。图4.8中展示了细胞局部的电势变化。
钠离子流入细胞导致电势上升（从负往正变化），然后接着钾离子外
流又导致电势下降。

由于电压门控钠离子通道的变形周期需要几个毫秒才能完成，使得波（钠离子内流跟着钾离子外流）只能从激活的初始位置往外传播。在波通过后，钠离子通道会短暂处于对电压不敏感的状态。这个电压不敏感时期确保了动作电位只能单向前进。

如果神经细胞是球形并且足够大，则波会绕着细胞一圈又一圈传播，但神经元又长又细，因此只能沿着细胞传播直到端部[5]。如果神经元分叉，动作电位会前进到每个分叉顶端，不会衰减。在顶端是称为突触的特殊结构，与其他神经元相接触，使得一个细胞的动作电位可以改变接触的神经元的静息电位。突触对其他神经元的作用可以是兴奋或抑制。神经元整合同一时间到达的所有信号，如果静息电位达到了阈值，就触发新的动作电位。这样动作电位就能选择性地在神经元之间传递。如果细胞的负输入超过正输入，输入的信号就无法传递。这使得系统可以处理信息。

神经元细胞膜上的蛋白质具有非常特殊的性质，它们的协同动作产生的动作电位组成了动态可更新的模式。关键的蛋白质是维持静息电位的钠/钾离子泵和电压门控钠离子和钾离子通道，当它们被触发就会顺序产生离子流。这些蛋白质的特性，尤其是电压门控钠离子通道的周期变形和这些通道在关闭前保持开启的特征时间，使得只要细胞膜上具有这些特殊的蛋白质，并且膜电位上升到阈值，动作电位就必然发生。由于动作电位是特定蛋白质的活动引起，而这些蛋白质的结构又是由DNA序列决定，因此可以认为动作电位是由指令预先决定的。同噬菌体感染一样，动态活动最终来源于DNA序列中编码的用于建造特定蛋白质结构的指令。

那么到底如何定义目的性结构？

前面在第2和第3章给出的例子表明，在静态和动态系统中，没有指令也可能出现显著的复杂性。这一章给出的各种复杂事物的例子则是只有通过使用指令才有可能出现。区别是什么？从多个角度来看，雷暴都要比动作电位更复杂，当然也比螺丝刀复杂。然而，从某些方面来说，雷暴却更简单，当然也具有更多自发形成的可能性——概率大得多，并且除非你相信雨神，否则雷暴不会被认为具有目的性。

螺丝刀、病毒、膜蛋白和动作电位有3点不同于波浪、太阳系和雷暴：预先设定、目的以及极低的概率。这都可以用指令解释。指令本质上就具有预先设定某种事物的目的性，并且设定信息的量决定了，如果不使用指令，事物有多不可能。自然定律也是一种设定，但是它们简单、普适，并且不针对特定的结果。比较起来，指令更复杂，没有普适性，并且针对特定的结果。指令总是具有某种动机；它们代表对结果的投资。化学和物理定律简单作用于有合理可能性的初始条件产生出的事物可能会让人惊奇，也可能很精巧或很宏大，但如果我们排除宗教解释，就不能说这种事物是为了某种目的而设计，或是被预先确定适应某种东西。

螺丝刀和病毒无法仅仅用简单规则作用于常见的初始条件来解释。必须使用有针对性的特殊规则（指令）才能建立起创造某种本来出现概率极低的某物所必需的条件。当结构是作为使用指令的结果出现，产生这种结构所需的指令的低概率性就直接解释了这种结构的低概率性。既然随机生成哪怕很短的指令的概率都极低，我们就能肯定它们所包含的信息不是随机组合的比特。自组织的思想也无法回避这个结论。远离平衡态现象学为我们打开了动力学王国的无限可能，但并没解决低概率问题，也无法解释目的性。这个只有指令能做到。

如果我们暂时不考虑人类的创造性，唯一所知的能创造目的性信息（当然包括指令）的策略，就是可复制对象组成的群体，通过反复的累积性选择，自然执行的概率计算。我称这种计算策略为复杂引擎。正是这种计算策略支撑了生物进化和我们在后面的章节中将讨论的一些现象。如果没有累积性选择，就不可能在宇宙的时间和空间里找到编码特定结果所需的目的性指令的特定符号组合。选择是非随机的，选择规则为从无穷多的无用选项中识别出有用的信息组合提供了指南针。甚至当被选择的信息是随机生成时这也一样成立。目的性结构之所以存在是因为它们通过了具有某种目的性的选择；它们符合标准，标准决定它们继续存在下去要比那些没有被选择的更好。基于指令的对象和行为之所以具有目的性，是因为它们的指令是由在反复进行的选择中起作用的规则塑造的。

这并不是说波浪和雷暴的存在就没有原因；只是说其原因很直接。它们是对常规条件的自发反应。波浪、雷暴和沙堆崩塌都是传递能量的机制。要理解它们，我们需要知道在明确定义的系统中运作的物理力以及对这些力的阻碍。阻碍能量流导致势能增加，有时候表现为某种结构。其余的就只是细节。在我们的宇宙中免费的结构很重要，但仅此并不能解释我们的存在。我们还需要信息的概念，适当组织的信息能引导概率极低的目的性对象的形成。没有这种额外的信息，自然就只能限于展现无穷的可能结构中概率最大的那些。然而，通过利用适当的指令，任何逻辑上可能的结构都能实现 —— 无论其概率看上去有多低（假设有所需的资源）。这是十分惊人的论断。

目的意味着需要。创造某种事物是为了今后满足特定的标准。这个概念对贝纳德流没有意义。贝纳德流的形成是因为分子的协同运动正好能最有效地传送能量；这其中并没有事先的计划。只要一盆水被放在火上，就会出现温度差，而从水的底部往上部传送热的最佳机制就是对流运动。一旦几何条件正确，对流就会表现出规则模式。决定热传输的定律并不是专为形成贝纳德流而创造。

病毒将机械能和化学能转化为热能，从而参与通过生物圈的能量流，并最终参与从太阳到外太空的能量流；但病毒并不是做这件事最有效率的机制。它们的存在的重点不在于能量传递，而在于结构的延续 —— 这一点相当不同。病毒结构的动机不在于释放能势，而在于延续。这种驱动力利用能势，但并不以其为动机。蛋白质也可以以同样的方式理解。蛋白质组成的更复杂的结构 —— 我们称为细胞 —— 也是受延续驱使。蛋白质可以被认为具有让细胞、病毒或生命生存的目的；而所有生命都有让它们的遗传信息延续的目的。有无数多种可能的蛋白质；实际存在的那些之所以存在是因为它们对生物体的延续有贡献。要了解基因延续的驱动力，可以阅读道金斯的《自私的基因》[6]。延续的驱动力是复杂引擎运作的核心特征和自然结果。

其他事情也都是一样的，我们预期所遇到的结构只要有合适的条件和历史就具有合理的可能性。这就是为什么来自其他行星的人会将螺丝刀视为智慧生命的象征。螺丝刀不可能存在，除非这个世界上有人用螺丝来造东西。它们存在是因为人类有拧螺丝的需要（目的）。同样，螺丝的存在又是为了将事物固定到一起的目的。这个动机的链条可以很长，但是我们如果想理解目的性复杂对象就无法回避它。太阳系和山脉也是产生自很长的事件链条，但那是受物理力驱使的链条，而不是需要。挑战在于理解需要如何转为目的，目的又如何转为满足需要的结构。这是下一章的主题。

第 5 章
无概率性和复杂引擎

有序和无序有何关联？

见过以前老式的电视机吗？我还有一台。当调到没有台的频道时，屏幕就会显示随机闪现的"雪花"点。换一个有信号的频道，会看到演员表演或很远地方的风景。屏幕上有序和无序的区别很明显。雪花屏幕与有人说话的屏幕的像素是一样多的，但它们的状态不一样。盐晶、病毒和动作电位是自然界中有序的例子；气体和液体则明显缺乏结构。如果组分（像素或分子）之间有关联，我们就会识别出结构。结构体现有序，虽然根据我们的经验有序和结构很常见，它们的定义却比你可能认为的要更难琢磨。

抛硬币是一个很好的例子。如果反复抛，预期有50％是正面，我们说某次为正面的机会是50/50。有许多手法可以改变预期的结果，但只要你使用的硬币匀称，抛1000次大致是500次正面500次反面。显然如果你在硬币正面标H反面标T，抛1000次硬币会得到1000个H和T组成的字符串，这个字符串将是一个"随机"无结构的1维字母排列。但真是这样吗？随机生成就能保证随机序？

回答是否。如果抛硬币实验反复进行许多次，结果偶尔也会表现出明显的模式。如果你抛了一次正面，下次反面的机会是50/50（概率1/2）。如果你先抛了一次正面，又抛了一次反面，下次为正面的机会还是50/50。因此依次抛出正、反、正（H·T·H）的概率为 $1/2 \times 1/2 \times 1/2$，即1/8。抛出H·T·H·T·H·T·H·T·H·T的概率是1/1024。原则上，如果抛1000次硬币，以下结果都有可能出现：1000次交替的正和反，2次正跟着3次反（H·H·T·T·T）重复500次，500次正跟着500次反，甚至1000次反，1次正都没有出现。虽然这些有序的结果理论上是可能的，我们却预计永远也不会看到它们发生。这是因为抛1000次硬币得到特定结果的概率是 $1/2^{1000}$，小得难以想象。如果预先选定某个特定的结果，我们一直抛到宇宙终结也无法看到这个结果发生。

抛硬币揭示了一个对所有由组分组成的对象（或系统）都适用的原理：组分的随机排列通常会导致无序，但并不总是这样。这个原理对符号序列、电视机屏幕上的像素以及分子的3维构形都适用。分析表明组分的数量越多，非随机状态在可能状态中的占比就越低。极端条件下，例如2个字符长的H和T排列似乎都有序，要么是相同符号出现两次，要么是交替出现。在另一个极端，无穷长序列中有序的可能性为0。

对这类讨论的一个挑战是对有序的认识有主观性。幸运的是，有严格的方法可以定义随机和非随机，这个方法来自计算理论。根据这个思想，随机序列的元素之间没有内在关联，即没有相关性。我们在第2章讨论过这个思想。例如，假设元素是英文字母，那么对于随机的字母序列，没有什么方法能预测序列中某个特定的字母，就算其他字母都给定了也是如此。而非随机序列则具有内在关联，可以用序列不同部分之间的关联规则来刻画。例如1000个A后面跟着1000个B。存在简单规则能将A和B关联起来。规则"写1000个A接着1000个B"就能得到想要的序列。

在计算机科学中，计算的输入被视为对输出的描述，而有序和无序对象的定义区别是有序对象允许短描述。对于很短的序列，例如H·T，存在关联元素的简单规则，但规则比序列本身更长也更复杂；因此我们无法说这种序列是不是有序。对于H·T·H·T·H·T·H·T·H·T，规则为"重复H·T5次"，如果我们缩写为5×HT，会比原来的序列短一点。对于1000个交替的H和T，规则"1000×HT"就要短得多，因此我们可以明显认识到这个序列是有序的。

计算有一个不那么容易认识到的特点是，大多数输出都无法用比输出短的输入得到。绝大多数的长序列都是随机的。如果输出存在内在关联，输入就有可能比输出短。"有趣的"计算对象几乎都是那些具有内在关联——即具有结构——的形态。有序的呈现有时候很微妙，很难通过眼睛发现，但如果一个对象（输出）可以用短输入通过确定性计算得出，我们就知道其中存在某种形式的有序。这为有序提供了定量定义：一个对象如果存在比对象本身短（或小）的描述，就具有有序性。

关于对象的随机性还有很重要的一点是有序和随机不是非此即

彼的关系。一个对象可以很有序或不那么有序。事实上，很多对象都是既有序又无序。抛一个不匀称的硬币生成的H和T长序列可能是55%的T和45%的H。这样的序列不是非常有序，但还是表现出一定的规律性。我们的身体有许多结构，但在细胞和亚细胞层面上也有许多随机性。

总结一下，有序排列的特点是存在内在关联，而所有物理系统都共有的一个重要特征是绝大多数可能的形态都没有内在关联。对于大系统，有序不符合预期，因此需要解释。

如何弥补现实极端的不可能性？

道格拉斯·亚当斯的《银河系搭车客指南》中有一段有趣的话：

> 无穷小概率驱动是一种惊人的新方法，可以在几乎不到一秒钟的时间穿越星际间遥远的距离，不再需要在超空间中单调乏味地东碰西撞。当小概率驱动达到无穷小概率时，它会几乎同时穿过所有可想象的宇宙中所有可想象的点。也就是说，你永远不知道你会到达哪里，甚至不知道你到达时是什么物种。这对于穿什么衣服很重要[1]。

在亚当斯的有趣故事中，没有穿太空服的阿瑟·邓特被抛入深空，在必死的情况下被黄金之心救下，黄金之心是一架神奇的飞船，利用"无穷小概率驱动"在太空中旅行。阿瑟·邓特获救的无概率性是"2的27.6万次幂分之一"（$1/2^{276000}$）。任何读者都会认为这很荒谬，但为什么呢？要回答这个问题，我们需要探讨一下当我们说某件事情有存在的概率时是什么意思。

　　想象一个空间，空间中的每个点代表一种可能存在的事物。真实存在的事物在其中只占极小的一部分。在这个空间中的移动就是由一种可能变成另一种可能。变化如果没有规则，就只能向随机选择的新位置跳跃，很像黄金之心。问题是在这个想象的空间中绝大多数可能存在的对象都是随机的。因为它太大了，像你我、太阳系和摩天大楼这样有序的事物在这个空间中占的比例微乎其微。如果黄金之心在由所有可能性组成的空间中跳到一个随机选择的位置，这个位置不会是一个有序的状态，只会是完全无序的状态。

　　结构之所以存在是因为宇宙根据非随机定律运作，并且有特定的历史。没有规则，就不可能存在有序。在物理宇宙中会出现结构，是因为化学和物理定律限定了可能的结果，结果衍生于之前的结果，而之前的结果本身就具有结构。一方面，物理定律"解释"了为什么宇宙会表现出结构，另一方面，这些规则的来源又是关于我们的存在最深的迷团。重要的是要记住，这些规律在让有序成为可能的同时，并没有禁止随机性；毕竟，抛硬币的结果就是随机的。

　　400年来科学家观察宇宙，推导运作规律，并用实验验证他们得出的规律。这些规律决定了在可能性空间中什么样的路径是允许的，因为它们禁止了许多事件，不可能把黑洞变成银币或把银币变成阿瑟·邓特。允许的事件又为其他允许的事件创造了条件，串接起允许的路径。在允许的路径中，有很多时候允许发生随机行为，有时候随机才是常态。举个例子，物理学家知道铀235原子会衰变成钍231和阿尔法粒子，但他们不知道衰变会在什么时候发生。一个特定的原子在未来7亿年里衰变的概率是50/50。一个特定的铀235原子在我们活着的时候衰变的可能性很低，但不是0。一小块铀就具有放射性，因为它含有如此多的原子，以至于每一秒都有衰变发生。（原子）变化的时间很随机。这个现象可以用方程描述，但只是作为大量原子的统计特性或衰变的概率。

在所有可能性组成的空间中，随时间变化的路径有一个特性，未来的状态根据规律衍生自过去的事件。结构基于过去的结构。还有一个与放射性衰变有关的例子，磷32是磷元素不稳定的同位素。磷是DNA的组成部分，并且常见的同位素磷31很稳定。有些磷32原子碰巧会被合成到DNA中。一旦DNA中的磷32原子衰变，DNA链就有可能断开。如果磷32原子所在的基因编码合成黑色素（赋予哺乳动物皮肤和头发黑色的色素）所需的酶，只要它不衰变和破坏DNA就不会有影响。如果衰变发生在精子或卵子的细胞核中，生成的胚胎就有可能有黑色素合成缺陷。通常这种突变是隐性的，不会马上表现，但如果未来某个后代将两个突变基因组合到了一起，这个个体就会白化。如果这个生物是野兔，就很可能会被猎杀，因为除非地上有雪，否则它很容易被捕食者发现。如果这个生物是生活在原始社会的人类，他或她也许会被认为具有魔力。另一方面，如果发生衰变的精子没有参与繁殖，也就完全不会有生物学影响。没有影响、被吃掉或具有尊贵地位，结果的不同是由历史路径中的特定事件决定的。当序列过程允许随机事件，每当发生这样的事件，可能的未来就会变得不一样。沿时间回溯，当前的状态是由实际历史中发生的随机和非随机事件的特定序列决定的。如果系统可以重启，结果会不一样，因为随机事件会不一样。

当随机事件与选择相结合，导致的结果则是非随机的。这似乎有些奇怪，因为随机变化通常被认为对存在的非随机结构具有破坏性。但是当考虑各种各样的随机变化时，有一些变化可能会有利于结构的组织。如果随机变化很小，同时又有机会接受或拒绝产生的变化，并且选择是基于一致的标准，则留存下来的结构不可避免地会符合选择的标准。留存的结构会变得越来越有组织，越来越擅长做某些事情。因此，进化应当被视为在可能性空间中寻找新路径的非随机方法，虽然作为选择对象的初始变化是随机产生的。

反复的选择只有应用于指令时才能发挥出全部威力。回想一下，适当的指令能让化学和物理允许的任何结构成为可能（只要你有必需的资源）。由于反复选择能累积（从选择标准的角度看）有用的信息，因此指令会变得越来越好并且选择会不断作用于这些指令的产物，最终的产物也许会变得似乎极为不可能，像无穷小概率驱动所做到的事情一样。

指令从何而来？

如果仅从化学和物理的角度来看，一些事物几乎没有存在的可能性，理解其存在的关键在于认识到可以利用信息来说明和组织本来毫无可能性的结构。通过利用信息，能将不可能变成可能。因此我们必须知道拥有这神奇特性的有组织信息从何而来。"写 1000 个 H"这样的指令使得本来不可能通过随机抛硬币产生的对象得以实现。第 4 章探讨了一些只有利用指令才能形成的结构。许多指令都是人类天才的产物，但人的大脑虽然很特别，却也不能无中生有产生目的性信息。

计算提供了一个机会，一个计算的输出可以作为另一个计算的输入。这样就有可能建立计算的链条，其中每个计算的输出都是下一个计算的输入。甚至可以让计算的输出作为其自身（相同的规则集）的输入。这个过程可以表示成一个环（图5.1）。我们称之为迭代（不断地重复）。

图5.1 迭代计算的概念图

大部分计算都无法迭代，因为它们的输出与输入的结构不同；但对于程序员来说设计迭代计算并不难。如果迭代计算是确定性的，会有3种可能的结局：收敛到某个最终的输出/输入不再变化；进入循环，相同的输出/输入以规则的间隔反复出现；或者形成混沌。如果计算是概率性的，则还有第4种可能：输出可能不断随机变化。

迭代复制是最基于的迭代计算。如果某个结构可以被复制，显然其复制品也可以被复制。这种输入→复制→输入→复制……形式的迭代计算说不上很有趣，但是不难做到，将复印机的输出再放到输入板上就能实现迭代复制。如果复印效果不是很好，输出会逐渐退化，变得越来越无序。无序是因为复制时产生了错误，损失了有意义的信息。迭代复制很难做到完美，因此很容易损失信息。但如果在迭代复制中加入选择，一切都会不一样。

设计迭代程序的程序员通常将输入分成不变部分和可变部分。如果规则或算法不允许改变，只有数据变化，事情会容易很多。以不完美的复印机为例，只有拷贝变化，机器本身并不变化。如果程序的规则或算法部分也随意变化，则有很高的风险产生出非法程序，导致循环停止（改变的机器不再工作）。有这种特性的系统很难用电子计算机实现，但也不是不可能。对于生命系统，程序、机器和数据相互关联，全都随时间变化。只有进化过程的逻辑保持不变，甚至执行进化的方式也会演变。

存在一个普适性的策略，允许算法和数据都随机变化，同时还能确保循环的继续。如果迭代计算中加入了程序变化的可能性，通常会有3个特点：

· 程序必须实现某种复制机制，并且这种机制要允许发生错误或其他变化。

· 每次循环中的错误（变化）必须很小。

· 每次循环必须有足够多的输出，这样至少有一个输出相对当前循环的输入没有显著变化。

　　如果具备这3个特点，迭代计算就能长期进行，程序（规则和输入数据）改变但计算不会停止。由于每次循环有多个输出，所以必须有某种选择机制，因为没有哪个系统能让输入/输出的数量无限增长。我们可以将具有这些特性的通用计算策略称为"选择性迭代概率计算"（IPCS）。这种系统会表现出渐进式变化。图5.2绘制了其基本特性。内环是所有进化过程的定义性特征，也是我所说的复杂引擎。这个引擎就是IPCS，是有多重输入和输出的并行计算。

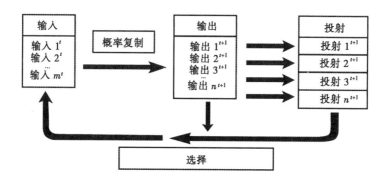

图5.2 选择性迭代概率计算（IPCS）图。这种计算策略是推动所有进化过程的引擎。上标t和$t+1$表示循环次数，m平均必须小于n（必须发生选择）。输入和输出都编码信息

　　具有复杂引擎的循环系统一般都会以输入/输出结构的形式累积信息，改进的个体被再次复制的机会更高。这个循环在随机的变化中保留更符合选择标准的变化，从而提炼信息。我称这种累积的信息具有"目的性"，因为它符合选择标准的要求。一旦出现随机变化，就会根据选择规则对产生的输出进行评估。如果变化是好的，就会成为下一轮循环的输入，如果不好，就会被淘汰。生物的选择过程混乱而随机。一些好的变化没有传递给下一代，一些不好的却留下了，但总体

上个体组成的群体会加入许多更好的变化，而大多数不好的都被去掉了。IPCS计算很像一个嘈杂的机械齿轮，大部分时候都在前进。根据前面的第3条要求，至少有一个输出没有显著变化，这确保了系统在整体上不会滑坡。生命系统通常满足这个要求，突变率足够小，使得每一代的大多数个体的适应性不会比父母差太多。如果环境的辐射水平高，或者大剂量接触化学突变剂，会导致突变率过高，从而不符合要求。这样的群体会螺旋下降，每一代的适应性都不如前一代。

图5.2中标有"投射"的方框不是引擎的基本组成部分，但为了清晰起见也画了出来，因为大部分进化系统都有这个特性。在这样的系统中，选择作用于产物，而不是直接作用于输出。对于生物，输出是DNA序列，产物是生物体。对于人类活动，输出是人们遵循的指令，产物是这些指令说明的人造物或社会组织。

每次循环引入的变化必须很小，这个要求有必要反复强调。相对于输入的变化越大，得到的输出和产物的差别就越大，也意味着符合选择标准的可能性越小。大的变化导致可能性空间中的大跳跃，从而面临低概率问题。在自然界，可能性空间中"接近的"结构通常比离得远的结构要更相似；因此，与当前结构临近的结构有合理的概率得到改善。而在可能性空间中"离得远的"结构总是差别很大。而这种差别通常都是不好的，因为离得远的结构几乎肯定更加无序，无论哪种特性都会更差。为了阐明这一点，想象一架飞机。小的变化可能是将机翼的长度增加一尺。大的变化则可能是改变机翼的数量。更大的变化可能是将外形变得像一艘船或一个大金属卵石。只有小变化可能适于飞行，也只有在这其中才能找到对原设计的适应性改进。因此，找到好方案的唯一可行路径就是一小步一小步地逐渐变化。就好像在黑暗中没有扶手的舞台上之字形前进。只有步伐很小才能避免掉下去。步伐太大会有不良后果。

概率计算会引入随机变化。每当执行概率计算，就会以一定的概率产生变化。在许多系统中，这种机制就是简单的错误。生物和一些计算机程序利用更复杂的变化机制，包括对之前成功的序列进行重排、混合和匹配。无论细节如何，对于受复杂引擎驱动的计算，每一轮 n 个输出中（图5.2）必须至少有一个适合作为下一轮循环的输入。如果不是这样，计算就会终止。对于生物就是没有个体能够繁殖，种群灭绝。

可以非随机地选择输出作为下一轮循环的输入。本质上选择涉及产物（生物体）与环境的互动。有时候选择规则很明确，例如"死去的动物没有后代。"有时候又是间接的和概率性的，例如"可能有捕食者躲在那块岩石后面。无论怎样，具有复杂引擎的系统在非随机选择规则的作用下都会逐渐演变。在改变的过程中，系统自然而然会累积符合选择规则的信息。如果施加新的选择规则，系统又会马上开始累积符合新规则的信息。新信息的来源是被选择的随机变化。产生和保留的最简单的可能变化构成了最基本的信息单元。通过反复的选择和保存记录，系统就能逐渐累积相关的信息。如果选择是非随机的，累积的信息也会是非随机的。

需要澄清的是随机变化对于复杂引擎并不是必需的。图5.2中所展示的基本循环适用于任何变化来源。如果可能变化的范围是有限的，可能产物的谱系就是有限的，过程的创造性受限于可能的变化。随机变化提供最大的机会，如果期望的产物是已知的，指定特定的变化就能急剧加速过程。IPCS策略的力量和美在于其能在没有预先计划的情况下表现出最大的创造性。

指令如何改变我们对事物可能性的认识？

一旦认识到指令在复杂事物形成过程中的核心作用，就能从构造事物所需的指令本身的可能性 —— 或者说不可能性 —— 的角度来认识事物的可能性。复杂的指令使得复杂的物理事物成为可能。通过执行指令构造出的对象的特殊性直接来自指令的特殊性。要认识到长指令有多不可能，我们必须进入大数和小数的王国。

人类对数的使用源自计数。一些原始部落的计数没有超过2[2]。因此我们可以推断计数的能力不是天生的。这种文化中的人无法一致地用一碗米交换一打橙子。他们能大致估计12个橙子的分量，但如果不大费周章地与另外12个橙子比对，就很容易弄错。计数让商业成为可能，会计数的商人能轻易骗过不会计数的商人。在计数发明后不久。有些人意识到也能对事物的部分进行计数。如果将苹果切成4块，对每一块苹果也能计数。

如果要计的数超出了我们的手指和脚趾的数量，一个简单的方法是给每个数起个名字。古埃及人对从1到1000之间的每个数都有专门的名字。如果要处理的事物的数量不是很大，并且也不用对数进行操作，这样的系统也能应对，但如果使用某种重复性的系统，则可以简化数的处理。例如，在语言中我们用一百二十三这样的组合短语而不是一个专门的词来描述这个数。但用组合词也很麻烦，如果将词语换成符号又可以节省很多空间。将十六万二千六百七十四写成162 674显然更加便捷。更重要的是，基于符号的计数便于操作数字。十进制系统对算术非常方便。如果你认为在所有数字系统中算术都一样方便，试一下用罗马数字LIV除以XVI[3]。算术的方便解释了为什么十进制系统现在在世界上被如此广泛地使用。

十进制系统另一个很实用的特性是能够表示我们日常不会遇到的很大或很小的数。例如，在我写下这句话的时候，地球上的人口数量估计为七十亿七千二百五十万七千三百零二，或者7 072 507 302（而且以每秒3人的速度增长）。到中部夏令时2012年10月13日10:54为止，美国政府的总赤字是16 168 864 374 347美元。只需适度练习，任何人都能读写这样的数字，尽管它们所表示的数远远超出了我们的实际经验。想一想，如果你在75年里每天遇到20个人，你一生大约会遇到五十万（500 000）个人。如果你每秒数1美元，十小时你能数36 000美元（假设你不会数丢）。一年可以数到13 140 000美元，一辈子大约10亿美元。数16万亿美元要花16 000辈子时间。以每天20人的速度，要遇到世界上所有人，要花13 000辈子时间 —— 还要假设在计数期间没有人出生也没有人死亡。这些数字与我们可能遇到的另外一些数字比起来又微不足道。表5.1列举了一些例子。

表5.1　　　　　　　　　　　一些很大和很小的数

1升气体分子的不同状态的数量	$1 \times 10^{50\,000\,000\,000\,000\,000\,000\,000}$
500 000个字符组成的书的可能数量	$1 \times 10^{800\,000}$
宇宙中的原子	1×10^{80}
宇宙中的恒星	1×10^{22}
宇宙年龄（秒）	4×10^{16}
美国国债（美元）	1.6×10^{13}
宇宙年龄（年）	13.7×10^{9}
地球人口数	7.1×10^{9}
艾奥瓦州埃姆斯的人口数	5.2×10^{4}
扔两个骰子出现两个1的概率	2.7×10^{-2}
52张扑克出现皇家同花顺的概率	1.54×10^{-6}
被陨石砸死的概率	1×10^{-10}
抛50次硬币出现特定序列的概率	1.1×10^{-15}
普朗克长度，有物理意义的最小长度（米）	1×10^{-35}
抛1000次硬币出现特定序列的概率	1×10^{-300}
随机产生你的DNA序列的概率	$1 \times 10^{-2\,000\,000\,000}$
1升气体特定分子状态的概率	$1 \times 10^{-50\,000\,000\,000\,000\,000\,000\,000}$

标准十进制系统也有其局限性。非常大（和非常小）的数的读写很麻烦。一般使用科学记数法来简记。根据科学记数法，1 000 000记为1×10^{6}（或者直接记为10^{6}），3 400 000记为3.4×10^{6}，0.0002记为2×10^{-4}。上标6表示小数点左边和1的右边有6个0（或6位）；上标-4表示小数点右边有4个0，然后跟着非0数。使用这种记数法很容易写出数字比如6×10^{5000}，不然就得在6后面写两页0。表5.1采用了科学记数法。

表中第1项和最后一项来自物理中的气体理论。表中第2项受这本书启发，这本书大约由 500 000 个字符组成，使用了大约 40 种不同的字符（26 个英文字母，空格，以及各种符号，例如 / ; = ）。用 40 种符号的字母表排列 500 000 个字符有 $40^{500\,000}$ 种方法，也就是 $1 \times 10^{800\,000}$。这就是用 40 种符号的字母表能够写出的 500 000 个字符的书的数量。当然，其中绝大部分都是乱码；只有一小部分对懂这门语言的人有意义。这也说明了一本睿智的书有多特别[4]。

有了科学计数法，写很大和很小的数变得很容易，这是优点同时也是缺点。在科学中太大或太小的数都具有误导性。在量子力学中，无法以无限的精度同时确定一个粒子的位置和动量。如果限定一个极小的空间，在其中所发生的事情的不确定性就变得极大。因此，在很小的尺度上，所有已知的物理定律都不成立了，科学认识在这种尺度上不再成立。量子力学失效的尺度大约在 1×10^{-35} 米（普朗克长度）。传递信息最快的速度是光速（3×10^{8} 米/秒），光通过 1×10^{-35} 米至少需要 1×10^{-44} 秒。因此从科学的角度来说，谈论短于 1×10^{-44} 秒的时间是没有意义的。小学生也可以轻松写出 1×10^{-1000} 秒，但有什么意义呢？

极大的距离和极长的时间也有类似问题。最新的天文学证据和理论模型表明，已知宇宙的年龄大约为 137 亿年。大爆炸标志着时间的开端，因此在 4×10^{17} 秒之前的时间是没有定义的。这之前的时间的意义是什么？同样，由于光以有限速度传播，因此天文学家无法看到发出的光到达地球的时间长于 137 亿年的地方。人们可以谈论更远的距离，但涉及无法探测到的事物时必须很谨慎。

再回到概率的问题，抛一枚匀称硬币得到正面的机会是 1/2。如果扔一个普通的 6 面骰子，得到 2 的机会是 1/6。大部分纸牌游戏都是基于概率，从充分洗匀的 52 张牌中发 5 张牌，拿到 AKQJ10 同花顺的机会是 1/649740（科学记数法概率为 1.539×10^{-6}）。除非你经常玩牌，否则你在普通牌局中可能从没见过皇家同花顺。你在地上被掉下来的飞机砸死的概率是百万分之四（4×10^{-6}），被（小）陨石砸死的概率大致为 100 亿分之一（1×10^{-10}）。可想而知，地球人口 70 亿（7×10^{9}），已经有几百人被飞机砸死了，但只有一个可信的报告有一个人被陨石砸死。虽然存在一定的风险，但很少有人会担心晚上躺床上会被飞机或陨石砸到。这些事情发生到特定的人身上的概率太低了，无需去担心——虽然它们确实会发生[5]。

这些概率虽然很小，还是可以理解。然而，一旦考虑顺序随机事件，如果事件数量很大，出现特定序列的概率就会小到难以想象。一旦概率小到一定程度，将其视为与 0 不同就会有误导性。概率小到一定程度就意味着相应事件在随机的过程中从没发生过，也永远不会发生，虽然计算出来的概率要比 0 大一点点。

字母序列可以简单说明这种难以想象的小概率。再来看看连续地抛硬币。每次的结果要么正面要么反面（概率各 0.5）。我在桌上抛了 50 次，结果为 H·H·T·T·H·T·H·H·T·T·T·H·T·H·T·H·T·H·H·T·H·H·T·H·T·T·T·H·H·T·T·H·H·H·H·H·T·H·T·H·H·T·T·T·H·T·H·T·H·T·H·H·H·T。

由 H 和 T 组成的 50 个字母的序列有 1.1×10^{15}（2^{50}）种可能。因此这个特定序列的概率大致为 1×10^{-15}。如果地球上每个人每秒抛一次硬币并记录结果，上面这个序列在一天里大约会再现一次。如果我记录100次而不是50次，那么全人类什么也不做只抛硬币，大约5×10^{12}年（当前宇宙年龄的400倍）才会再现一个特定的序列！抛1000次产生的序列的概率为1×10^{-300}，要抛5×10^{282}年才会再现。这样的概率与0没有区别。如果地球上所有计算机不干别的只模拟抛硬币，宇宙年龄的千万亿倍时间也无法产生某个特定的序列。换句话说，如果你写下一个1000个H和T组成的平常序列，你可以绝对肯定用随机的方法永远也无法再现这个特定的序列。这个认识揭示了概率和存在性之间一个明显但仍然很重要的关系。如果设想的对象的概率低到一定程度，它就永远无法仅仅因为随机成为物理存在。但一旦某个低概率对象存在了，我们就能生成其拷贝，而无需受制于概率问题。显然，基于随机组装假设的概率计算可能很有误导性。

现代社会不断创造和使用远长于1000个符号的序列。大部分用于制造有用事物的指令都是长符号序列；用书和光碟存储。所有这些序列都很特别。通过概率讨论我们可以绝对肯定，随机排列符号无法产生任何有意义的长指令。那长指令是如何产生的呢？说某个人创造了它们并没有解决问题，因为人如何做到的机制还是不清楚。

我们已经看到了一个可能的答案。在预先不知道所期望的序列的情况下，复杂计算引擎有能力创造很长的具有目的性的符号序列（指令就属于这种目的性序列）。事实上，复杂引擎是唯一所知的能高效做这种事情的机制。这意味着，如果我们想理解人类如何构思各种事物和创造各种技术，如果我们想真正理解复杂事物是如何产生的，我们就不能无视这一点。

下一章将详细探讨一个特定的用计算机实现的复杂引擎是如何解决简单的"最多1"问题。这个任务是在没有将答案编码为输入的条件下创造全1的字符串。你能很容易做到这一点，因为你"知道"0和1的差别。要让计算机"知道"这个差别从而做到这一点就有点难。一个办法是编程让计算机随机生成0和1字符串，直到出现一个字符串的所有位加起来等于这个字符串的长度。这个方法的问题是要生成1千个1组成的字符串，需要生成大约10^{300}个不同的字符串。在一个远远少于10^{100}年只有10^{80}个原子（限制了运算这个问题的计算机的数量）的宇宙中，这件事情不可能做到。令人吃惊的是，借助于复杂引擎，我的电脑不到1分钟就能解决这个问题，而且字符串越长这个算法带来的效率提升越高！根据我们的日常经验，远远长于1000比特的指令很常见。要通过随机方法生成是不可想象的，仅有的两种可能的科学方案是：①宇宙被预先设定为会产生在过去、现在和未来要用到的所有指令；或者②它们通过一种高效的计算策略产生。在预先不知道期望的信息结构的条件下，我们唯一知道的能组装大规模目的性信息的就是复杂引擎。说某人"构想"了一长串指令只会混淆问题。"构想"不是一个机制，无法告诉我们在大脑里进行的是什么计算。

这一节我们仔细探讨了用随机的方式创造事物的可能性，从而明确了一点，复杂事物、不可能通过随机创造产生。这个原理虽然很浅显，但是很重要，部分是因为它可以用来反推。如果一个对象的随机组装是不可能的，那我们就知道它的产生不是随机的。这就是佩利的论点，但他论证的时候还不知道复杂引擎，上帝是他唯一的选项。

从哲学上来说，非随机组装意味着什么呢？一方面看，非随机地创造某物意味着先前具备的知识在其创造中起了作用。当我们写信或写文章时，我们之所以能够构造具有特定意义的特定字符序列，是因为我们对我们所写的东西已经有所认识。如果我们一无所知，我们就一个字也写不出来。黑猩猩可以被教会使用键盘，但敲击出的字符串对人类不会有任何意义。使用同样的碱基，科学家永远也无法通过在试管中合成随机的DNA序列并将其表达成细胞来创造新的生命形式，除非他们预先知道要合成什么序列。随机序列无法做到。

从另一方面看，非随机创造又意味着对可能的产物施加了约束。约束刻画了物理世界。以栅栏为例。精心建造的围栏的立板都是垂直的，间隔均匀，顶部离地都是一样高。为什么许多围栏都是这样？用同样的板子完全可以设计出许多种类的围栏，而且大部分都很无序。之所以如此有序是因为建造者施加了约束。每块板子的钉立位置都要符合特定的标准。化学和物理定律组成的约束就如同围栏建造者的规则，只是化学和物理定律无处不在。选择也是约束，反复的选择建立了非随机性。指令是特殊类型的约束，指令越长（越复杂），能生成的产物就越复杂。因此，能够组装指令的复杂引擎为复杂事物的存在提供了一条途径，它通过一种系统的、非随机的方法组装必要的信息来实现这一点。没有这台引擎，我们所见的和所用的大部分事物都毫无机会存在。有了它，神奇的事物就变得平常。

生命是计算的产物吗？

生命的进化是被研究得最透彻和最著名的复杂引擎的实际例子。当达尔文在1859年发表《物种起源》的时候[6]，他对信息、计算、蛋白质、DNA这些现代概念一无所知。他甚至不知道基因。他的理论是基于仔细的观察和逻辑思考。作为敏锐的自然观察者,自然种群中观察到的变化以及自然的多样性给他留下了深刻印象。在所有自然种群中,产生的后代许多都无法存活到繁殖期。他问道,如果环境对一些后代的特征有哪怕一点点偏好,进化怎么会不发生呢?

后来在遗传学、生物化学、分子生物学、细胞生物学和计算机科学中的所有发现都支持进化论,从而证实了他的观察和逻辑推理。当然也不是没有反对者。少数科学家和许多非科学人士认为进化论不正确,因为它无法解释一些重要的问题。其中最重要的是生命的最终起源,以及飞行、视觉等重要创新的起源和细胞生物化学的巨大复杂性。所有研究过这些问题的科学家都承认生命的起源还没有很好的解释。达尔文自己就明确说过他的理论没有解释生命的起源,这个理论过去150年来的发展也没有从根本上改变这一点。奇怪的是为什么一个理论会因为无法解释其范围之外的问题而受到责难。这个不完备并不会削弱进化论解释在我们的星球上繁盛的许许多多生物的能力。这只说明我们还需要能用科学实验证明并且与已有的科学认识相一致的起源理论。

至于重要创新的"问题",现在已越来越清楚这在理论上没有问题,只是目前对动植物发育过程中器官形成的分子机制以及重要的形态创新如何通过突变和自然选择产生的认识还不清楚,对所需事件的界定又太模糊。不过这种情形正在迅速改变。在过去20年里,对器官形成的分子机制的解释取得了巨大进展。新的发现为器官如何进化出现提供了合理而详细的解释。这个领域通常被称为"EvoDevo"(发育进化学），目前是分子生物学最热门的研究领域之一[7]。

地球生命进化的最佳解释范式是DNA编码蛋白质塑造生物体（参见第4章）。所有生物都有独特的形态、生理和行为。一些特征是环境作用的结果，比如风刮断树枝或动物因营养不良瘦弱，但表型的大部分方面都是遗传自父母。

从分子层面分析，蛋白质的作用决定了生物体的表型，而蛋白质的表达又取决于DNA序列。回想一下前面的例子，T_4噬菌体的保护外壳完全由蛋白质组成，因此其形状和韧性等结构特征显然也是由其成分蛋白质决定。蛋白质改变，特征也会改变。花具有特定的颜色是因为蛋白质酶在花瓣中合成色素分子；如果没有酶就不会有色素，花瓣也不会有颜色。酶改变，色素就会不一样，花的颜色也会不一样。花长出花瓣是因为调控蛋白决定了花在发育过程中细胞生长的基本"设计"图样。另一些调控蛋白则决定了花瓣形态的调控蛋白在植物体内的作用时机和位置。正是调控蛋白表达的时空变化网络最终引导了所有可遗传的动植物结构的形成。

拟南芥的DNA编码了16 000种不同的蛋白质（包括副本在内总共26 000种），其中大部分蛋白质都参与植物表型的多个方面。表型指的是生物体可观测的形貌特征。一种细菌能合成几千种不同的蛋白质，哺乳动物则超过100 000种。即使最简单的生物体，目前科学也没有做到对每种蛋白质的特殊作用进行完整的界定，但不久就有可能出现针对特定生物所有蛋白质的表型作用的巨型数据库。

　　由于所有蛋白质的结构都完全由对其进行编码的基因的核苷酸序列决定，因此生物的遗传表型最终也是由DNA序列决定。DNA序列来自父母和偶然的突变。这些变化经过选择积累信息，并决定了进化的长期趋势。

　　重温一下生物学入门课程的内容，生命进化的7条原理：

　　1.生物繁殖。

　　2.所有生物群体繁殖的后代都多于父代。这是生物的保险策略，让生物群体能挺过艰难时期。同时也确保群体在好的时期能够扩张。

　　3.遗传特征由生物DNA（一些病毒是RNA）的核苷酸序列决定。

　　4.生物体由细胞组成，DNA是每个细胞结构的物理组成部分。因此，如果细胞存活，存储在DNA中的信息就得以延续；一旦细胞繁殖，其中的DNA就被复制；一旦细胞死亡，其DNA编码的信息就失去了。

　　5.个体不会进化；只有生物群体会一代代随时间进化。

　　6.自然群体由相同"种类"的生物组成，但群体中每个个体的DNA序列并不完全一样。这意味着不同个体生成的蛋白质也会有细微差别，产生的生物体也会有微妙的差别。遗传学家称这种差别为"群体中的遗传差异"。

7.大自然绝不仁慈。如果某个个体在错误的时间出现在错误的地方，或者无法获得足够的食物，或者找不到配偶，都很糟糕。死亡的、受伤的和不走运的没有留下后代，它们的DNA就不会延续到下一代。现在存在的所有可遗传表型都是基于成功延续下来的DNA序列。

自然界有一条绝对的规律是没有哪个种群能一直扩张。即使对于人类来说也是如此。地球是有限的。细菌的增长生动地揭示了这一点。假设某种细菌能分裂，一个变两个。10代以后，如果都不死，就有1024个细菌，增加1000倍。20代后，就会达到10亿（10^9）。如果培养基适合生长，一夜之间从一个细胞就可以培育出数以亿计的细菌，对于微生物学家来说，这很平常。但如果一直这样发展下去呢？100代后，如果没有细菌死亡，将会有10^{30}个细菌，只需132代，细菌的质量就会与地球质量相等！再过53代（总共185代），细菌的质量就会超过已知宇宙的质量。而我们只是假设细菌每代有两个后代；牡蛎能有数百万后代。人类如果不节育的话平均每对配偶会有8到10个小孩。如果人类从现在起每一代的数量增加一倍（平均每对配偶4个小孩），人类只需1175年（47代）就会超过地球的质量！显然这是不可能的。要么我们自己有意识地控制后代数量，要么大自然替我们这样做。

从中得出的一条自然规律是，生物要么限制繁殖，要么大部分后代还没有繁殖就会死亡。所有例外都只是临时性的。由于很少有生物会有意识地限制其后代数量，与环境的互动会决定哪些后代能存活到繁殖。在自然界这个选择有两种方式，要么纯粹是运气，要么是因为一些生物更善于生存和寻找配偶。生物通过无穷多种途径与环境互动，互动的细节决定了它们是否会挨饿，或被吃掉，以及是否能繁殖。由于自然种群中的差别，必然会有一些个体更擅长某些事情，一些则做得更糟。一旦这些事情影响到繁殖，就会影响未来群体中呈现的基因。

这个故事的背后是蛋白质和基因。基因决定蛋白质，蛋白质又决定表型；因此如果一个可遗传特征会给后代带来优势或劣势，相应基因在种群中的比例就会增加或减少。如果基因在种群中的比例增加，就意味着下一代会有更多个体携带这种基因，并表达出相应的蛋白质。即使是很温和的选择，力量也很惊人。假设某个基因序列能带来1%的繁殖优势或劣势，很小，如果不进行细致的统计研究谁也不会注意到。群体遗传学为计算这样的DNA序列的命运提供了方法。多代之后的结果取决于种群数量和其他一些参数，如果我们假设群体数量为10 000，配偶选择随机，那么具有1%优势的DNA序列会在大约2 000代后遍布整个种群。如果是繁殖迅速的细菌，则只需要1个月，如果是橡树或人类，则需要40 000年。同样，具有1%劣势的序列，如果开始分布很广泛，在差不多的时间里也会消失，如果初始比例很小，则会消失得更快。100万年足以发生许多变化。

只要自然种群会产生遗传性变异，一些特征会不可避免地增加，一些则会逐渐消失。由于优势或劣势主要由与环境的互动决定，即便是很小的环境变化也会导致一些特征的优势地位改变。在很长时期内如果环境的变动不太剧烈，对特征的选择会导致整个种群的基因成分漂移；如果某种特征比如亮色皮肤、奔跑更快或更好的抗病性受偏爱，则这些特征最终会遍布整个种群。

图5.3将生命进化描绘成了一个循环过程。选择通过成功的繁殖

实现，繁殖的成功又取决于个体与环境的复杂互动。很显然图5.3中的循环就是图5.2中的循环的特例。由于DNA编码信息，因此图5.3也描绘了计算。DNA编码的信息既是循环过程的输入也是输出。细胞机器将这个程序转化为蛋白质，然后蛋白质进入细胞或生物结构执行计算。生物的一个本质功能就是繁殖。DNA复制过程中的错误会在每次循环中引入（通常）很小的改变。平均孕育的后代的数量会多于父代数量。由于遗传性变异对于进化的发生很关键，除了简单的错误，还演化出了各种生物机制以确保有足够的新变异和限制产生过大的变化。这其中包括染色体的随机配对和重组等重新排列DNA序列的机制，这些将在后面讨论。

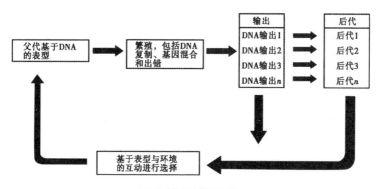

图5.3 生物进化的计算循环

因此，如果聚焦于DNA循环，很显然生命的进化就是计算；从而所有生命都是计算的产物。参与这个计算的DNA序列点滴累积核苷酸信息。累积的信息产生细胞和身体结构，以及（对生物）有益的行为倾向。累积的信息的产物与环境互动。成功用繁殖的成功来衡量。后面我们还会看到，计算机程序中也可以加入类似的性质。

　　图5.3描绘的是达尔文进化论。但也可以看出图5.3就是图5.2中的计算策略的具体例子。因此也可以说图5.2描绘的是广义进化论。复杂引擎比标准生物进化论更为广义，因为它不限于生命。它对任何能执行计算的系统都起作用。这也意味着图5.2中描绘的复杂计算引擎也可以用来定义非生命个体组成的群体的进化。就如我们将看到的，在判断计算机程序、社会或思想是否会发生真正的达尔文意义的进化时，这个定义会很有用。

第 6 章
算法进化

计算机能学习吗？

在手机上打字很麻烦。为了让打字方便，很多手机都能猜你要打什么字。打得越多，就猜得越准。这是通过学习你的习惯实现的。计算机学家已经发明了很多方法可以让计算机学习。其中许多都是基于复杂引擎的变体。在生命的世界里，进化源自对环境信息的累积——也就是学习。当DNA序列产生微小的随机变化，自然选择会留下那些能产生更"适应"环境的生物的DNA。进化出适应性表明系统获得了其适应对象的信息。鱼适合在水中生活，鸟能飞翔，这都是因为与其生存环境相关的许多信息被存储在它们各自的DNA中。这一章关注的一个方面就是这种适应信息的来源。我们将看到实际上只有两种可能的来源：信息要么是来自其适应的对象，要么就是随机产生，然后选择那些能提高适应性的变化来提取信息。无论哪种情况都可以将这种获得信息的过程视为学习。

计算机与人类大脑相比有两个优势：很快，而且能准确地复制信息。但学习不仅仅是复制。学习涉及抽象。当你下载一个程序或一段音乐，你的计算机会存储数据的准确拷贝。计算机很擅长做这种事情。

但是当你学一首歌或上一堂课时，发生的事情很不一样：你在创建表示这首歌或这节课的神经连接模式，这种模式能引发特定的行为，并存储新的记忆。你在头脑中创建的神经模式与你的老师或作曲者头脑中的模式并不完全一样。我们擅长学习抽象的思想，而不擅长准确的记忆。如果你不相信这一点，可以去访问一下某个事故或大事件的目击者。

计算机学习的概念很难界定，但容易认识到。它必然涉及获取新的信息，并且不仅仅是简单的记忆。学习一词意味着获得推理的能力。学到的东西让计算机可以解决以前从未遇到过的问题。这是智能的标志之一。因此，计算机学习也被称为人工智能。

一个常见的学习任务是模式识别，比如在人群中识别一张脸。机器在学习识别模式时有一个简单方式是人工神经网络（ANN）。在计算机科学中，神经网络一词指的是一种以有序方式组织的逻辑系统，如图6.1所示，并不是指的基于生物神经元的系统。

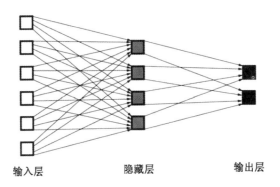

输入层   隐藏层   输出层

图6.1 人工神经网络（ANN）。箭头表示节点之间具有方向和权重的连接。方块表示节点

神经网络由3个特征刻画：节点、连接和权重。节点（图中的方块）是接受输入，计算，然后通过连接输出的逻辑装置。节点相互连接，每个连接都有权重，权重决定连接对下一节点的作用效果；权重越大，作用就越大。图6.1展示的网络有3层，上一层的每个节点都连接到下一层的每个节点。一个ANN至少要有2层，也可以多于3层。上一层的节点不一定都要连接下一层的所有节点，有时候还可以有反向连接。图6.1中的ANN只有前向连接。

ANN的运作原理如下。电压或符号0和1形式的信号（信息）输入到输入层。这些输入一起组成了需要处理的数据集。每个输入节点的信号通过图中用箭头表示的连接继续传送到隐藏层的节点。信号在通过连接传送时会乘以权重因子。权重可正可负；若权重为零，连接就不传递信号。隐藏层节点根据某个简单规则对输入进行加权得到输出信号。例如，可以取输入的均值。处理后，隐藏层节点会把信号送到输出层。这些信号也会乘以权重，然后输出层根据这些加权输入计算一个值。最后的输出组成"答案"。

这种方式的输出是确定性的；它们完全取决于输入值和权重。一些ANN能产生复杂的输出（很多输出节点），一些则只有简单输出（一两个输出节点）。图6.1中的ANN就是两个输出节点。输出可以是两个数或两个电压，可以解读成是或否，或者是、可能和否。例如，如果输入描述的是一幅数字图像的像素，那么是或否的输出可能回答的是如下问题：图中是你的姨妈吗？

要让ANN能正确识别出图片里的姨妈，就必须进行训练。训练的目的是寻找合适的权重，这样一旦输入具有某种特征，就能产生特定的输出模式。一般是给ANN各种输入，一些是正面例子，一些不是。如果目标是识别出你姨妈的照片，权重就必须调整到可以对有姨妈的图像输出是，对没有姨妈的图像输出否。让人吃惊的是，有可能找到这样的权重组合（只要所有有姨妈的图像具有某种独特性）。通过训练，ANN可以从没有见过的图像中识别出有姨妈的图像。现在有很多商业软件已经应用了这种学习方式。

寻找合适的权重有两种不同的策略。一种原理很简单，只需对权重进行随机的微小变动，然后使用表现更好的作为下一轮随机变动的种子。也就是说进化出合适的权重。这种策略很有效，但是很慢。还有一种方法是利用所谓的反向传播计算权重。反向传播需要对实际输出和期望输出之间的差别进行量化。还要计算节点输出对各种输入权重的敏感度。如果能够对各节点进行这种分析，就能在每次训练后计算新权重，让新的输出更接近期望值。训练越多，表现就越好。

与对随机变化进行选择相比，反向传播更快，因此在条件允许时通常被采用。但如果条件不允许，例如不知道目标输出值，或者没有最优答案时，基于随机变化的策略就是唯一的选择。有一个例子是用ANN帮助设计更好的机翼。不知道最好的答案，但在引入新的设计约束时，适当训练的神经网络能给出供测试用的解决方案。

ANN只是用于机器学习的许多策略之一[1]。学习的目标基本都是将一个大的可能性空间分成两个或多个子空间，让所有的正例都属于其中一个子空间，所有的反例都属于其他子空间。对于ANN来说，空间由所有可能的权重和输入组成。就算是规模不大的ANN，可能的权重和输入的组合的数量也很大，无法一一验证。这时必须发展抽象规则。所有机器学习策略都涉及反复的训练，大部分都会在训练中调整参数，计算出比之前的值更好的新值。如果理想值可以直接计算出来，就不用训练了，也不需要学习了。答案直接计算出来。

机器学习算法让计算机可以从训练集获取信息。要做到这一点最简单的办法就是记住训练集中的所有例子，但这需要存储很多数据，而且一旦遇到的问题没有包含在训练集中就没办法了。要解决没有遇到过的问题，必须对信息进行概括后再存储。受过训练的神经网络的权重就是概括信息的例子，通过适当训练，神经网络就可以用这些信息正确分析没有遇到过的输入。

反向传播是一个很有用的确定性技术，但只有可以用数学方法将外部数据的信息融合进权重时才有可能。许多问题无法构造成这种形式。如果不知道或者无法从期望的答案中提取所需的信息，那还有什么信息来源呢？答案出人意料：随机猜测加选择。随机猜测能为任何问题提供答案，问题是要找到一个有效的方法来利用这个缺乏组织的信息源。

如果学习策略完全依靠随机猜测，在大多数时候，好的答案会淹没在糟糕答案的海洋中。显然要解决这个困难得想办法进化出答案。事实上许多实际问题都有多个答案，一些答案比另一些要好一些，而且好的答案可以通过微小的变化进行改进。投资策略、机翼和运输网络只是其中一小部分例子。工程师们遇到的许多问题都有这个特点。

　　细微的改进有一个很重要的特点是它们通常具有一定的可能性。复杂引擎就是利用了细微改进具有合理的可能性这个优势，虽然大的改善基本不可能。通过这种方式可以很容易找到好的答案，我们可以通过一些简单的进化算法的例子来认识这一点。

什么是进化算法？

　　不是所有进化都与生物有关。20世纪50年代，计算机学家就创造了基于生物学原理的算法，但是与细胞中发现的分子结构并没有关联。到20世纪70和80年代，密歇根大学的约翰·霍兰和他的学生对这类算法进行了深入研究[2]。其中一些程序的表现非常类似生物进化，虽然它们只不过是计算机软件。这类算法的存在证明了进化过程并不仅限于生命系统。它们也揭示了进化、学习和计算的密切关联。

　　进化算法的细节各不相同，但都遵循以下6条原理：

　　1.它们都包含可能对某件事有用的信息（信息体）的多个拷贝。通常这些信息表示的是对某个问题的试探性解答。

　　2.这些信息体是"一代一代的"。每一代都有源自前一代的新拷贝。

　　3.信息体从一代到下一代之间会随机变化。结果使得群体成员并不完全一样。

　　4.所有变化的范围和幅度都很小。不受约束的大的随机变化没有用。

5.在每一代中，一些信息体复制得更加频繁。

6.必须有一致的标准来根据各信息体所编码的信息决定哪些信息体可以复制以及有多频繁。

算法是遵循特定顺序的逻辑步骤。进化算法有一个特点：它们包含图6.2所示的循环过程。

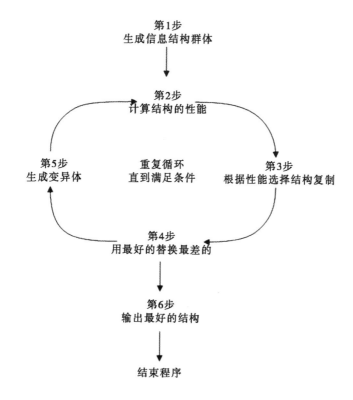

图6.2 进化算法的基本结构（根据Ashlock 2006修改）

　　算法的第 1 步是生成初始信息体结构，通常是随机生成；可以将其视为试探性答案，不需要很好。第 2 步是评估。根据某个标准对所有信息结构进行评估。评估是必须的，而且非随机。第 2 到第 5 步反复进行，从随机变化中捕捉有用的信息并累积。第 5 步是新信息的来源。由于只有最差的结构被替换，就算所有突变拷贝都比父代差，系统整体也不会"滑坡"。总的效应是累积能提高成绩的随机引入的信息。如果在某一轮循环中没有出现改善，也没有关系；总会有一些循环改善。（根据选择标准）反复基于每一代最好的进行改进来实现长远的改变。一旦达到预先设定的目标或时间，程序就输出最好的结果然后停止。

　　只要所评估的对象发生变异，这个通用方案就能为许多问题产生出"性能"越来越强（评估成绩越来越好）的结构。事实上任何编码信息的体系都能作为进化算法的基础。计算机科学家给出了许多这样的例子，这一章探讨其中两个。同样，对性能的评估以及选择复制的信息体的规则也很多。一致性是关键，并且第 5 步生成的变异体不能与父代差别太大。如果新的变异体与前代差别太大，就很难带来改善。另一方面，如果变化太小，也什么都不会发生 —— 每一代基本都与前代一样。

　　有适量的变异，每一代就有合理的可能产生出一些性能强于前代的信息体。一旦出现，有更好评估成绩的信息就能传递给后代。通过反复执行这个策略，整个信息体群体针对目标问题就会变得越来越好。

图6.2给出的方案通过突变复制并留下最好的信息体确保每一代都不会差于前代。这个特性并不是必须的。在许多应用中，如果突变率不是太高，群体中所有成员都可以突变，算法仍然能正常工作。要产生出程序员自己也没有想到的变异，变异至少在一些方面必须是随机的。

进化算法的一个子类称为遗传算法，因为它们细致模仿了生物进化。信息被编码为符号的线性序列；并且群体中的所有成员都有低突变率。突变会随机改变单个符号（例如，随机从1变成0或从0变成1），并且通常会加入交换机制，在信息体群体的不同成员之间交换信息子集（类似于生物中的有性繁殖和基因重组）。还有一些生物学机制也会被用到，比如复制或删除序列中的一段。

遗传算法有一个共性就是突变率有"最佳击球点"。如果变化机制太保守，变化就会很慢，如果突变太快，系统就会掉进随机的混乱，不能保留前代的记忆。如果突变率被调节到合适的值，群体就能迅速进化，每个成员携带的信息都能越来越符合评估标准的要求。下面我们通过两个例子来了解遗传算法的工作原理。

例1：最多1，一个很简单的问题

这个计算机程序将1和0组成的任意序列转换成全1序列 —— 对于人来说很简单，但对于不知道如何识别"1"的计算机来说并不容易。这个问题清晰地揭示了遗传算法的工作原理。图6.3描绘了一个遗传算法，可以在没有明确告知计算机如何"识别"0和1的情况下完成这个任务。为了简单起见这个例子中的序列只有10位，但完全可以是任何长度。

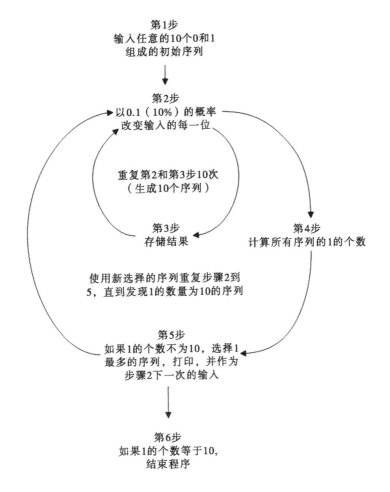

图6.3 解决最多1问题的遗传算法

在这个算法中重复2、4和5步骤的循环就是图6.2中进化算法特有的循环。重复步骤2和3的循环为每一代生成10个尝试结构。举个具体的例子：假设算法的初始输入是1001000100（1024种可能的01序列中的一个）。表6.1记录了从这个序列开始的一次计算的过程。最终的输出就是所预期的1111111111。

对于表6.1中给出的每一轮计算（迭代），在复制输入字母生成输出时，有0、1或2位被随机选中翻转（0变成1或1变成0）。也就是说每次复制字符时有10％的可能产生变化。为了方便起见，表中列出了每个变体的1的计数。每一轮结束后将计数值最高的字串（粗体）选出来作为下一轮迭代的输出。例如，迭代2那一列所有字串都是从迭代1中计数值为5的字串产生的。这次实验用了5个回合（迭代）输出10个1的字串。其他实验解决这个问题的回合数不一定相同。每次实验的细节都会有所不同，因为变化（突变）是随机的，但最终的输出总是由10个1组成的序列。1的"来源"是将一些0变成1的随机翻转。这个过程也会随机地将1变成0，但这些变化在选择过程中被舍弃了。

表6.1　基于图6.3中的算法从序列1001000100开始的计算过程

迭代1		迭代2		迭代3		迭代4		迭代5	
字串	计数	字串	计数	字串	计数	字串	计数	字串	计数
1001100100	4	1011010101	6	1011011101	7	1011011101	7	1101011111	8
0001000100	2	0001010101	4	**1111011101**	8	0111011101	7	1111011011	8
1001000100	3	1011110100	5	1011010101	6	1111011101	8	1011011111	8
1001100100	4	1011010101	5	1011111001	7	**1111011111**	9	0111010111	7
1001010101	5	1001000101	4	0011011101	6	1101001101	6	1111011110	8
1011000100	4	1001000101	5	0111011101	7	1110011101	7	0111011101	7
1001000101	4	1000010101	5	**1011011111**	8	1110111101	8	**1111111111**	10

续表

迭代1		迭代2		迭代3		迭代4		迭代5	
1001010110	5	1001010111	6	1011011100	6	1111010101	7	1101011111	8
1001000100	3	1101010101	6	1010011101	6	0111011001	6	1111111111	9
1100000100	3	**1011011101**	7	1001011001	5	1111011101	8	1110111111	9

表6.2　　　　比较用遗传算法或随机方式生成全1字串所需的时间
（必须生成的字串的数量）

字串的位数	遗传算法需要生成的字串数量（平均）	随机方法需要生成的字串数量	进化算法的加速比
10	60	500	8
50	600	10^{15}	1 666 666 666 667($1.7 \cdot 10^{12}$)
100	1330	10^{30}	10^{27}
1000	34000	10300	$3 \cdot 10^{297}$

　　表6.1中的运行过程总共生成了50个01字串。反复试验表明平均约为60个。如果不是对现有的字串进行细微的改动，而是每次都生成全新的字串，则大约需要50个回合（总共500个字串）才能产生出全为1的10符号字串。因此，搜索10个1组成的字串时，进化算法比简单的随机搜索大约快10倍。对于更长的字串，节省的时间会更多；表6.2体现了这一点。表中第1行就是这里讨论的例子。

　　1千比特没有多少信息，然而如果完全依赖随机，要生成编码这么多信息的特定字串，所需的时间远远大于已知宇宙中原子数量乘以以纳秒（10亿分之一秒）计的宇宙年龄。这意味着如果宇宙中的原子每纳秒生成1比特，在宇宙存在的时间内都不可能产生所期望的字串。

因此我们可以确定不可能随机生成1000个1组成的字串。然而用最多1算法却很容易。这展现了复杂引擎的魔力。

要把效率提高到如此高的程度，突变率的设置很重要，必须依据字串长度进行优化。当突变率接近$1/n$时（n为输入字串的长度）通常能表现出最优性能。图6.4描绘了字串长度为100比特时突变率的影响。

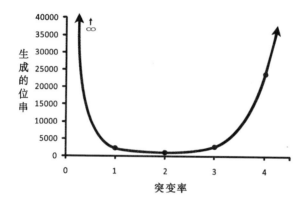

图6.4 最多1遗传算法（图6.3）找到100个1组成的位串需要生成的位串数量与每一代平均改变的位数（突变率）的关系。突变率为0时算法一直运行，突变率100％时大约需要生成10^{30}个位串。突变率为2％时只需要生成大约1 300个位串

最大1问题很简单，人们不会想要用进化算法来解决它，但这个问题很好地揭示了进化算法的工作原理，很适合用来入门。

例2：塔尔塔罗斯

丹·阿什洛克和他的学生研究了能优化格子板上虚拟推土机行为的程序。这个游戏名为塔尔塔罗斯，最初由阿斯拓洛·特勒于1993年提出，当时他是卡内基·梅隆大学的研究生[3]。图6.5中给出了一个

例子。推土机的任务是将箱子推到格子板的边和角上。推土机没有传感器，一次只能推一个箱子。推土机一次走一步，每步有3个动作可选。推土机可以前进一格（F）、左转（L）或右转（R）。命令组成的序列，例如FFRFL，就是决定推土机行为的控制序列。这个序列指令推土机依次前进两格（FF），然后右转（R），然后前进一格（F），然后左转（L）。在塔尔塔罗斯中推土机和箱子不能同时占据一个格子，两个箱子也不能在同一个格子。如果推土机往前进入一个有箱子的格子，箱子就沿推土机前进方向被"推移"一格，除非前面被另一个箱子或墙挡住。如果动作要求推土机推多个箱子或墙，什么也不会发生，算法会继续执行控制序列的下一个命令。

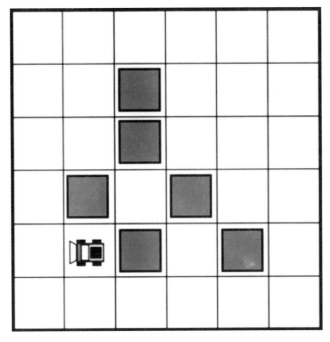

图6.5 6×6的塔尔塔罗斯板，有6个箱子和1个推土机。这个图是根据丹·阿什洛克提供的图修改的（参见注释3）

　　遗传算法能产生出用有限步获得高分的控制序列（6×6的板子一般80步）。每推一个箱子到墙边得1分，墙角的箱子得2分，中间的箱子得0分。图6.6给出了6×6的板子和6个箱子的4次不同结果。这个游戏的板子至少要3×3，并且箱子数量远远少于格子数量。也可以有多台推土机。

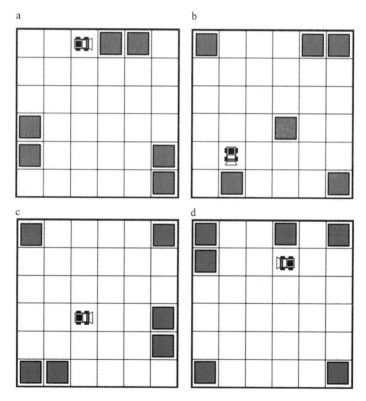

图6.6　4个80步之后的6×6的板子。a板：7分；b板：8分；c板：9分；d板：10分。根据丹·阿什洛克提供的图修改（参见注释3）

　　这个游戏有2个不同版本。在简单版本的塔尔塔罗斯中，要为给定的初始状态（例如图6.5）进化出最佳答案。在第2个版本中，推土机的行为要能够对随机的初始状态都能表现得很好。无论哪个版本，都是生成多个控制字串，用板子进行测试，选出最好的进行突变然后再次测试。

如果使用固定的初始状态，突变后运行一次就能够对控制字串的表现进行评估；算法如果运行足够长时间总能找到最优的控制字串。如果用随机生成的板子测试控制字串，则需要生成多个板子进行一系列测试，然后计算控制字串的平均得分。完成测试后，选出平均表现最好的控制字串作为基础生成新的字串。突变可以是简单改变控制字串的一个字符，也可以包含其他变化策略，比如选择性复制和/或交叉（也称为重组）。无论哪种情形，都需要维持一个控制字串群体，并且将表现好的控制字串作为后代字串的"父母"。应用这个算法会逐渐发现越来越好的控制字串（分数越来越高）。对于所有的遗传算法，新信息和变革的来源都是对个体的（微小）随机变化进行选择。

如果板子的状态随机生成，游戏会很难，如果给推土机增加记忆和传感器可以显著改善性能。结果表明，推土机记住之前的动作会很有用，例如是否推动了箱子，或者推了无法移动的箱子，或者推到了墙。增加记忆和传感器会让算法更加复杂，但分数也会更高。

规则能够进化吗？

在前面的两个例子中，程序的输入（01 串或控制字串）在每次循环中会产生微小的随机变化，但程序本身并不变化。而进化算法的一个子类，*遗传程序*，则是让程序可以像输入一样进化。这样就可以像改善输入/输出一样改善算法。

　　完成一个任务所需的步骤可以用许多方式表示。遗传程序常用一种名为分析树的信息结构。分析树用树形结构表示操作之间的关系。图6.7给出了一个简单任务的解法的3种不同表示。任务是计算a和b两个变量的乘积然后加3。图中给出的每种表示可以用于不同的场合。公式很紧凑直观。算法是计算机可以执行的命令序列，而分析树则揭示了过程的逻辑结构。

　　公式：

$$y = (a \times b) + 3$$

　　算法：

第1步输入变量a和b的值

第2步将a与b的值相乘

第3步将乘积加3

第4步打印y＝"第3步得到的值"

第5步结束程序

　　分析树：

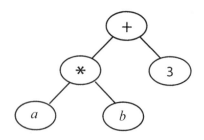

图6.7 用公式、算法和分析树表示同样的逻辑操作

分析树有两种节点，终端节点（或叶节点）和操作节点。图中 a、b 和 3 是终端节点，*（乘）和+（加）则是操作节点。终端节点下面不连接任何节点。节点分层，并且最多与一个上层节点和两个下层节点相连。分析树的大小就是节点数量。有且仅有一个节点具有特殊性质，它没有上层节点，并且直接或间接与其他所有节点相连。这个特殊节点称为根节点。图6.7中根节点是+节点。

分析树自底向上解读。图6.7中的树包含3层，最底层包括终端节点 a 和 b。它们连接到第2层的操作节点*。这个结构的意思是 a 与 b 相乘，结果放在*节点。第2层包括两个节点，*节点（现在包含的是 a 乘 b 的值）和终端节点3。它们连接到顶层的操作节点+。意思是3与*节点保存的值相加，结果放在+节点。由于没有比+更高的节点，+就是根节点，操作完成（答案放在+节点）。

所有公式和算法都可以表示为分析树，并且分析树可以通过维持一个分析树群体进行进化，随机改变节点和连接，然后选择分析树作为新分析树的"父母"。随机改变分析树的一个有效方法是选择节点然后删除节点下面连接的整个子树，将被删除的子树用随机创建的新子树替换。另一种方法是交换群体中两个成员的子树。图6.8展示了（生物）交换的分析树版本。

即使是相对简单的算法，如图6.3中那种，分析树也有很多节点，不方便绘制。但如果问题类型合适，并且巧妙应用，遗传程序就能进化出各种分析树，对庞大的算法空间进行探索，为一些极为困难的问题找到创造性答案[4]。

很显然包括遗传程序在内的进化算法都是复杂引擎（图5.2）的具体实现。它们都涉及群体、突变和选择。在后面的几章中我们会看到一系列其他实现。但在此之前，我们先了解一下如何将进化过程可视化。

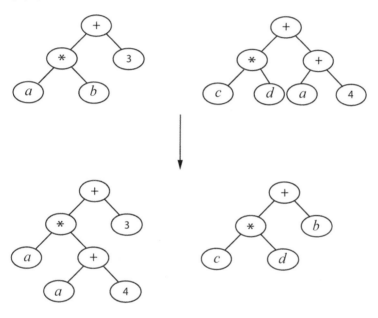

图6.8　分析树的交换。右上角树的子树"$a+4$"与左上角树的子树"b"交换，产生出下面的两棵新树

如何将进化计算的过程可视化？

进化算法和遗传程序本质上是不断寻找和优化问题的答案。为了看清这个过程中发生了什么，想象由某个问题的所有可能解答组成的一个抽象多维空间，每个可能的解答都是这个空间中的一个点。这种空间通常都大得难以想象，但是可以通过所谓的适应性地形来大致地

可视化，适应性地形用3维地貌来显示问题的大量可能答案的值或某个性质。1932年休厄尔·赖特首次提出用这种图形帮助阐释生物系统的进化[5]。它对进化算法尤为适用。图6.9给出了一个简单的数学函数的3维图，这个函数因为显而易见的原因有时候被称为"山峰函数"。这幅图通过显示与 x 和 y 值对应的 z 值，让我们可以看见方程的解空间。

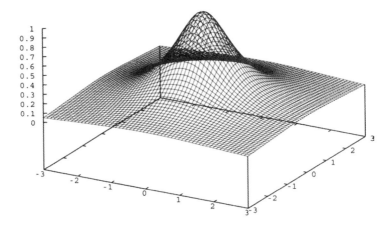

图6.9 $z=1/(x^2+y^2+1)$，"山峰函数"的3维图像。感谢丹·阿什洛克提供图片

无论代入的 x 和 y 值是多少，z 的最大可能值是1。这可以用微积分或进化算法证明。进化算法并不知道解微积分问题，但有把握找到这个方程的最大值在哪里。这个算法创建一个猜测的"群体"，分别进行评估，选择最好的（最大的值），然后在最好的猜测"附近"创建一个可能答案的新群体。我们用算法的一次运行输出来说明这个过程，这个算法维持20个猜测值组成的群体。每个猜测值都是一对 x 和 y 值。为了简明只给出了每一轮生成的20个猜测值中的5个，并且只保留了两位有效数字（小数点后第1个非0值的后两位）。表6.3给出了

运行过程。只显示了第1、第3、第4、第5和第7回合。每轮最好的猜测（最高的z值）用粗体显示。初始猜测介于1000和−1000之间，随后的猜测限制在4倍于最好猜测大小的区间内。例如，如果某回合y的最好猜测是3，则下一回合猜测的y在−3到+9之间随机选取。z值越大，答案越好。可以注意到每回合的z值都比前一回合更接近1.0。这次运行到第8回合时（没有显示），z的值到了0.998，舍入为1.0。如果不舍入，要达到正确的1，需要100多回合。

再看图6.9，可能的答案就好像散布在区域地形上，最好的答案位于山顶。最初的猜测没有哪个特别靠近山顶，但有一个比其他的更好。下一回合就在第一轮的最佳答案附近进行猜测。这回又会有一个比其他猜测更接近理想答案。只用了5个回合，就找到了"答案"0.94，到第7回合，就找到了0.990。这个算法要很久才能找到正确答案，但一定能找到。

表6.3　　搜索山峰函数最大值过程中进化算法生成的一些值

		猜测1	猜测2	猜测3	猜测4	猜测5
回合1	X	180	**100**	940	−60	680
	Y	60	**−20**	−320	740	−700
	Z	0.000028	**0.000096**	0.0000010	0.0000018	0.0000050
回合3	X	17	−21	59	**6.7**	9.6
	Y	−42	−8.4	25	**8.4**	−34
	Z	0.0048	0.0019	0.00024	**0.0086**	0.00079
回合4	X	12	**3.0**	−3.7	13	−0.49
	Y	17	**2.5**	7.2	−3.0	15
	Z	0.0022	**0.061**	0.015	0.0052	0.0042
回合5	X	8.8	**0.72**	−1.9	3.4	0.24
	Y	4.6	**−2.2**	5.0	−1.5	0.10
	Z	0.010	**0.16**	0.034	0.069	0.94

续表

		猜测1	猜测2	猜测3	猜测4	猜测5
	X	0.60	1.0	**−0.069**	0.24	−0.038
回合7	Y	0.070	0.37	**−0.049**	−0.060	0.19
	Z	0.98	0.94	**0.990**	0.94	0.96

无论是哪种进化算法，都要在（解空间中）目前已知的最佳猜测的附近进行猜测；如果不这样就没有什么机会获得稳定的改善。如果不限制在最佳猜测的临近区域，算法就变成了纯粹的随机猜测，而大部分问题都基本不可能通过随机猜测找到好的答案，因为这些问题的解空间都很大。对于山峰函数，需要上百万次随机猜测才能找到最佳答案，而进化算法只需不到200回合，而且从上面的例子可以看到，算法只用了5个回合就找到了一个相当不错的答案（0.94），虽然找到最佳答案的回合数要多得多。

山峰函数与很多问题都有一个共同的特点，大部分可能的答案都离峰顶很远，但在任意特定答案的邻域中，几乎有一半答案比当前答案更接近峰顶。因此，只要将猜测限制在上次猜测的邻域，就几乎总是有新的猜测会有所改进，搜索也就可以推进到越来越好的答案。而如果不对搜索进行约束，绝大部分猜测都不会比当前的猜测好。只有当可能的答案数量或搜索空间足够小，全局搜索才有可能成功。要让进化算法能顺利工作，每个回合或多个回合中至少要有一个答案在山坡上爬得更高。通过不断往更好的答案推进，才能最终发现峰顶的最佳答案。

山峰函数很容易用遗传算法解决，因为其形状很光滑。许多问题都没有这么简单。解空间经常会有许多峰和谷。图6.10给出了一个假想的例子。这种情况下进化算法很容易陷入一个低矮山峰，永远也找不到最高峰。前面说过，几乎所有解空间都是多维的。图6.9和6.10显示的是2维解空间（$x - y$平面）。10位的最大1问题的字串解有10维解空间。1000比特位的串则需搜索1000维空间。高于3维的空间没法画出来，因此图6.10只是对高维解空间的一个有用但并不完美的想象。

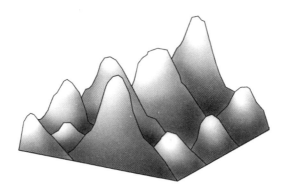

图6.10　由许多峰谷组成的2维适应地形。每个峰都是一个局部最优的答案，谷则代表了糟糕的答案。对于进化算法来说找到一个山峰很容易，而要找到最高峰则通常很难

随机对于学习是必须的吗？

这一章有4个要点。一是进化并不仅限于生物领域。二是解空间（状态空间）通常都很大，纯粹随机地搜索答案注定会失败。三是往往可以进化出随机猜测发现不了的好答案。四是如果需要新的信息又不知道到哪里去找，随机会是一个很有用的来源，而且经常是唯一的来源，但也需要对搜索管理得当。

从计算的观点看，对事物的操作可以是确定性的也可以不确定，或者两者兼有之。确定性过程的结果可以从开始获知，而不确定过程的结果只有到实际发生之后才能知道细节。不确定一词意味着随机性对结果起作用。就算99％肯定的结果也是不确定的，因为没有100％的肯定。

各种背景下使用的进化算法，以及更广义的机器学习，面对的解空间都具有一定的相关性，好的答案聚在一起，最佳答案附近的答案没那么好但也不错。因此学习算法可以将多维解空间划分为多个区域，将好答案与差答案区分开来，从而允许进化算法成功"登山"并发现越来越好的答案。

如果你对答案一无所知，随机猜测将是唯一的选择。在大多数情况下我们对答案有一些了解，根据已知的信息进行适度的随机猜测往往能找到一些不错的答案；如果我们继续在"附近"（解空间）随机寻找答案，就能找到更好的答案。重复这个过程通常能很快找到相当不错的答案。如果你想要最好的答案，可能要很长时间，但经常还是能找到。

通过有约束的随机猜测（在附近的可能性空间取样），找到更好答案的机会大得出奇。只要跟着越来越好的答案，就能很快找到相当不错的答案。这就是复杂引擎的"秘诀。"很多生物进化的批评者认为，一些事物不可能进化出来，因为概率太低了，这是因为他们没有明白这一点。所有学习算法都利用了自然界潜在的有序性。复杂引擎也不例外。数学家能构造出不那么有序的解空间，从而让进化算法不再有效，幸运的是我们的宇宙不是这样构造的。

归根结底，所有成功的学习算法都要获取信息，复杂引擎也不例外。学习算法并不一定必须借助随机性，但如果没有随机输入，学习过程就是确定性的；学习的内容要么内建在算法中，要么从其他来源引进。在解空间中受到适当约束的随机采样与选择结合是获取信息的有力途径。就复杂引擎来说，可以认为这个算法的功能就是从随机性中提取有用信息。

第 7 章
身体内的进化

单个细胞如何形成人体？

来到光之城巴黎的游客大部分都会去卢浮宫。在卢浮宫的希腊和罗马文物区，绕过著名的断臂维纳斯，在达鲁阶梯的上面，有一尊美丽的雕像，名为萨莫色雷斯的胜利女神。雕塑虽然没有了头和手臂，仍然很迷人。雕塑家是怎么创造出来的？据说伟大的艺术家能想象作品最后的样子。大脑中的图像可以作为蓝图，但蓝图又是如何转化成雕塑的呢？具体的过程因材料而异。黏土雕塑有很多种做法，石头雕塑则只能切削。无论哪种，最终的雕塑都是添加或移除材料的繁琐过程的产物。每一次添加或移除都让形状与最终目标更为接近。每一个中间状态又成为下一次添加或移除的基础。

自然以类似的方式塑造事物，但没有蓝图。雪花的形成过程中，水分子倾向于附着到与空气接触最多的部位。每一个水分子的附着都会改变随后的分子的附着目标。基于少数简单的规则，构造出复杂的外形。岩石山峰的形成类似石雕。大地抬升，雨水和冰冲蚀掉一部分地貌，留下尖峰和山谷。自然的雕塑没有预先设计，但形成的过程与3维艺术的创造有类似之处。

雕刻的技术含量不高。原始人会用木头和石头雕刻小物件。古希腊人是这种简单技术的大师，创造了胜利女神、断臂维纳斯等不计其数的美丽雕塑。他们没有计算机可用于雕塑的3维设计，或是直接用工业机器人激光烧蚀大理石块来生成他们的设计。胜利女神可能有草图，但不可能像制造螺丝刀那样有详细的指令，或是今天用CAD/CAM（计算机辅助设计/制造）程序生成的设计图。第5章介绍了复杂引擎：收集说明目的性结构的信息的计算过程。雕塑家也会用同样的策略吗？我认为在雕塑的背后的确有类似的东西，但不完全是复杂引擎。与图5.2中的循环相比，缺少的要素是多次反复复制。

累积结构的形成在自然界随处可见。大多数自然事物都是通过对已存在结构的反复添加和删减产生。这个逻辑与复杂引擎的差别不大，但是缺少多重复制。前面简要介绍过计算链条的思想。其一般形式为：信息体1→操作→信息体2→操作→信息体3，等等。复制在这个链条中没有扮演重要角色；父代信息体为后代信息体提供了直接基础。雪花形成时，"操作"是将水分子添加到生长的结构上。信息内在于所有物理结构中，因为信息和结构就是同一事物的一体两面。因此，从信息的角度看，所有物理过程都是计算链条。如果链条具备了反复的循环，就具有了复杂引擎的许多要素，但不一定有多重复制。我们姑且将缺乏复制的累计循环称为"构造引擎"。胜利女神和雪花都是构造引擎的现实例子。

石雕的过程中也有选择。雕刻家在每次抡锤之前，都会考虑凿子放置位置的多种可能。对下一个点的选择需要比较当前结构与想象的最终结构。水分子附着到生长的雪花上也有选择——每一次附着都有许多水分子趋近生长的雪花 —— 但这里的选择不是基于与想象的形状或蓝图的比较，遵循的是统计性的简单规则。

为了从总体上把握事物形成的机理，我们将事物的各种形成方式组织成图7.1所示计算过程的层次。除了宇宙的起源可能是例外，所有结构的形成都是从某种预先存在的结构开始，因此顶层基本包括了一切事物。第一级分为确定性过程和概率性过程。概率性过程含有某种随机活动。与分子热运动有关的事物都划分到这部分。确定性过程不允许任何随机活动。这一类过程包括大部分电子计算和许多机械设备的操作，例如发条钟表。随机部分又分为序列性和迭代性。迭代性过程是反复执行同样的行为，而序列性过程则是顺序执行不同的行为。物理世界的大部分过程都是序列性的，有一些例如晶体的形成则是迭代性的。迭代分支又分为涉及复制的现象和不涉及复制的现象。各分支的最底层分为基于简单规则的结构和需要复杂规则（例如指令）的结构。简单规则和复杂规则之间没有明确的界线。确定性过程也可以分为序列性的和迭代性的，但这种区分不会带来新的认识，因此被略去。

复杂引擎位于图中右下角；也就是包含反复复制的概率性现象所在的位置。构造引擎所在的分支是不包含复制的概率性迭代。雪花和大理石雕像都位于这里。

构造引擎能生成很复杂的结构。用不包含复制的反复选择构造事物的最神奇的例子也许是从受精卵发育人体。身体的形成过程很类似雕刻，但没有雕刻家，也有点像雪花的形成。人体极为复杂。成年人

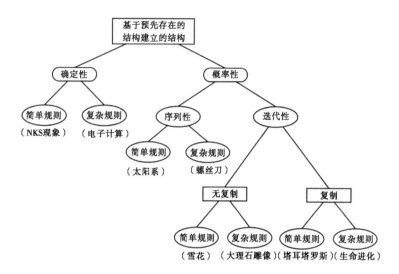

图7.1 结构的层次。各末端分支下面的括号中给出了例子

大约由10万亿（10^{13}）个细胞组成，包括200多种不同的细胞类型和不计其数的微小变化。细胞形成组织、器官和器官系统，它们在总体上表现出的目的性细节比受精卵DNA中能直接编码的要多得多。每个人都是从单细胞开始，DNA编码的新生婴儿的信息都存储在那个细胞中。因此科学家和哲学家们想知道，既然没有足够的DNA可以编码详细的指令告诉每个细胞变成什么样子和到哪里去，一个简单的细胞又是如何发育成人体的。

对此我们已经有了大致的认识。科学家发现，身体中的细胞根据环境信号分裂、改变蛋白质表达模式和死亡。大部分时候环境就是其他细胞。DNA提供了蓝图，或者应当称之为草图，结构则是通过添加和剔除细胞形成，逐渐构造出最终的形态。大致上，身体的形成是大量繁殖细胞然后剔除不符合局部标准的细胞的过程。在这个过程中，所有细胞都受制于一些简单的局部规则，细胞的历史和位置决定了细胞的命运。DNA则承担了规则库的作用。

以人的手为例，成年人的手由大约1000亿（10^{11}）个细胞组成，占身体的1%。这些细胞组成了皮肤、肌肉、骨骼、韧带、神经、血管、毛囊和指甲根（生长指甲的组织）。每种组织都包括几种不同的细胞类型，并且构成特定的形状。手有5根手指，每根都由骨骼支撑，通过灵活的关节连接。手的动作依靠肌肉收缩。神经连接到脊椎，由大脑协调肌肉的运动。所有结构都被皮肤包围，所有部分都配有血管。由于人的手都很相似，并且明显不同于狗的爪子或鱼的鳍，因此其设计是由人类的DNA决定的。

手比螺丝刀显然要复杂得多，我们在第4章看到，螺丝刀的形成需要大量指令。人类DNA还编码了腿、肝脏、大脑和耳朵等许多身体部位的信息，因此人类的DNA只有一小部分可以专门用于编码形成手所需的信息。显然身体中各处的肌肉、骨骼、血管和皮肤组织基本都一样，可以用同样的基因说明。但即便如此，还是必须有大量信息用于说明手与脚或鼻子的区别。这些信息具体是如何使用的还不完全清楚，但有一些是明确的。首先，手不是直接形成最终的形态，而是从大致相同的细胞中逐步产生出来。

形成手所需的大部分信息说明的都是位置怎样决定细胞的命运。邻近的细胞决定了胚胎细胞的行为。有两个过程扮演了关键角色。细胞分化，随着各种基因的开和关，细胞分裂并改变性质；以及细胞的协同运动，将细胞群放到新的环境中。除了最初的阶段，动物的发育主要是细胞的迁移，让细胞与新的邻居接触。这种迁移很随意，细胞经常"迷路"。迷路的细胞通常有两种结局：要么最终找到正确的位置，要么死去[1]。发育过程中许多细胞会死去，因为它们所处的时间和位置从周围的细胞接收到的分子信号与它们预先编程的需求不符。这些细胞可以说是自杀。

这种策略看似很浪费，但从保存信息的角度来看却很高效。要么身体要能容忍许多细胞位于错误的地方，要么就要有一个数据库告诉每一个细胞在什么时候出现在身体中的什么位置。如果有这个数据库，原则上迷路的细胞能知道什么时候从哪里到哪里去，或将自己重构成适合新位置的细胞类型。据我们所知，这种信息没有编码在DNA中，如果编码所有这些信息需要很多DNA。

基于位置的细胞选择有一个典型的例子就是手指的形成。在发育的早期，胚胎手的形状就像桨。在这个桨中，出现了交替的基因活动模式，导致形成9个交替的细胞区域，具有不同的基因表达模式。第一个区域的模式刺激细胞的分裂和分化，导致结缔组织的形成，邻近区域的模式则导致其中的细胞自杀。交替相邻区域的细胞有的成为骨骼，有的死亡。5个区域形成骨骼，间隔的4个区域的细胞则死亡。结果是在桨的位置形成了5个分开的部分（胚胎手指）。然后皮肤细胞迁移到形成骨骼的区域周围，形成分开的手指。从信息的角度来说，"剪开"和"戴上手套"是产生这种复杂形状的有效方法。

在动物的发育中，选择性的细胞死亡在许多复杂结构的形成中都扮演了重要角色。选择性修剪是发育和进化的核心特征，但并不是说身体在生长过程中进化出最终的形态。进化的思想不仅仅是适者生存。复杂引擎的核心是有细微变化的复制，然后选择最符合某种标准的复制体。发育过程中的选择通常不是因为基因变异，而是由于细胞特性与环境信号不匹配。细胞在不同的微环境中可能被激励或压制，取决于它们所处的环境。在这里细胞中的基因变异不起作用，被选择的结构也不会复制。

为了说明（无复制的）构造引擎与（复制的）复杂引擎的相似和不同之处，这一章将对大脑的形成与免疫反应进行比较。这两个系统都过于复杂，无法用细胞中的DNA直接描述；并且对于这两个系统，每个人都表现出独特的细胞结构、特征和分子层面的作用。两个系统的独特性都源自累积性的随机选择，但两个系统中随机性的产生和使用方式不同，只有免疫系统才具有对多重复制的选择。

大脑是如何连线的？

人类大脑有1 000多亿（10^{11}）个神经元，与手的细胞数量差不多；但每个脑细胞平均有10 000（10^4）条细胞间的连接，远多于手细胞。这意味着大脑有大约1 000万亿（10^{15}）条细胞间的连接。这些连接的模式决定了我们是谁，怎么做，怎么想，以及记得什么。人类DNA有大约30亿（3×10^9）个核苷酸。根据DNA测序的结果，目前估计的基因数量介于20 000（2×10^4）到30 000（3×10^4）之间。如果所有人类基因都参与脑结构的形成，每个基因就要负责说明1000亿（10^{11}）条细胞间的连接，这当然是不可能的。如果DNA中所有核苷酸都用于说明神经连接，则每个核苷酸要说明300 000条细胞间连接。这个结论显然很荒谬。因此可以肯定神经元之间的连接不是由基因直接说明的。然而，我们都拥有人类大脑而不是狗的大脑或昆虫的脑，是因为我们有人类的DNA。这导致了概念上的两难境地。

要理解如此复杂的功能如何在没有明确指令的情况下产生出来，要考虑大脑的几个特点。首先，虽然所有正常的人脑都大致类似，都有相同的解剖特征，都有皮质、下丘脑等，连接各部分的神经传导束也非常相似，在显微解剖细节上每个人的脑却大不一样。神经元之间的连接细节因人而异，就连同卵双胞胎的也不一样。似乎DNA的信息只说明了大脑发育的概略或总体规则，而没有具体的细节。现代神经科学的一个主要挑战是，理解大脑的设计 —— 在没有详细的连接说明的情况下 —— 如何实现可靠、复杂而且具有目的性的功能。这种设计策略完全不同于制造计算机时采用的策略，制造计算机时同一个型号的每台产品在微观细节上完全一样。如果没有这种明确的设计，电子计算机就无法工作。只有对大脑连接的粗略说明又是如何创造出像人脑这样复杂的信息处理结构的呢？几乎可以肯定答案就是选择。

杰拉尔德·埃德尔曼提出，一种他称之为"神经元群选择"的进化范式对于理解大脑很关键[2]。他认为，在初级大脑的形成过程中利用了进化原理，而且进化原理在学习中也扮演了重要角色。在第10章我们将看到，在从信息的角度分析学习行为时，产生了另一个哲学困境，而复杂引擎则提供了可能的解答。

这一节关注的不是学习，而是作为学习基础的神经元之间的初级

连接的结构形成 —— 也就是大脑如何连线。我们将看到，修剪掉不
想要或不必要的连接扮演了关键角色。大尺度脑特征的形成面临着与
肝脏或手等其他身体结构的形成同样的难题，但神经元连接的具体细
节带来了另一个复杂性层面。毕竟，肝脏细胞与其他哪些肝脏细胞相
连无关紧要，而脑细胞与哪些脑细胞相连则至关重要。

　　一旦细胞根据设定的程序迁移到大致合适的环境，并消除掉错
位的细胞，胚胎神经元就会停止迁移，并受长程信号吸引，开始伸展
出又长又细的突出部分。在细胞伸展的过程中，它们会探索经过之处
的局部环境。一旦到达合适的区域，就会在细胞之间形成称为突触的
连接。如果遇到了不合适的细胞，探索过程就会回退并重新定向到其
他地方。不是所有突触都有作用。如果形成的突触有作用，伸展的突
出部分就会被加强；如果形成的突触不起作用，就会消退。如果神经
元没有形成任何有用的突触，会死亡。长程吸引和抑制信号引导神
经元的生长，将探索聚焦于特定的远距离细胞群。通过这种方式，神
经（细胞扩展束）投射到大脑和身体的不同部位，并与远距离的神经
节和肌肉等目标形成功能连接。这种自我连线活动虽然由分子信号引
导，却有可能受噪声影响，导致无法连接和出现不正确的连接。这个
过程的一个关键是加强正确的连接和消除不正确的连接。连接的选择
基于简单的规则，规则表现为每个细胞表达的特定蛋白质的结构，当
然，这些蛋白质结构是由 DNA 的语言写成的复杂规则决定的。

　　神经元伸展出来与其他细胞连接的部分被称为树突和轴突，树突
从其他细胞接收信号，轴突则向其他细胞发送信号。图 7.2 展示了几
个例子。树突的形状很像树，也因此而得名。图中没有显示与其他细

胞连接的精细分支。突触位于轴突的顶端，并沿树突的端沿分布。这些结构形成的时间和地点受约束，但并没有预先确定细节。大脑特定区域特定类型的神经元一般外形相似，但每个细胞具体的细节都不一样。相似的地方包括突触数量大致相同，树突的形状大致一样，连接的细胞类型也一样。连接到哪些细胞的哪个部分则似乎有很大的自由度。伸展的部位一旦到达大致的目的地，就会不断分叉探索局部区域；一些分叉成功连接，没有成功的则缩回。最终的树突形状由基因、随机的局部探索以及环境细节共同决定。由于细胞层面的细节各不相同，以及探索的随机性，最终的结果也就因人而异。

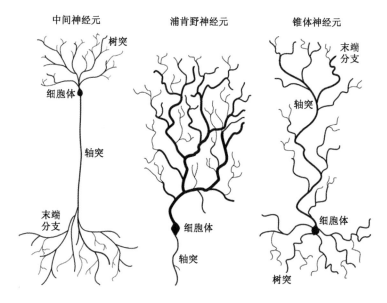

图7.2 由细胞体、轴突和树突构成的神经元。纤细的轴突和树突都是细胞的分支扩展，与其他细胞形成连接（突触）。树突从其他细胞收集信息，轴突则向其他细胞发送信息。每个神经元的具体分支模式都是独一无二的，只是特定类型的神经元相互类似

在神经元连线的发育阶段，历史偶然性起了重要作用。当分支形成，如果受到刺激就会增强，如果没有刺激就会消失。显然一旦分支消失，就无法作为进一步分支的基础。通过这种方式，树突的形状以3维形式编码了过去分支决定的记忆。每个神经元都通过随机的分支发动、半随机的环境探索以及对产生的分支的选择，形成了独一无二的结构。

树木的生长也采用了非常类似的原理。遗传上一样的榆树具有相似的总体形状，但具体的分支模式每棵树都不一样。分子和细胞层面的随机事件通过与环境的互动被选择，最终的结果是独一无二的3维结构。脑神经元的分支不是伸展到空气中，而是其他细胞组成的3维环境中。连接细节由分支与分子信号的互动以及是否建立起突触决定。分支的生长受内部和外部信号刺激，但分支过程显然是随机的，创造非随机的连接模式则由随后的选择负责。

总结一下这一节，脑的发育受微观上随机的探索以及对不正确的连接的修剪引导。神经元的分支很相似，因此可能会被认为是"复制体"，但神经元分支的具体细节并不能在其他地方复制。结构必须重新构建，不受过去的经验影响。因此，脑的发育并没有利用复杂引擎的核心特征，虽然脑的发育很惊人，但采用的并不是反复选择的策略。身体中还有一个系统的确结合了选择与不完美的复制，就是免疫系统。

为什么身体没有被微生物摧毁？

病毒和细菌会让我们的身体生病，这些微生物只需几个小时就能在体内大量繁殖。进化是以代为时间单位，因此微生物的进化速度比我们快上万倍。我们花上百万年才能进化出的分子防御策略可能几年甚至几个月就会被对手进化出的策略破解。那为什么我们没有经常因为微生物感染而生病呢？简单说是因为对于大部分微生物，我们体内的免疫系统能针对每次入侵迅速进化出分子响应策略[3]。

要防御这些入侵者就需要能识别一些体内通常没有的分子（蛋白质、多糖、脂类）。防御系统通常分为两部分，先天免疫和获得性免疫。先天免疫包含多种机制，利用入侵者的普遍特征识别和消灭它们。例如巨噬细胞会在体内巡逻，寻找和吞噬不应该存在的东西。但是一些可能的入侵者进化出了能骗过先天免疫系统的办法。这些更具挑战性的入侵者由获得性免疫系统处理。

获得性免疫系统依赖于特异性识别分子的识别；所有生物都有获得性免疫。这种系统有两种机制：一种称为体液免疫，由B细胞实现；另一种称为细胞免疫，由T细胞实现。两类细胞都产生特异性蛋白质，能专门与某种分子结合。B细胞能产生名为抗体的蛋白质，而T细胞则能产生一类名为T细胞受体（TCR）的蛋白质。抗体通过与体液中的外来大分子（蛋白质或多糖）结合来对其进行标记，而T细胞则通过细胞体上的TCR与外来蛋白质的片段结合。两者都能"记住"之前识别的外来分子，并对以后同样分子特征的入侵快速响应，这个记忆就是我们所说的免疫。

B细胞和T细胞都是对被称为抗原的蛋白质或多糖的特异性分子尺度特征进行响应。由于你自身也产生蛋白质和多糖，因此这个系统要能够识别外来抗原，而不是自身抗原。在分子尺度上，"识别"意味着结合。当抗体识别出抗原，就会与其结合，从而阻止其行动，并引起免疫系统的注意。

蛋白质和多糖是复杂的大分子，在自然界中种类很多。这意味着适应性免疫系统可能遇到的抗原种类极多，远远多于大脑中的连接数量。因此免疫学有一个核心问题是，外来蛋白质和多糖的结构类型多得不计其数，免疫系统是如何产生出能对任何可能的外来抗原进行特异性识别的抗体（和T细胞受体）的？

过去30年的研究揭示了部分答案，就是你的身体能产生大量不同的抗体。在任何时候，你的血液中都包含数以百万的抗体，各有不同的结合特异性。而你的DNA并没有编码这数百万种不同抗体的基因，要理解你的身体是如何产生出能与从未遇到过的抗原进行特异性结合的抗体，我们需要了解抗体的结构和产生抗体的细胞的性质。

免疫系统是由散布在整个身体中的白细胞组成的分散器官。B细胞、T细胞和巨噬细胞（变形虫状细胞）都是白细胞，还包括其他一些细胞类型。每种细胞类型都在身体防护中扮演各自的角色。在尝试理解免疫的分子基础时，要记住一个重要的原则，就是每个B细胞都只能产生一种抗体的许多拷贝（即相同蛋白质设计的许多副本）。每个T细胞也只能产生一种T细胞受体。这意味着有多少不同的B细胞和T细胞就有多少不同的抗体和TCR。我们重点关注B细胞。

所有抗体的结构都包含一个分子面，有可能与某种特异性的抗原结合，抗体和抗原的表面精确匹配，就好像一把钥匙开一把锁。抗体的抗原结合面各不相同，决定了抗体的特异性。系统作为整体要能识别以前从未遇到过的外来抗原，就必须产生出大量不同的抗体，各有不同的抗原结合位。由于每个B细胞只能产生一种抗体设计，因此必须产生大量不同的B细胞，各对应不同的抗体结构。主干策略很简单。如果产生大量不同的B细胞（以及相应的抗体），那么出于随机其中一些将有可能识别出外来入侵者，与其表面的某种抗原结合。由于外来入侵者是蛋白质等生物分子组成的生命物质，它们必须与外界互动，也就不可避免地具有某种独特的表面分子特征，因此就有可能被某种抗体识别。

由于抗体的结构是由氨基酸序列决定，而氨基酸序列又是由DNA的核苷酸序列决定（回想一下第4章讨论的蛋白质的构成），因此不同B细胞的DNA（抗体基因）有不同的核苷酸序列。但这怎么可能呢？每个生物系的新生都会被教导说，我们所有细胞中的DNA都是一样的。答案是这个简单的信条对产生抗体的细胞不成立。皮肤或肝脏细胞（任何非免疫系统细胞）没有抗体基因，只有基因片段。只有B细胞拥有完整的抗体基因。在B细胞成熟过程中，基因片段（随机）组合成新的抗体基因。这是为什么在同一个身体中能产生如此多不同的抗体蛋白质序列的第一层解释。每个B细胞都有独一无二的抗体基因。

抗体由4个蛋白质亚基（4条氨基酸链）组成，两个大亚基称为重链，两个小亚基称为轻链。两条重链和两条轻链分别是一样的。因此，所有抗体都是由两个基因决定，一个负责重链，一个负责轻链。所以每个B细胞都有两个独特的基因负责产生抗体。图7.3展示了抗体的分子结构。一个B细胞可以合成许多相同的重链和轻链，这两种链又会组合成许多相同的抗体。

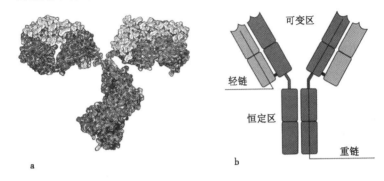

图7.3 a：抗体原子级的3维空间填充模型（RSCB蛋白质数据银行版权所有）。
b：抗体结构原理框图。抗原在顶端的可变区结合

对许多抗体的物理和化学分析表明它们都有恒定区和可变区。一类抗体的恒定区都是一样的，而可变区则各不相同。与抗原结合的是可变区。可变区既有重链也有轻链。由于特定的B细胞产生的重链和轻链都是一样的，因此一个细胞产生的所有抗体都能与相同的抗原结合。

B细胞在骨髓中成熟的过程中，每个新生B细胞的DNA都会重排，从基因片段合成一个重链基因和一个轻链基因。轻链可变片段有2种类型，V和J；而重链可变区片段则有3种类型（V、J和D）。人类非B细胞的DNA包含70个功能轻链V片段和9个J片段。哪个V段与哪个J段结合是随机的，只有重链和轻链的DNA功能性重排都完成后，B细胞才能产生抗体。这些DNA重排能产生320种不同的轻链和6 000种不同的重链。轻链（320种可能）和重链（6 000种可能）的

随机匹配，能产生190万种不同的重链和轻链组合。这意味着DNA重排就能直接产生大约200万种不同的抗体基因。这个数量很惊人，但与实际观察到的抗体多样性比起来还只占一小部分。

抗体多样性的部分原因在于B细胞的DNA重排不是很精确。甚至可以说是相当马虎。在V区和J区结合之前，特定的酶会在片段端部随机添加和移除核苷酸。由于DNA核苷酸的序列决定了组成抗体的氨基酸序列，因此V和J结合部的核苷酸序列的随机修改使得产生的抗体种类比DNA精确结合能产生的种类多得多。这种有意的马虎机制付出的代价是产生的抗体基因中许多（超过2/3）都不具有功能。编码了非功能抗体的B细胞有两种命运：要么再进行第二次DNA重排，要么死去。

如果一个B细胞碰巧能识别某个外来抗原，则会带来更多变化。骨髓中的干细胞每天会产生大量不成熟的B细胞。这些不成熟的B细胞会通过DNA重排形成抗体基因。一旦重排完成，新合成的抗体就会出现在细胞表面。这些细胞的命运由抗体结合的东西决定。如果与骨髓中存在的抗原结合（自身抗原），细胞就会死亡或变得无反应。这些细胞被从B细胞群体中移除。这称为克隆删除，因为它们没有后代。没有与自身抗原结合的B细胞产生的抗体则被释放到血液中。

B细胞的生命期很短，只有几天，除非其表面的抗体与外来抗原结合。如果是这样，外来因子的存在就会被同时的T细胞活动确认（后面讨论），然后B细胞被激活。激活导致细胞的一系列变化。它开始分裂，超突变被激活，之前附在细胞表面的抗体被释放到血液和淋巴中。最终产生两种后裔：分泌大量自由抗体的原始细胞和不断在表面表达抗体的长寿命记忆细胞。记忆B细胞为长期持续的体液免疫提供了基础。在被之前遇到过的疾病再次感染时，这些细胞会被迅速激活。

　　体液免疫的一个困扰多年的问题是感染后产生的抗体会比感染初期产生的抗体更具特异性，与外来抗原的结合更为紧密。现在知道了这是因为超突变和选择。一旦B细胞被激活，就会复制其DNA准备细胞分裂。产生特定的酶让可变区抗体基因DNA的复制变得容易出错。其他DNA则不会受这些酶影响。重链和轻链基因可变区核苷酸序列的错误率估计约为每一千个核苷酸错一个（10^{-3}），而常规DNA复制的错误率约为每1亿个错一个（10^{-8}）。综合重链和轻链可变区的大小，大约每两次细胞分裂，重链和轻链DNA的复制就会发生一次错误。每次错误都会导致抗体的变化。由于变化发生在可变区，抗体也就具有了不同的结合特异性。大部分结合都不怎么样，但一些会与目标抗原结合得更好。被激活的B细胞的命运由其抗体结合的紧密程度决定。

　　抗体的结合并不是要么有要么无的关系。一些抗体不止与一种抗原结合，任何一种抗原都可以被多种不同抗体识别。一些抗体抗原反应较强，一些则较弱。B细胞只有在抗体与一种外来抗原有至少中等强度的结合时才会被激活。在B细胞克隆扩增时（快速细胞分裂时），B细胞合成抗体变体的超突变类似又不同于识别外来抗原的原抗体。大部分变体的结合都不如原抗体，这样的B细胞不会再分裂。但一些变体会比原抗体结合得更好，它们也会因此分裂得更快。很快结合得更好的B细胞就会超过结合得不好的细胞。超突变贯穿B细胞的整个扩增过程。因此，经过几天或几周，随机突变就会发现越来越好的抗体，与之相应的 B 细胞也会比抗体结合较弱的细胞更容易分裂。产生的抗体与外来抗原结合最紧密的 B 细胞分裂也最快。这些 B 细胞在血液中会占主导，它们产生的抗体成为血液中最常见的抗体。这个受限的随机修改然后选择的系统会产生并不断改进抗体。

超突变和克隆选择组成了身体里的进化。最适应的 B 细胞生存，适应性则是由抗体与存在的外来抗原的结合紧密程度决定。利用这种简单的方法，对于几乎任何分子结构，身体都能产生出能紧密结合的抗体，因为对每种新的抗原都能进化出适用的抗体。虽然感染会造成一时的问题，但每种新的感染都会导致进化出新的抗体来识别和摧毁病原体。

第 5 章列出的进化过程的所有要素（参见"指令从何而来"一节），以及图 5.2 中展示的复杂引擎的所有特征在免疫系统中都有呈现。可遗传性是基于 DNA，细胞群体进化，遗传信息产生随机变异，特定序列的细胞被选择生存并繁殖，其他细胞则消亡。免疫反应的确体现了身体中的进化。对入侵微生物具有高度特异性的新细胞一两周就能进化出来。

B 细胞和它们产生的抗体只是免疫系统的一个方面。抗体包裹外来抗原的表面，干扰其功能，并对其进行标记，让在体内巡逻的巨噬细胞将其摧毁。由于抗体结合的效果非常强，如果产生的抗体与身体自身的细胞和蛋白质结合会产生很大损害。作为防范，B 细胞的激活（通常）需要 T 细胞的协同刺激。刺激 B 细胞所需的双重信号（抗体结合与 T 细胞刺激）确保不会产生大量自身免疫反应的抗体。

　　T细胞有多种亚型，包括T辅助细胞和T杀伤细胞；类似于B细胞，T细胞在表面会产生名为T细胞受体（TCR）的特异性蛋白质。TCR也能识别外来抗原。类似于抗体，T细胞受体也具有可变区和恒定区，可变区可以与抗原结合。同样，类似于抗体，非T细胞的DNA没有完整的TCR基因，TCR基因也是由片段组装，方式类似于抗体基因。

　　T细胞也是通过造血干细胞分裂从骨髓中产生。不成熟的T细胞转移到胸腺进行DNA重排，用V、J和C基因片段产生功能性TCR基因。类似于抗体，在结合过程中，结合区的核苷酸会随机增加和删除，从而使得TCR具有极大的多样性，各具不同的特异性，同样类似于B细胞，成熟T细胞是从不成熟T细胞中选择出来的。

　　TCR识别的抗原与抗体识别的不同。在产生的数百万抗体中，一些能与适当大小的任何分子结合，而TCR则只与同时与细胞表面的MHC蛋白质结合的多肽（氨基酸短链）结合[4]。体内几乎所有细胞都会分解一小部分其生成的蛋白质，将产生的片段组合成MHC蛋白质。肽MHC复合物被输送到细胞表面。因此体内大部分细胞都会被其产生的蛋白质片段修饰。

　　T细胞不断检查这种缩氨酸。一旦发现是外来抗原，下一步发生的事情就取决于目标细胞的性质。对于大多数细胞，外来缩氨酸抗原的出现给出了一个信号，表明这个细胞被病毒或细菌感染了。通常，这种细胞会被杀死，摧毁入侵者的藏身之所。B细胞的行为不同。不成熟的B细胞的表面有抗体。当这种表面抗体与外来抗原结合，抗原会被包围分解，产生的片段会出现在细胞表面。如果"呈现的"缩氨酸片段被T细胞识别为外来物，B细胞就会收到第二个信号（与抗原结合是第一个信号），确认其确实遇到了外来物质。通常需要这种双重刺激，B细胞才能被激活进行快速细胞分裂，并成熟为分泌大量抗体的原始细胞。

由于T细胞调控免疫反应，因此T细胞不识别自身抗原非常重要。发育的T细胞在成熟过程中也会经历激烈的选择清除阶段。被选择存活的细胞从胸腺中释放出来，迁移到胰腺和淋巴结中。TCR基因的形成没有超突变阶段，但在结合过程中有广泛的随机变化。总体效果类似于B细胞的克隆选择。

同B细胞一样，对外来抗原具有高度特异性的T细胞的产物会影响大量具有不同TCR的细胞的繁殖，通过强烈的反向选择，结合特征不理想的细胞被清除，能识别不应存在的蛋白质的少量细胞则被刺激快速增殖。B细胞的成熟过程则更进一步，利用了反复的突变和选择过程，针对每种入侵的微生物进化出不断改进的特异性反应，速度比大部分微生物进化出绕过防御的机制的速度更快。B细胞的反应充分利用了复杂引擎，这解释了为什么它能如此精妙地应对各种新的疾病。

复制对选择有何助益？

在从单个细胞发育成人体的过程中，充分利用了反复的随机变异与非随机的选择。从胚胎到成人的身体发育过程的所有阶段都表现出了细胞层面的随机活动，并且身体的形成完全依赖于这些活动带来的新的可能性以及对其中满足预设标准的结果的选择。新的结构总是基于已有的结构，并且在所有阶段选择都亲睐其中某些细胞，排斥其他的。留存下来的细胞成为新细胞的父代，新细胞又接受新一轮的选择。除了免疫系统，细胞的发育和细胞的扩增都不是基于遗传选择，而是基于位置的选择。位于正确位置的有正确连接的细胞被激励，否则被清除。这个过程很像雕塑。这个策略的一个自然结果是个体之间在细胞层面和分子层面上的多变性，虽然在大的尺度上很相似。

新的 B 细胞的产生与这个策略有一点很不一样。在大脑发育过程中，编码产生神经元突起的蛋白质的 DNA 序列并不变化。当轴突和树突生长探索特定的邻居时，基因表达的模式改变，但背后的指令并不变。DNA 引导有利过程的生长，同时引导不利过程的消亡。而在免疫反应中，特定细胞的 DNA 血统却会改变。对于 B 细胞，编码抗体可变区的 DNA 序列不断变化，每个细胞的血统都是独特的。通过允许指令变化，系统具有了适应任何可能入侵者的最大潜力。大脑的发育也很惊人，但表现出的创造性要有限得多。如果大脑发育过程中对神经元也有遗传性选择，则人类大脑将不仅在微观层面上不一样，而是在所有方面都会不一样。如果是这样，大脑将不是依物种而异！这样大范围的变化在物种进化过程中（经过数百万年）的确会发生，但在个体发育过程中不会发生。

免疫系统应对外来抗原发生的变化类似于生物进化，但是在体内很短的几周时间就会发生。身体不可能预先"知道"下次会遇到哪种细菌或病毒袭击。

对随机的微小变化（突变）进行复制，然后选择表现好的变体，这为解决面临的问题（发现新的蛋白质结构）提供了无尽的可能。快速进化的微生物有各种编程的可能性。超突变结合克隆选择确保了一旦弱结合的B细胞被激发，很快就能产生出具有高度特异性的抗体。

　　基于线性编码信息的计算的用途如此广泛而强大的原因之一是很容易复制。复制1维和2维对象很容易，复制3维对象则很难。原因在于几何。这也是为什么你能买到复印机却买不到《星际迷航》中的那种复制机。如果某种东西有用，则往往是多多益善。并且稍加修改，经常还能变得更有用。物理世界的大部分事物都是3维的，无法（直接）复制，但1维指令可以用来产生相同3维设计的多个对象，指令为绕丌复制3维事物的难题提供了途径。制造也利用了相同的原理。不那么明显的一面则是对指令的细微修改往往能得到新的有用的事物。这一点从根本上使得产品开发、动植物进化和适应性免疫成为可能。

　　通过大规模并行利用抗体结构的随机而细微的变化，身体得以产生合适的抗体对抗蛋白质组成的任何入侵者。由于地球上所有生命都是基于蛋白质，这是一个很可靠的策略。在大脑发育过程中，随机连接的形成为探索复杂的局部环境提供了高效的途径。但与生成抗体的情况不同，产生轴突和树突所需的DNA信息在人的一生中并不改变。通过对不符合预定标准的神经元连接进行反向选择，就可以从初始的混沌状态中构建出极为复杂而又多少可以复制的连线模式，并且无需预先存储大量信息。这种策略的一个结果是，大脑不像买来的计算机那样具有"现成的"功能，要经过学习才能发挥作用。在第10章我们将对此进一步探讨。

第 8 章
控制循环

复杂引擎能接受任意形式的信息吗？

人类身体和大脑的发育过程很神奇。它证明了物理系统的创造性潜力，产生变体，进行选择，并基于选择创建新的结构。但这种策略也有局限。在物理世界有许多事物的实现并不是这样简单。这就是为什么指令在我们的世界中如此重要。从本质上来说，只要有合适的指令，物理世界的一切都是可实现的。复杂引擎在指令层面运作。将选择变体的基本原理应用于指令，就有可能产生出新的指令，从而开启无限可能。前面我们探讨了 3 个例子：生命，针对疾病的免疫，以及进化出难题答案的计算机程序。在后面的章节中我们还会看到技术和人类思维也是同样的计算策略的产物。但在这一章我们将探讨的问题是，在多大程度上复杂引擎可以被人类工程师利用、控制和操纵，从而为人类造福。

所有复杂引擎计算都有 3 个基本要素：①以可复制形式编码的信息体；②引入有限变化（经常就是复制时的错误）的复制机制；③决定哪些复制体被再次复制的选择方法（图 5.2）。我们要问的是有没有什么信息结构不适合用复杂引擎进行修改，其实也就是问有没有什么结构无法被复制。

　　所有生物都是用细胞内部的信息来编码说明其结构的许多方面。这种信息表示为组成DNA分子的核苷酸序列。当细胞繁殖时，DNA及其编码的信息就会被复制。这个系统能编码很多信息，因为DNA分子（作为分子来说）很大，可能的核苷酸序列极多。同样的编码系统也为我们的适应性免疫系统提供了基础，只是采用了不同的进化方式。计算机算法采用各种顺序结构编码信息，但最终都可以归结为0/1序列。人类思想和文化也是基于编码信息，这里信息被编码为大脑中的神经元连接模式。

　　前面我们看到，只要系统（有可能）有多种形态，就有信息与各种形态相关联。信息在生物界和人类文化中之所以如此重要是因为它能表示某种东西。这带来了意义。通过给特定的形态赋予特定的意义，就有可能为构造某种东西编码指令。观察到的信息形态的多样性带来了一个问题，就是有没有哪种信息不适用于基于复杂引擎的变化。复制环节似乎的确施加了限制。几何很重要。一般来说，1维和2维结构更容易复制，3维结构则有问题。

　　至少有3种方式可以实现复制。可以直接复制，例如T复制为T，A复制为A，可以利用中间媒介，也可以利用指令。直接复制在自然界和技术上都不常见。印刷机利用模板；印出来的每一页都是基于一个特殊的滚筒生成的镜像产生。后面我们会看到，DNA复制时，每一条链都是新链的模板。旧链上的A核苷酸引导在新链上组合一个T核苷酸，同样，T引导A，G引导C，C引导G。用这种方法，新链的序列总是由模板链的序列决定。工业生产也经常用模具生成想要的形状。模具可以复制简单的 3 维形状，例如塑料瓶或青铜雕像。模具不适用于复杂的 3 维形状。复杂对象的复制不能直接进行，用模板也不行。要复制这样的对象，首先必须得到 3 维对象的 1 维或 2 维表示，然后用对象的表示来引导生成 3 维对象副本的过程。通过对表示进行复制可以扩展过程。指令是可以用于生成 3 维对象副本的 1 维表示方法；蓝图则是 2 维表示。

前面曾讨论过蛋白质的结构。蛋白质在细胞和身体的功能中扮演了关键角色。没有蛋白质就不会有生命。蛋白质的功能由形状决定。在复制蛋白质时，细胞以信使 RNA 的形式生成 1 维表示，然后将这种表示转录成氨基酸链，氨基酸链自发折叠成所期望形式的新的拷贝。信使 RNA 序列总是生成同样形状的蛋白质。当 DNA 被复制，信使 RNA 合成，蛋白质的表示 —— 即基因序列 —— 就被复制了，但折叠的蛋白质不会直接以 3 维形式复制。

产品的生产也很类似。汽车不是直接从另一辆汽车复制；而是基于同样的设计生产同样的汽车。只要设计一样，生产出来的汽车就一样。如果要改进，就要修改设计，然后制造新的模具。这就是指令的魔力；它们使得不适合直接或通过模板复制的复杂（3 维）结构的复制成为可能。将结构表示为 1 维的指令形式使得任何能建造出来的对象都能被复制。

由于 3 维形状总是可以表示为 1 维编码的信息，原则上 1 维表示（指令）总是可以被复制和修改，然后变换成新的 3 维对象。这个变换、修改、再变换的循环是生命和技术的基础。因此这一节的问题的答案是否，不是所有信息形式都能直接或通过模板复制，不能这样复制的也就不能作为复杂引擎的输入。但是，似乎所有结构都能表示成1维编码，可以被复制、操作，然后用来生产3维结构的新的"复制体"。因此，人体不能被复制，但人类DNA可以，而人类DNA一旦被放置到适当的环境（人类受精卵）中，就能（通过发育过程）产生新的人体。通过复制DNA并在合适的细胞环境中激活正确的基因顺序表示，原则上就有可能创造出同一个人的多个复制体。好莱坞称之为克隆人。用人类DNA进行这样的实验目前在全世界大部分国家都是违法的，但其他生物DNA的实验很常见。

变化可控吗？

复杂引擎是一种信息操作策略，创造变体，然后非随机地挑选。输出结果的可变性为从中选择提供了可能。在复制过程中引入变化的最简单方式是允许发生错误。在分子层面上，错误通常是随机的。因为变化是分子热运动造成的，因此不太可能是为了系统未来的某种需求。但这并不意味着随机变化对引擎是必需的。如果复制过程中引入的变化不是随机的，复杂引擎仍然能够运作得很好。任何来源的变化都能为选择提供材料。然而让人吃惊的是，随机变化能够提供最大的潜力。如果变化不是随机的，系统也能进化，但未来的潜力会受到限制。如果对未来应当是怎样有预先的构想，则所有没有想到的可能性都被排除。只有变化包括随机因素，才为系统真正打开了机遇之门。随机变化将未来的潜力最大化。

抽象地思考信息的变化很难，我们可以看看非常重要的进化系统——生命——引入变化的各种方法的一些细节。生物新的可遗传变化的最终来源是错误和灾难，但生命利用了一些窍门来充分开发这种资源。复制DNA的分子机制很精巧，但并不能排除错误。DNA分子很长而且易断，许多化学物质和大部分高能辐射都能导致DNA受损。因此你的DNA中编码的信息不断受到攻击。细胞可以产生酶来探测和修复损伤，但修复机制不是完美的。这实际上有好处；错误对进化的不断进行很重要。如果某个物种发展出了能完美复制和修复DNA的机制，未来就无法再进化。最终，环境会改变，其他进化的生物会改变以适应新的环境，并在对食物等资源的竞争中胜出。之前完美的生物就会越来越处于劣势并走向灭绝。没有错误，就不会有变化。在生物界，不变的完美是灭绝的保证。

错误的关键作用导致了一个惊人的结果，就是经过数百万代后，生物已经进化出了它们的突变率。复杂引擎只在很窄的一个突变率范围内才能最有效地运作，变化率要足够大，但又不能过度，以至于丢失之前积累的有用信息。变化太多同太少一样有害。图6.4说明了这一点，生成100位1字符串的最多1算法的最优突变率是每一代每一位2%。在自然界观察到的突变率也说明了这一点。基因组包含10 000（10^4）个核苷酸的病毒的突变率约为每一代每个核苷酸10^{-4}次突变。而有400万（4×10^6）个核苷酸的细菌的突变率接近10^{-6}，DNA中有30亿（3×10^9）个核苷酸的哺乳动物的突变率约为10^{-8}。

DNA还有一种对生命进化很重要的变化机制是保留副本。当一个或一段基因在同一个DNA分子内部有副本时，就不容易损失信息。

当一份拷贝在未来变化时，副本会保留原来的功能。对动植物基因组的分析发现进化变化产生的副本使得细胞蛋白质的扩充和多样化成为可能。对序列的删除则是另一种更具破坏性的变化来源。

还有两种相当不同的机制确保最初由突变、副本和删除引起的变化能与其他基因活动"适配"并促进有用的新序列的推广应用。这两种机制是减数分裂过程中染色体的随机配对和DNA的重组，这个过程产生精子和卵子。这些机制很重要，因为不仅仅是外部环境决定DNA的变体是传播还是消失，生物体内的基因（以及基因变体）的互动也起作用。在有性繁殖的背景下，这些机制确保每个后代都能获得其父母完整而又独特的基因变体的混合。重组使得信息可以混合，随机配对则使得每个后代都能拥有4个祖父母的基因变体[1]。

染色体的随机配对会混合群体中已经出现的序列变体。所有多细胞生物的细胞中都有多个DNA分子；DNA分子被蛋白质和RNA包裹，形成的微观结构就是染色体。DNA分子短，染色体也短；分子长，染色体就长。由于细胞中DNA分子长短不一，因此实验人员可以根据染色体的长短来对其进行区分。另外，大部分多细胞生物的每个细胞中都有每个DNA分子的两个不同备份。这意味着每个细胞中每种染色体都有两条。每一对有一条来自父亲，另一条来自母亲。人类细胞有46条染色体，两条一对，共23对。豚鼠细胞有64条染色体，果蝇有8条，玉蜀黍有20条。每条染色体中的DNA编码一组特定的基因。在有性繁殖过程中，配偶子含有每对染色体中的一条，但具体哪一条是随机的。因此，来自每个祖父母的染色体平均各占1/4。但只是平均；具体的分布是随机的。

　　图8.1展现了重组。最常见的形式是同源重组，两个包含相似但不完全一样的序列的DNA分子（图中的1和2）对齐，使得相似的序列并列；然后两个分子都在随机选择的同样位置截断并交错重连，这样截断点两边各来自父母的一方。

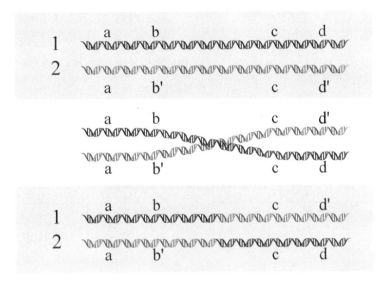

　　图8.1　每一条横线代表一个DNA分子（来自父母中的一方），线上的字母代表核苷酸序列编码的一个基因。由于大多数生物都有两个父母，因此每个基因都有两份拷贝，这两份拷贝稍有区别，用（′）标注。在重组时，携带同样基因的两条DNA链排到一起，在相同的位置断开，然后交错重连

　　随机配对和重组的组合保证了卵子和精子结合产生的后代都有独特的基因变体组合，而且每种基因都有两个。这反过来又保证了每个基因变体都有与其他基因变体组合的机会。在许多遗传背景下具有优势的DNA序列将有可能在群体中广泛传播；没有优势的则会消失。复制和修复，以及更为罕见的副本和删除导致的错误使得新的变体不断产生。如果新变体的引入太过迅速，系统就会被错误占据，并因为

过于缺乏（有用的）信息而崩溃。如果引入的速度太低，变化就会非常缓慢。

表8.1列出了生物系统变化的主要来源。分子生物学的最新进展带来了引入变化的新方法。这些方法统称为基因工程。现在能够将基因（DNA序列）从一个生物转移到另一个生物，也能在实验室合成新的基因并将其植入生物的染色体。这样就能改变基于DNA信息所表达的身体的某方面特征，使得生物具有新的特征。人类设计的变体的引入与复杂引擎的循环完全相容。从计算的角度看，人类修补匠只不过是提供了新的变化来源。

表8.1　　　　　　　自然生物系统可遗传变化的主要来源

变化分类	变化的本质
复制错误	已有核苷酸序列的变异
修复错误	已有核苷酸序列的变异
段副本	已有核苷酸序列的副本
段删除	核苷酸序列丢失
段重排	改变DNA分子内部序列的顺序
重组	已有DNA变体的重新组合
染色体的随机配对	祖父母染色体以及相应的DNA序列的重新混合
水平基因转移	从其他生物补充新的基因（可以是天然的也可以是人工的）

注：列出的每种变化都对DNA有影响，也都涉及随机变化

进化算法为展示进化系统有可能用到的变化机制的谱系提供了实验室。表8.1中列出的所有自然方法都有相应的模仿算法，也有一些算法是计算机背景下独有的。单点的随机变化与重组的组合为大部

分计算问题提供了足够的变体[2]。计算机实验和基因工程的最新进展都令人信服地证明了，只要技术上可行，在进化系统中人工创造新的变体在理论上没有障碍。

选择必须是天然的吗？

自然选择在生物进化中的关键作用已无需赘言。不过有趣的是达尔文之所以确信自己的思想是正确的是因为看到了动植物培育的成就：换句话说，是发现了非自然选择的力量。经过选育的狗、马和鸽子的多样性在他的《物种起源》的论证中扮演了重要角色[3]。很显然，就算选择不是"天然"的，复杂引擎的循环也运转得很好。研究细菌遗传学的科学家经常会培育能在毒化学环境或父代菌株不能生存的营养液中生长的菌株。培育新菌种的标准流程包含对选择的控制。一个小实验室就能培育数十亿细菌。由于突变，即使菌株全部是源自单个细胞也会有许多差异。如果每一代每个个体有一个突变，数十亿细菌的DNA序列总体上就会有数十亿不同之处，尽管许多突变是有害的，会从群体中消失。

要选育出具有新特征的菌株，诀窍是让培养基能抑制正常细菌或"野"细菌的生长，并让具有期望特性的细菌能增长得更快 —— 只需要快一点点就够了。例如，如果想培育出对青霉素具有耐药性的菌株，青霉素加太多或太少都不行，太少了细菌都不会受到抑制，太多了所有细菌都会被杀死。青霉素的浓度要能杀死大多数细菌，但又不能全部杀死。通常，活下来的会生长，但是很慢。能生长是因为它们与大多数细菌有不同之处。但在生长和分裂过程中，它们也会突变。其中一些突变会让生长变快。生长快速的细菌很快会超过生长缓慢的细菌，从而在培养基中占据主导。然后微生物学家就会增加青霉素的浓度，杀死其中大多数细菌。同样这次的浓度也要让一小部分能缓慢生长。这些细菌的一些（随机）突变会再次使得其在高浓度青霉素中快速生长。反复执行这个过程，微生物学家很快就能培育出青霉素耐受力比最初高100倍的细菌。

这样的过程在无意中发生会给现代医学带来挑战。抗生素是20世纪最伟大的医学成就之一。这种化学药剂被广泛使用，但经常剂量不当。病人也经常不遵医嘱。结果可能无法杀死所有的入侵细菌，活下来的那些可能具有很强的耐药性。如果它们被传染给也不遵医嘱的某个人，又可能选择出更强的耐药性。如果反复以亚致死量施加抗生素，对抗生素极具耐药性的菌株就会传播开来。进化产生了，而医生则失去了抵抗感染的一个重要手段。

这个现象不限于细菌：HIV（艾滋病病毒）会对抗病毒药物产生耐药性，疟原虫对抗疟疾药物，蚊子对DDT也是如此。突变加选择的重复循环是改变已有基因的有效工具，但在创造全新的基因时并不是很有效。要做到这一点最有效的方法是从其他地方获得新基因。要在有抗生素的环境生存，最好的办法是基因的表达能摧毁这种化学因子。大多数抗生素是从土壤真菌中分离出来的，而土壤细菌与土壤真菌已经共存了很长时间。结果许多土壤细菌进化出了能编码蛋白质摧毁特定抗生素的基因。细菌可能对某些抗生素很敏感，而对它们的耐药基因所针对的药物又极具耐受性。大多数细菌都有与其他细菌交换基因的机制。这种交换使得细菌能完整获得有用的基因。在适当的条件下，基因转移机制能让基因在菌群中迅速传播。通常，耐抗生素基因被一起封装在名为质粒的单独的DNA片段中，这些质粒能在细菌之间传递。因此，大量使用抗生素的地方，例如医院，通常会有很多耐抗生素的细菌。这是选择所引发的自然的进化结果，也是为什么在医院被感染比在家里危险得多。

现代农业是基于自然选择再进行人类选择。在大约 10 000 年前的农业革命中，人类学会了增强进化过程。在农业刚开始时，农民可能会吃掉好的种子，把差的留到来年播种。然而，肯定会有一些人发现更好的做法，将今年最好的玉米种子选出来留到来年播种，以及让最好的动物繁殖，宰杀那些不那么好的。不这样做的人很快会发现他们的玉米产量比其他人差，从而选育最好的就成为了农业的标准做法。通过一年又一年一代又一代施加人工选择，玉米和家畜逐渐变得远超它们的野生祖先。

对谷类作物的选育不仅使得产量远超过它们的野生祖先，同时也表现出了许多更适于人类消费的修正。其中包括统一发芽（这样才能赶上播种），谷物的秸秆既强壮又脆（这样到收割时谷物还能留在秸秆上，但又易于用机械分离），不那么坚硬的种壳（便于脱壳和碾磨），植株形态更加挺拔（便于收割）。平行的变化同样发生在家畜身上。家畜通常会变得比野生种群更大，更多肉，更温顺和更易于繁殖。

在近几个世纪，遗传学知识和现代统计手段的应用使得传统选育进一步改善。结果，美国的玉米亩产在100年里翻了5倍。1905年亩产是760千克，现在是3800千克。部分是因为技术的进步，大部分则是由于遗传学的进步。其他主要玉米品种也有类似的故事。"绿色革命"经常被认为是全世界人口迅速增长而饥荒却在减少的主要原因。现在奶牛年产奶20 000磅很平常，而在100年前则是闻所未闻。这些奶牛是复杂的选育策略的结果，建立在大量数据的基础之上，用到的信息包括数百万头奶牛的产奶量、营养、抗病性，等等。这些信息使得能导致期望特性的基因可被追溯许多代，并识别出最佳的动物组合进行繁育。背后的原理与传统农业是一样的：让具有最佳基因的动物一起繁育，只是现代技术要高效得多。

现代动植物选育使用的是与第5章一样的复杂引擎，只是选择不是天然的。动植物选育者控制了循环的选择部分。经验表明几乎动植物的任何特性都能通过对选择的一致控制进行修改。除非特性没有表现出可选择的变化或者完全缺乏所期望的特性时才有例外，因为没有东西可以修改。

现代生物技术可以在生物的DNA中引入全新的基因。用这种方法可以产生出能被选择的新特性。自然的进化循环依赖于随机的变化产生新的变体；基因工程则能够引入预先确定的变化。结果是大大加快了变化的速度。产生所期望的特性不再需要成百上千代，而只需要很少的几代就行。一些例子已经被商业化，包括蛾幼虫无法消化的玉米，耐受草甘膦（一种能杀死大部分植物的除草剂）的大豆，以及维生素A含量很高的大米。从某种意义上来说，这种技术只是模仿了细菌交换基因以获得抗生素耐受性的策略。

计算机中运行的遗传算法将对选择的控制推到了极限。所有在对生物的人工选育的例子中,人类选择都只是自然选择的补充。当奶牛死于疾病时,是自然选择在起作用;当公牛被农民选出来配种时,是人工选择在起作用。当计算机学家写进化算法时,选择的规则完全是指定的;当程序运行时自然没有参与,但进化仍然发生了。

循环有哪方面不能控制吗?

复杂引擎的循环包含几个方面(见图5.2)。有可被复制并用一致标准进行评估的信息体。在大多数系统中,信息编码为可以用来创造某物的指令。同时还有复制机制,可以产生多个复制体,并且其中一些可以发生变化,然后还要有选择,不是所有的都能继续复制。

选择的过程不能随机,必须具有一致性。这并不是特别复杂的要求;在许多场景中都应用了这一策略。

由于复杂引擎本质上就是计算,因此在编码和复制信息的任何系统中都能引入逻辑。这也意味着只要知道编码、复制和选择的本质,就有可能进行干预,引入人为的变化、新的复制方法,或者替换选择规则。一旦信息编码为指令形式,就总是有可能利用这个循环得到所期望的新结果。换句话说,控制是有可能的。

在人类对生物王国的干预中,生物技术完全控制了这个循环的所有方面。从基因组(DNA)开始。除了控制选择和变化机制,最终还会实现整个基因组都根据要求定制。你可以想象基因工程师将整个DNA序列输入计算机,直接将细胞完整的DNA合成出来。然后这个合成的分子被植入一个原来的DNA已被移除的细胞中，然后在实验室或野外进行培育。所有关键技术，包括合成DNA序列的能力以及将这种分子植入细胞的能力都已经具备了。目前在实验室中已经人工创造出了病毒和小细菌的基因组，并植入了细胞中。

可以确定的是，如果这样的生物被创造出来了，如果可以繁殖，还是不能避开自然选择。还可以确定的是，除非我们的生理学和生态学知识远远超过了目前的水平，否则将人工创造出来的生物放到野外肯定很快会灭绝。一旦人为选择被除去，自然规则重新建立，野生的表亲会很快证明它们在旧规则下的优势。

在最后的几章里我们将探讨人类学习和社会变迁背后的复杂引擎。如果这些也是受复杂引擎驱动，社会工程和改善人类思维的技术的主要障碍就是缺乏对信息如何在人脑中编码的清晰认识。如果能有更深的认识，人类将很有可能找到方法在相关的信息体中植入特别设计的变化，或者发现改变选择规则的方法，从而改进大脑功能和/或社会组织。但在探讨这些问题之前，我们需要先探讨另一个越来越重要的现代科学概念 —— 复杂系统。

第9章
复杂系统

复杂系统是什么？

　　复杂系统没有广泛认可的数学定义。计算机、雷暴、人脑和公司都是复杂系统。它们都是由许多以特定方式互动的部分组成。这些互动的结果通常很难预料。我的一个目标是解释复杂事物的存在（而事物与系统之间没有明显的区分），因此有必要深入了解一下这类系统。显然，系统的组分越多，表现出复杂行为的可能性也越大。这个领域一个令人吃惊的发现是，复杂的组分对于复杂行为并不是必需的。当系统有许多互动的组分，即便组分和互动规则很简单，有时候也足以产生出复杂的结构和行为。第2章的NKS计算系统和第3章的沙堆就是这样的例子。

　　描述复杂系统的一个重要手段是网络。只要系统可以被刻画为组分之间的互动，系统如果足够简单的话，就可以用网络描绘。数学家将网络称为图，个体组分称为节点，节点之间的互动则称为边，图9.1给出了一个有9个节点和10条边的简单的图。

　　图的数学概念很广义，只要是有互动的组分就可以用图来描述。

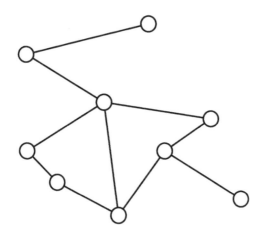

图9.1 9个节点和10条边组成的图

图可以是任意维度（大于0）。网络的一个特性是，如果互动（图的
边）是非线性的，则通常会有包含多个稳态的复杂行为。

　　斯图尔特·考夫曼研究了特定类型网络的行为，尤其是布尔网络，
其节点根据布尔逻辑进行互动。考夫曼向大众介绍了这种大量简单组
分根据简单规则互动导致的自组织特性[1]。考夫曼用"混沌边缘"一
词描述其中的一项原理。大规模网络的特点是很大部分参数空间都
会导致混沌行为，还有一大部分被不变的行为占据；但是在不变的和
混沌的区域之间，会出现复杂的行为——甚至可以说是具有创造性。
考夫曼认为进化系统——尤其是生命——就位于这样的动力学参数
空间区域。他称之为"免费的秩序"。

　　也许是因为考夫曼的大部分研究是基于简单系统，他不太重视具

有复杂组分的系统表现出的丰富行为。在自然界有很多系统是由简单组分通过简单互动自行产生秩序并表现出丰富的行为；但是在生命和人类活动领域，我们看到由复杂组分组成的系统具有的惊人潜力。当网络节点复杂到需要指令才能形成，就为全新的行为世界带来了无限可能。为了揭示这一点，我们将探讨6种网络，其中最后一种为生命提供了定义。在每个例子中，都是预先设定好网络的组分（节点或边），使得特定的网络特性成为可能。互动的规则就是化学和物理定律。

为什么电气设备也是网络？

我们考虑的第一个网络是电路。电路很容易用图表示；组分（节点）是电阻、电容、开关等元器件；组分之间的互动（边）是通过导线的电流。

开关灯

一个很简单的电路是电池与开关和灯泡串联（图9.2），合上开关就会通电。这会使得灯泡发光发热。切断开关则会截断电流，灯熄灭。这个网络有3个节点（电池、开关和灯泡）、3条边（连接节点的导线）、2个稳态（开和关）。

图9.3展示了由相同元件组成的3种不同电路。左边的电路在开关合上后没有变化。中间的电路在开关合上后只会导致电池短路，而右边的无论开关是否合上电池都会短路。这3个电路都没有灯泡能点亮的状态。总的来说，只有3个元件串联，才能在合上开关时让灯泡

图9.2 3个元件串联而成的简单电路

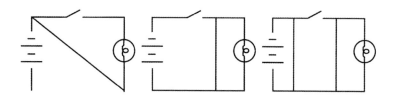

图9.3 图9.2中同样的3个节点组成的3个电路并没有表现出值得注意的行为

发光。有很多图都可以由这同样的3个节点组成，却并不具有这个特性。

晶体管收音机

现在考虑如图9.4所示由14个节点组成的电路。这是一个能将AM无线电波转化成声音的收音机。这个网络由以下部分组成：天线、线圈、二极管、三极管、可调电容、3个固定电容、电池、耳机、3个电阻以及以特定方式将这些元器件连起来的导线。电流从电池出来流经三极管和耳机。

如果流经耳机的电流迅速变化，就会产生声音。可变电容和线圈

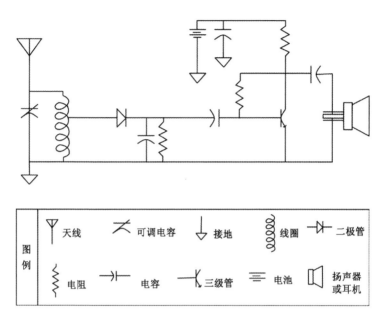

图9.4 简单的晶体管收音机电路图。参见：http://www.techlib.com/
electronics/crystal.html#Crystal%20Radio

让操作者可以将电路调谐到天线获取的某个广播信号频率。三极管电
路放大天线获得的微弱电振荡，从而可以在耳机中产生听得到的声音。

　　这个网络的输出很稳定，随着天线捕捉到的信号变化。这个网络
有大量稳态，可以通过可调电容设定。有许多方式可以将这14个元件
连接到一起，但大部分都不具有收音机的功能。用其他元件也能组成
收音机，但不具有收音机功能的电路数量举不胜举，而具有AM收音
机功能的电路数量则相对很少。由于在所有可能的电路中，收音机与
非收音机很不成比例，因此我们不能期望收音机能自己出现，除非有
某种机制说明了元器件以及它们的连接。

与收音机相比，能间歇发光的电路则可以在自然界中遇到。闪电的电路图很类似图9.2，只是云层中的电荷替代了电池，穿过空气的通路则替代了开关、电线和灯泡。当空气被电流加热，就会变得更容易导电（开关），一旦空气被充分加热，就会变得白热（发光）。在自然界中发现的电路与人类创造的电路之间的区别是复杂性。据我们所知，所有复杂的电路都是人类创造的，其行为要比简单的振荡或光的亮灭复杂得多。所有人类创造的电气设备的生产也都需要指令。

我们再来看几个无需人类干预也能表现出复杂行为的目的性网络。

生物化学网络是什么？

化学反应通常表示为下面这种方程式：

$$A+2B \Rightarrow C$$
$$C+D \Rightarrow E+F$$
$$A+E+F \Rightarrow G+H$$

每个字母表示一种化学物质或分子类型，例如水（H_2O）、氨（NH_3）、苯（C_6H_6），等等。化学方程式可以告诉我们一个A分子可以与两个B分子结合形成C分子，但没有告诉我们这个反应到底会不会发生和有多快。要预测到底会发生什么，化学家还需要更多信息。一个重要的信息是每种反应物的浓度。一个基本的化学原理是，如果反应$A+B \Rightarrow C$能发生，则逆反应$C \Rightarrow B+A$也能发生。实际的方向取决于3种反应物的相对浓度以及背后的能量关系。有了这些信息，化学家就能知道化学反应的方向，但还是不知道反应的速度有多快。

　　要确定反应的速度更加复杂。它取决于温度、一个名为活化能的特性、所有反应物的浓度以及参与反应的每种化学物质的几何特征。甚至只间接参与反应的分子也对速度有影响。通常处理所有这些复杂因素的办法是将化学反应表示为以下形式：

$$\text{（注释）} \atop A+B \underset{\text{（注释）}}{\overset{}{\rightleftharpoons}} C+D$$

　　其中向右的箭头的注释是关于正向反应的重要信息，向左的箭头的注释则是关于逆向反应的重要信息。最常见的注释是"反应速率常数"，综合几个参数得到的一个数字，但注释也可以提供其他信息，例如是否有催化剂（反应加速剂）、特殊溶剂等对反应特性有重要影响。

　　化学反应方程式是1维图。当数个反应一起发生，并且共用一些化学物质时，系统行为会变得很复杂。用2维或3维网络表示可以帮助我们理解发生的事情。图9.5a给出了一个有8种化学物质参与的简单反应，其中A、C、E和G各参与两种反应。图9.5b用2维网络表示了同样的反应。双向箭头表示每种反应的方向都是由反应物和产物的浓度决定。

　　通过图9.5b可以发现在反应物中加入更多的F最初会增加G的浓度，这又会使得A和E增加，递次推进。因此F的浓度增加通过网络最终会导致B、D和H的浓度增加。如果增加F并减少B，则会形成从F→G→(A和E)→C并最终到B的物质流。在这个过程中，每种化学

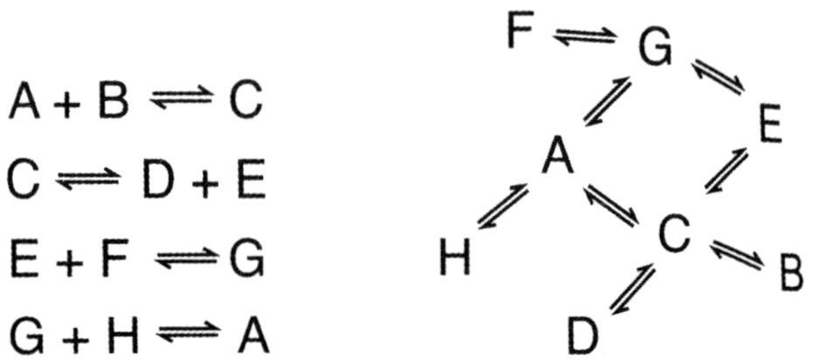

$$A + B \rightleftharpoons C$$
$$C \rightleftharpoons D + E$$
$$E + F \rightleftharpoons G$$
$$G + H \rightleftharpoons A$$

a

b

图9.5　a.有8种化学物质参与的4种化学反应
b.用2维图表示的a中的4种反应的8个关系

物质的浓度都会变化。

这些变化的细节牵涉整个网络，仅从图9.5a很难看出来。当多种化学物质以多种方式反应时，有些物质的浓度可能很稳定，其他物质剧烈变化时也不怎么变，有些物质的浓度则可能表现出振荡，甚至更复杂的行为。当系统中存在多种反应时，表示成网络有助于将物质成信息流可视化。

当节点和边的数量太多时，描绘的化学网络会变得很混乱；但即使是这样，通过有选择地略掉一些边，网络视角还是能帮助人们从整体上把握过于复杂的化学网络的逻辑。细胞代谢网络就是一个很好的例子。活细胞中有数千种不断反应的化学物质。这个网络在一定程度上决定了细胞的性质和功能。化学物质浓度的涨落取决于最近吃了什么以及细胞生命的各种需求。总体上，网络为基本的细胞活动提供稳定的化学供给。所有细胞化学网络的一个共同的特性是所有化学反应都可以被蛋白质酶催化和调控。每种酶针对特定的化学反应，控制反应的速度（但不是方向）。因此，在生物化学网络的每条边（反应箭头）上标注控制这种反应的酶会很有用。

　　由于酶的活性通常受网络中其他一些特定的化合物的浓度调控，因此在绘制细胞生物化学网络时可以添加另一种边 ——"逻辑边"。逻辑边表示控制、信息流而不是物质流。这些边的信息"决定"了物质边上的物质流的增加或减少。调控是通过改变特定酶的物理性质实现。图9.6展示了一个庞大的生物化学网络的一小部分。这个子网络包括12种化学物质，还有2条逻辑边。为了减少边的复杂程度，三磷酸腺苷（ATP）、二磷酸腺苷（ADP）、二氧化碳（CO_2）和无机磷酸盐（P_i，HPO_4^-和$H_2PO_4^-$的混合物）出现了多次。完整的细胞生物化学网络包含的化学物质超过2000种。

　　维持生命的生物化学网络缺少不了酶。如果没有酶，在生命所处的温度范围内，细胞的大部分化学反应都不会发生，而这些酶很少有不受调控的。反应速度的调控对于生命很重要。将这2000种细胞化合物倒进烧杯，在室温下什么也不会发生。加热混合物，结果将是一团混乱，而不是适时适地提供的细胞生长和复制所必需的经过精细调制的化合物流。

　　有特定的蛋白质才能进行组织和控制。在第4章我们看到DNA分子中的核苷酸序列是如何决定蛋白质的结构和功能。DNA编码的信息决定了在细胞中会表达什么蛋白质，以及在特定的时间产生多少蛋白质。其中一些蛋白质反过来又决定了生物化学网络会发生什么反应以及速度如何。最后的结果就是能维持细胞特有的稳定化学环境的系统。

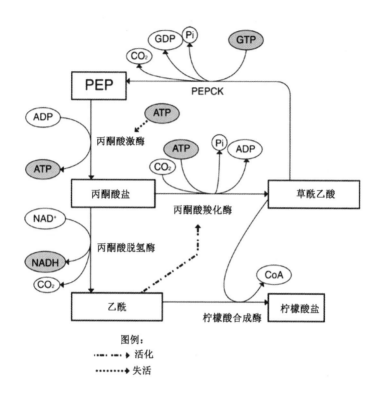

图9.6 人类肝细胞的生物化学网络的一小部分。实线是物质边（化学反应），虚线是逻辑（调控）边，节点是化合物，边标注的是酶。缩写：PEP，磷酸烯醇丙酮酸；PEPCK，磷酸羧；CoA，辅酶A；ATP，三磷酸腺苷；ADT，二磷酸腺苷；GTP，三磷酸鸟苷；GDP，二磷酸鸟苷；NAD^+，烟酰胺腺嘌呤二核苷酸（氧化形式）；NADH，烟酰胺腺嘌呤二核苷酸（还原形式）；P_i，无机磷酸盐；CO_2，二氧化碳

基因网络是什么，又是如何运作的？

你的细胞中的DNA编码了生成大约22 000种不同蛋白质所需的信息。其中大约有10%的多肽是酶，其余的则有其他的用途。大肠杆菌的DNA编码了4 322种蛋白质。有些生物的基因比人类还多，有些

则比大肠杆菌还少，但基本都包括了在地球上产生和维持生命所需的各种基因（编码蛋白质的指令）。

即使最粗心的人也会意识到，无论从哪方面来看，人类都要比细菌复杂不止5倍。大肠杆菌只有一个细胞，而一个成年人大约有100亿（10^{13}）个细胞。人类细胞包含各种复杂的亚细胞结构，包括染色体、细胞核、线粒体、复杂的囊泡输运系统以及由上百种相互作用的蛋白质组成的细胞骨架。细菌细胞则没有这些结构。人体有大约200种细胞类型，组织成各种结构、器官，以及在身体各部位之间进行通信和协调的神经和内分泌系统，与入侵身体的微生物作战的免疫系统，可以迅速移动的骨骼肌肉系统，还有管理身体所需的各种物质的消化、呼吸、循环和排泄系统。人类大脑被认为是宇宙中最复杂的事物（更不要说以大脑为组成部分的人体）。大肠杆菌这些都没有。现代基因组学面临的一个最大难题就是理解只比大肠杆菌多5倍的基因如何表达出人体这样的复杂性。

答案目前还不完全清楚，不过可能涉及几个方面。首先，多细胞动植物通过一种名为选择性剪接的过程可以生成大部分蛋白质的多个修饰版本。在这个过程中，在合成蛋白质之前根据基因生成了信使RNA的多个版本。目前还不清楚选择性修饰对于多细胞复杂性的产生有多重要，不过据估计这个过程使得人体产生的多肽的种类增加了100 000种。

要理解细菌和人类的差别，最重要的可能是基因调控的相对复杂性。包括大肠杆菌在内，所有细胞中的基因都有一个重要特征，就是基因受控在哪种环境下表达。在任何特定的人类细胞中，在任何特定的时刻，22 000种基因中只有1/3到一半会表达，并且如果两种不同的细胞表达了相同的蛋白质，蛋白质的数量也有可能不一样。随着时间推移，蛋白质表达的不同调控，能在由数千节点组成的网络中产生具有不同特性的稳态。

所有动植物的独特复杂性都可以回溯到单细胞时期受精卵或结合子。初始细胞完全不同于成年人体中发现的数百种不同的细胞类型（除了卵巢中成熟的卵细胞）。从受精卵开始形成成年人体的过程中，同时发生了4种活动：细胞通过分裂大量增殖，然后通过细胞分化过程不断改变细胞的物理特性，细胞通过协同移动和生存或死亡在预定位置形成组织和器官，生物从食物分子中获取维持生物化学网络所需的新物质。

通过这4种活动，新生成的细胞类型所建立的结构的互动逐渐产生出身体的复杂性。细胞类型与结构的每次互动又进一步导致结构的细化和细胞类型的多样化，在之前建立的复杂性的基础上建立起更大的复杂性。

所有身体层面的变化背后是具有特定性质的单个细胞的行为。这些性质反过来又是由细胞中表达的蛋白质的数量和类型决定。蛋白质决定生物化学网络的细节，同时也参与细胞中表达的各种结构。单个细胞性质和行为的变化决定了整个身体的形态和能力，因此最终是细胞中22 000种基因的不同表达和活动决定了我们是谁。基因组分析表明，用于基因表达调控的人类DNA的数量是直接编码蛋白质的

DNA数量的3到5倍。而大肠杆菌只有不到10％的DNA用于基因表达调控。

　　很显然，要（从分子层面上）认识我们自己，就必须理解基因表达的调控。图9.7是一个基因调控的示意图。调控是通过控制RNA聚合酶实现，RNA聚合酶在细胞中的作用是生成部分DNA的RNA复制体。第4章曾说过，核糖体根据信使RNA分子合成蛋白质。在蛋白质合成过程中，信使RNA分子上核苷酸的顺序决定了形成蛋白质分子的氨基酸的顺序。每个信使RNA可以合成数百个同样的蛋白质分子。由于信使RNA分子会退化，新的信使RNA分子必须不断形成，才能不断生成特定基因对应的蛋白质。因此，蛋白质表达的调控主要就在于信使RNA的生成。

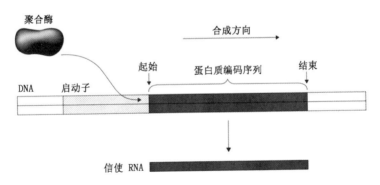

图9.7　与蛋白质编码序列相邻的控制序列的典型基因结构，被称为启动子。信使RNA是DNA蛋白质编码序列的复制体

　　图9.7中双横线代表DNA分子中的一段。RNA聚合酶不断在DNA周围游荡寻找基因。"起始"和"结束"序列标识RNA聚合酶开始和停止复制DNA的位置。复制总是如图所示从左往右进行。一段称

为启动子的DNA序列决定RNA聚合酶是否能成功找到旁边的起始位置。RNA聚合酶的启动有多频繁决定了生成的RNA分子的数量，从而又决定了生成的蛋白质分子的数量。基因表达的控制是通过控制RNA聚合酶是否能到达起始位置实现的。

细胞中与DNA启动子序列结合的蛋白质被称为转录因子。不同的启动子区表现出不同的转录因子结合区，因此细胞中的各个启动子都有独特的转录因子组合。转录因子可以阻止（抑制）或增强（激活）RNA聚合酶的活动。启动子的各种抑制子和激活子的平衡决定了RNA聚合酶在相应的基因的活动。由于抑制子和激活子本身也是蛋白质，因此细胞中表达的抑制子和激活子的数量又是由其他抑制子和激活子决定。这是一个无穷递推系统。所有转录因子的数量都是由所有转录因子整体的浓度决定。因此，基因调控组成了网络，与生物化学网络很类似，只是节点是基因而不是生物化学物质。

这个网络的逻辑结构决定了能生成多少信使RNA。网络响应细胞环境的变化，调控合成哪种蛋白质，合成多少。细菌（例如大肠杆菌）和高等生物（例如人类）的一个重要差别是影响每种基因表达的转录因子的数量。对于大肠杆菌，通常是2种。对于人类基因，数量通常超过20种。由于多细胞生物（例如人类）的基因网络具有更多调控边，网络的复杂度也就比细菌（例如大肠杆菌）要复杂得多。也许就是基因网络的复杂性的差别使得人体比细菌要复杂得多。图9.8给出了一个简单的基因网络的例子[2]。

同电路和生物化学网络一样，可能的基因调控网络的数量是无法

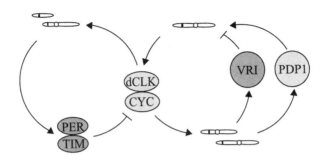

图9.8 生物钟。果蝇的生理节奏（24小时）循环是基于椭圆表示的6种蛋白质的循环表达。CYC和dCLK相互结合，并激活染色体（细长结构）中编码蛋白质PER、TIM、VRI和PDP1的基因的表达。PER和TIM形成二元复合物，抑制CYC/dCLK的复合。VRI抑制dCLK和CYC的合成，而PDP1则刺激dCLK和CYC的合成。这个网络的蛋白质浓度以24小时为周期振荡（参见注释2）

穷尽的。最近的基因组测序表明老鼠和人类的基因（节点）在很大程度上是一样的。主要差别在于基因调控网络的结构。网络的启动子序列和与序列交互的转录因子的微妙结构差别决定了网络的性质。由于转录因子和所结合的DNA序列都编码在DNA中，因此基因调控网络在整体上都是由DNA分子中核苷酸序列写成的指令决定。如果没有指令，就不会有网络，也不会有生命。

蛋白质组是什么？

要完整认识生命还需要第3个网络，蛋白质的相互作用，有时候也称蛋白质相互作用组，或简称蛋白质组。在分子层面上，细胞中发生的一切几乎都是因为蛋白质与特定的某物结合。这个简单的思想构成了现代生物学观念的基础。酶特异性结合酶作用分子，基因调控源自转录因子与特定的DNA序列结合，RNA需要特定的结合蛋白才能发挥功能，建构细胞结构时是特定的蛋白质与蛋白质结合。

大部分蛋白质都与其他蛋白质结合。这种相互作用网络就是蛋白质组。一些蛋白质只与少数蛋白质交互，有些则与数百种交互。由于酶的活动不仅受小分子的交互影响，也受其他蛋白质的交互影响，因此酶就成为了蛋白质相互作用组和代谢网络的交叉点；而由于转录因子除了DNA还与其他蛋白质结合，因此基因调控网络与蛋白质组也相互交叉。因此，最好将这3个网络视为更大的超级网络的一个侧面。分析这个超级网络的结构和动力学对于认识细胞很重要；事实上，这就是细胞。由于这个超级网络是由蛋白质界定，而蛋白质又取决于DNA序列，因此这个网络的最终特性取决于DNA中编码的指令。DNA也是这个超级网络的组成部分，因为DNA是由蛋白质酶复制和修复，而且DNA还为基因调控网络提供了节点。

生命是什么？

据我们所知，所有生命都是基于细胞。生命与细胞的关系是如此紧密，可以说地球生命就是由这个我们称为细胞的分子活动的小包囊界定的。一些生物由单细胞组成，另一些包括我们自己则是由大量合作的细胞组成。由生物化学、基因、蛋白质3部分组成的超级网络界定了细胞，决定了细胞如何对环境做出反应，如何随时间变化，以及如何修复自身，但没有解释细胞是如何开始的。要从分子层面理解生命还需要一个要素，就是已存在的结构。在第4章我们看到特殊设计的蛋白质是如何自组装成噬菌体。细胞通过蛋白质自组装机制生成大量结构，包括多酶复合物、核糖体和大部分细胞骨架结构，以及各种细丝和用于运动的分子马达。同噬菌体类似,如果合适的蛋白质(有时候还需要RNA)在适当的条件下在试管中混合,这些结构就能自组装。然而,有一些细胞结构无法自组装。其中包括DNA以及基于生物膜的大部分结构,例如线粒体和叶绿体。细胞骨架结构的某些方面可能也属于这一类。

所有细胞都被生物膜包裹,复杂细胞还会被生物膜分隔成多个腔室。膜的合成可以被视为是生物化学网络的一部分,在实验室条件下可以人工合成类膜结构。然而,在细胞中,新的细胞膜总是通过向已存在的膜添加新物质而产生。

生物膜主要由两种成分组成,磷脂和蛋白质。磷脂分子的一端具有亲水性,另一端具有疏水性。有很多分子具有这种特性,包括肥皂,其中大部分与水混合会形成拉伸的球,称为胶束,每个分子疏水端朝内,亲水端朝外,与结构体外面的水分子接触。磷脂有时候也会形成胶束,但大部分时候会形成名为磷脂双分子层的2维平面。图9.9a给出了磷脂双分子层的示意图。图中球和绳状的图形表示磷脂分子,球(或"头")是亲水端,两条弯曲的线(或"尾")表示疏水端。双层结构形成了薄薄的一层一直延伸。在磷脂双分子层中,头与水接触,尾与尾接触,从而避免了与水接触。

一般来说,磷脂双分子层无法被水和亲水分子渗透,但可以被疏水分子渗透。由于水中的疏水分子不容易接触到浸入水中的磷脂双分子层,这样双分子层就为大部分化合物的自由移动建立了一道屏障。

　　所有生物膜都有嵌在磷脂双分子层上的蛋白质。这些蛋白质修饰双分子层的物理特性，可以选择性通过特定的小分子和跨膜传送环境信息。图9.9b中类似土豆的结构表示的就是膜蛋白质。实际的蛋白质结构要复杂得多，就像图4.3和图7.3中那样。

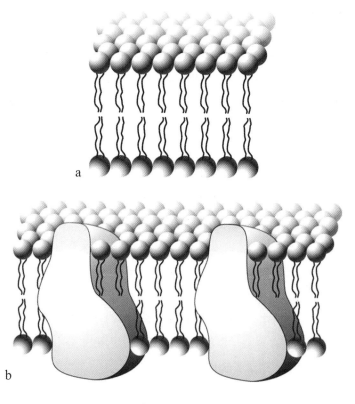

图9.9　a.磷脂双分子层
b.磷脂双分子层上的蛋白质

　　图9.9展示的双分子层结构是平面结构，边露在外面。这并不是稳定的状态，自然界中很少会出现这样的结构。在人工合成时，双层

结构会卷曲，边会合拢形成球或囊泡，水被包围在中间。这种形态避免了边暴露在外面，将内部充满水的腔室与外部的水溶液隔离开来。细胞就是一个大囊泡，细胞质则是围在内部的水溶液。许多细胞的内部还有大量更小的囊泡。膜决定了什么可以进来什么可以出去。所有细胞核囊泡都维持着一个与外界不同的内部化学环境。调控是通过膜蛋白质以及它们与膜内部的三元超级网络的互动实现的。

　　膜蛋白质的活动由它们的结构、与其他蛋白质的互动以及代谢网络成分分子的浓度决定。由于超级网络的各部分都是来自网络各部分之间的互动，从某种意义上可以说超级网络是自决的；但要做到这一点就必须将其装入由其自身构造和调控的生物膜。这个膜使得分子无法游走，因而可以创造出独特的内部化学环境。通过合成磷脂和适当的蛋白质，并将其插入已存在的膜，细胞就能生成新的膜，但如果没有预先存在的膜，细胞似乎并没有能力产生出膜。

　　这个只能在已存在的结构上生成的特性，DNA表现得更明显。DNA分子总是通过复制已存在的DNA分子进行合成。图9.10描述了这个过程。细胞中的DNA是双重结构，由两条很长的分子通过氢键微弱的化学吸引力结合到一起。两条长绳相互交缠形成双螺旋结构。双螺旋上的两条长绳不是独立结构，如果一条上是碱基A（腺嘌呤），另一条上则对应为T（胸腺嘧啶）。这是因为A和T能准确匹配，在中间形成氢键。同样，如果一条上是G（鸟嘌呤），另一条上则是C（胞嘧啶），G和C也能准确匹配到一起形成氢键。正是A和T以及G和C之间的氢键将两条长绳结合到一起形成双螺旋。如果它们不匹配，就无法结合。

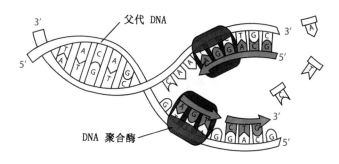

图9.10 DNA的复制。左边是原来的（父代）长绳，具有双螺旋结构。右边是正在形成的"子代"长绳。复制过程从右往左进行。结束后，两条子代长绳将具有与父代同样的化学结构

两条核苷酸序列的精确互补意味着两条长绳上携带的是同样的信息；如果知道一条，就能重构出另一条。互补性为精确复制DNA分子提供了途径。图9.10展示了一小段DNA双螺旋。在复制过程中两条长绳会解开，露出核苷酸碱基。DNA聚合酶会生成新的长绳与已有的长绳互补。当过程结束，就会形成两条DNA双螺旋，每一条都与父代一样。

不通过这个模板机制，细胞就无法生成新的DNA分子。生成无模板的DNA序列对于细胞将是灾难。随机生成的DNA序列只会产生垃圾信息，理由很简单，通过随机方式生成的东西有用的概率微乎其微。

细胞中还有其他结构也只能通过生长或复制已存在的结构形成，但膜和DNA已足以阐明这一点。在中学生物课上我们学过细胞通过分裂繁殖。大细胞分成两个较小的细胞，然后继续生长，直到可以再次分裂。细胞分裂的基本特点是重要结构的复制体或片段会分到两个

子代细胞中。如果不是这样,细胞就无法再生。细胞作为一个整体不会像噬菌体那样通过重新组装产生。因此生物学家只能想象出一个无穷无尽的细胞分裂链条。所有证据表明这个链条会从现在的每一个活细胞回溯到一个共同的始祖细胞,也许更准确地说是唯一的始祖细胞群。

地理和化石证据表明这个始祖细胞群生活在至少35亿年前。原则上现在所有的生命不必都是源自同一群细胞,但所有已知细胞都具有许多共同的特性,这意味着存在一群拥有这些共同特性的始祖细胞群体。除此以外任何解释都很难自圆其说。仅列举少数所有现代细胞都共有的特性:基因由DNA组成,相同的遗传码,信使RNA,核糖体,基于磷脂的膜,大量生物化学网络特征,以及许多蛋白质具有类似的结构和功能。这个共同的始祖已经非常复杂,因此其本身也不可能是地球上的第一个生命。

细心的读者可能注意到除了信使RNA和tRNA之外,我们没有提到RNA在细胞中的各种其他角色,也没有提到另一种作为生命标志的大分子多糖。RNA和多糖对于细胞都很重要,但基于不同的原因它们没有被包括在我们的简要说明中。多糖是生物化学网络不可或缺的一部分,而RNA分子则与蛋白质互动或发挥类似蛋白质的功能,除了信使RNA,它们的功能大致可以被包括在蛋白质相互作用网络中。一些人可能会不同意这个论断,但将纯RNA子网加入前面讨论的超级网络中并不会明显改变我们总体上将细胞视为复杂网络的观点。

那么细胞是什么呢?根据这里给出的观点,它是由三部分组成的网络,由生物化学、蛋白质和基因调控这三个子网深深地交织在一起组成。这个超级网络位于一个有结构的和化学的环境中，可以维持和繁殖。这个超级网络具有惊人的特性，它能够自我指令和自我维持。指令编码在DNA的核苷酸序列中，涉及这个存续结构的方方面面，但是没有说明它是如何开始的。地球上存在大量这样的网络（超过10^{20}）；并且每个生命（即网络）原则上都能回溯到至少存在于30亿年前的一群网络（即细胞）。

超级网络的节点和边包括DNA序列、蛋白质、蛋白质与其他成分的相互作用、化合物以及化学反应。DNA序列的合成和表达受蛋白质控制，还有各种化学反应也受蛋白质控制。甚至作为生物化学网络节点的各种化学物质出现在细胞中也是因为蛋白质酶和跨膜传输蛋白质。蛋白质由DNA序列决定，DNA序列反过来又被蛋白质控制、修复和复制。这个网络极具可塑性，我们身体里细胞类型的多样性，以及自然界中生物和生物行为的多样性，都证明了这一点。所有这些都源自复杂网络与环境的互动。

刻画生命的网络的一个基本特性是，许多甚至绝大多数节点和边单独来说对于网络的存在都不重要。当一个新的基因在细胞中表达，就会增加了新的节点和边；当基因关闭，一些节点和边就会消失，但网络作为一个整体会保持稳定；只有细胞死亡它才会崩溃。据我们所知，从所有现代细胞的最初的共同始祖开始，这三个子网络就已经契合在一起。在具有多种细胞类型的多细胞生物的细胞中，不同细胞的网络特性会有显著区别，生物的DNA中的基因只有1/3到一半会在一个特定的细胞中表达。从某种意义上说，身体中的细胞通过合作组成了一个网络，每个细胞都是这个更大的网络的一个子网。每个细胞网络和身体层面的网络可以回溯到单个细胞，受精卵，以及之前未受精的卵子和精子，再往前是其他身体里的细胞，不断往前追溯直到最早的始祖细胞。这个连续的历史因果链条是地球上的生命的一个基本面貌。

复杂适应系统是什么？

生物体为复杂适应系统（CAS）提供了最基本的范例。其他例子包括国家经济、蚁群、生态和人脑。所有这些系统都在面对变化的外部事件时表现出一定程度的稳定性。在 CAS 研究中重要的概念包括涌现、自组织、适应、自稳机制、通信和合作[3]。所有 CAS 都可以被视为网络进行研究，但不是所有的网络都具有适应性。CAS 与其他复杂系统的不同之处在于节点具有记忆。有了记忆就可以在响应时考虑过去发生的事件。在对这些系统的研究中，节点通常被称为"智能体"（agent）。智能体可以很简单，但不能过于简单。沙堆会表现出复杂行为，但不是 CAS；太阳系和雷暴也都不是 CAS。沙粒、无人居住的行星以及大气分子都过于简单，无法产生 CAS 的适应性行为特征。

复杂适应系统的特点是节点（智能体）基于过去的记忆和新的输入进行决策。所有已知的 CAS 的节点和边都是预先设定的，并且如果不是全部至少绝大部分都可以描述为具有调控边的网络。不经过仔细的预先设定，随意组合的节点和边自发表现出 CAS 行为的可能性微乎其微。生命网络中的蛋白质及其互动，大脑中的神经元，生物圈中的生物，以及股票市场中的交易者是具有记忆的预先设定节点的一小部分例子。

设定的说明需要指令，由于复杂引擎是目前所知的唯一能生成复杂指令的机制，因此最终是复杂引擎使得CAS成为可能。有时候，复杂引擎也在其中运作。下面我们将探讨两个典型的CAS系统 —— 人类大脑和社会组织。

第 10 章
人类学习和创造性

如何理解人类思维

　　想象自己在热带海滩，蓝天白云，风吹拂着棕榈树，海浪拍打，白色的沙粒按摩你的脚趾。这很容易，只要到过海滩就能想象。同样的能力使得数学家能证明定理，雕刻家能从一块大理石构思完成的雕塑。理解思维是最大的智力挑战。自从有了文字，人类就开始思考这个主题，一些最伟大的思想家对这个问题也望而兴叹。通过研究我们头部的这个器官 —— 大脑，科学家们才开始在对思维的理解上取得进展[1]。

　　生物学家们一致认为大脑同心脏和胃一样，是一种生理器官。虽然我们对它还没有完全研究清楚，它的功能却是没有疑问的。人体中所有的组织器官都有特定的功能，所有这些功能都是基于大量细胞的协作。大脑的主要功能是信息处理，这一点几乎没有疑问。过去半个世纪以来，对于这个功能是如何执行的已经了解了很多，但还有一个问题：这个信息处理器官是如何产生出自我的意识感即"心智"的？一些人认为这种硬件中心观是一种冒犯或威胁，但不这样就只能停留在蒙昧的神秘主义。固守意识的非生物解释只会导致将人性从动物根

源剥离的古老愿望 —— 换句话说，认为人类具有特殊地位。坚定地采取科学立场并不意味着藐视这个问题。大脑到底是如何产生出自我意识的，是科学最大的未解决的问题之一，但神经学家们基本都认为，这个问题终将被物理定律以及计算和数学原理解释，并且不太可能需要新的物理学。

意识让我们能将当前的感官输入与记忆结合起来，从而生成连续的情境。这反过来又使得我们可以根据我们感知到的自身所处的情境进行决策。意识让我们能领会复杂和抽象的问题，并在内心比较各项行动或解释的优劣。意识也让我们能假想采取各种行动。引用卡尔·波普尔的话说，意识"最终使得我们可以通过假设以代替我们的死亡"[2]。

但意识并不是这一章关注的重点；我们的目标是理解学习和创造性。大脑研究的一个基本问题是我们是怎样学习新事物。我们的大脑能够编码过去的事件以及关于这些事件的结论，我们为何能对之前所学的进行扩展？我们已经看到复杂引擎具有内在的创造性，很善于解决基本不可能解决的难题，即解空间非常庞大，而且其中大部分解都没有用的问题。大脑一直都在解决这样的问题。那它有没有利用复杂引擎呢？

信息在哪里？

大脑由神经元和其他细胞组成，神经元之间通过突触传递动作电位，也通过分泌化学物质向周围释放信号。从信息的角度看，扩散的化学信号携带不了多少思想内容的信息，因为化学模式很简单，通常是以梯度的形式提供位置信息，或是改变附近神经元的行为。可能的化学模式的数量很有限，远远比不上可能的突触模式的数量，因此能够编码的信息量也少得多。所以重点是动作电位。

我们可以认为神经元传递一次动作电位可以传送一个比特的信息。这样每秒能传递数千次动作电位的神经束就能每秒传递数千比特的信息。这似乎很合理，但证据却明确否定了大脑以这种方式编码有意义的信息的观点。

分析神经元控制肌肉收缩的过程，有助于我们了解动作电位如何传送信息。当大脑指挥身体运动时，会调整不断冲击我们身体里每个肌肉细胞的动作电位。对于一些肌肉细胞，动作电位的频率会加快，导致这些肌纤维收缩，另一些的频率则会减慢，导致其舒张。当身体运动时，大脑不断调整流向肌纤维的大量动作电位，使得数百万肌肉细胞协同收缩和舒张。大脑就好像在操纵有数千根线的木偶。动作电位流就好像这些线的拉力。指挥肌肉运动的信息不是编码为单个动作电位，而是动作电位流频率的加快和减慢[3]。大脑中的模式可能也与此类似，只是扮演关键角色的是更复杂的模式。

动作电位活跃在整个大脑，没有哪个神经元会静默很久。部分动作电位是神经元自发产生，但大部分是受进入大脑的感官刺激引发，以及来自大脑其他部位的动作电位引发。所有冲击神经元的动作电位都通过激励或抑制型突触传递。接收端的神经元就好像微处理器，每过几毫秒就对输入进行整合，一旦一定时间间隔内激励型输入高于抑制型输入就产生新的动作电位。神经元之间的连接模式使得动作电位不断在3维的时间敏感网络中循环。抑制型突触和生理结构对电位流进行约束。正反馈环则让特定的模式可以扩大响应区域。在任何时刻活跃的群体都包含数百万神经元。短暂存在的活跃群体不断有新的神经元加入，然后又被新联合起来的神经元群体替代。

局部网络可以与其他网络互动。节奏很关键，因为动作电位到达的时间间隔超过几毫秒就不再有累积效应。突触的连接强度可以改变，神经元的阈值也可以改变；通过加强或削弱神经元之间的连接，可以调整它们的相互影响。同时，新的突触可能产生，老的突触也可能消失。人们普遍认为学习是通过加强或削弱突触连接巩固特定的模式。增强的模式形成记忆。增强的突触使得特定的模式在未来更容易再次出现。

组成思维或思想或内部模型的动作电位流的3维变化模式的细节必然极为复杂，高度并行，具有冗余，并且充斥着噪声。思维随时间变化，并且每次出现时的细节都可能不同。思维不可能还原成特定时刻在网络中传播的动作电位比特的总和。信息必然以某种方式被编码为动作电位流的强度、节律等模式。这一点可以用更简单的系统来类比。例如，消息可以用莫尔斯电码编码并通过电线传播，关键不在于通过电线的电子数量，而在于电流的启停模式。类似的，说话时传递的信息内容不是由空气振动的次数决定，而是取决于振动的模式。

理解思维的信息载体的一个主要障碍是信息在大脑中的编码模式截然不同于计算机的01序列和人类说话时的线性词语流。很显然，不同的连接模式可以表示不同的意义。但要弄清楚3维的细胞交流模式如何发挥作用，使得神经元的输出可以正确调整邻近的网络从而形成有用的新网络，并不是那么容易。尤其是要让新的网络能产生正确的肌肉运动序列，或正确的视觉，或能正确传达意义的声音序列。另外也缺乏概念工具帮助我们正确理解神经元组成的3维网络如何编码特定的信息。用之前讨论的术语来说就是，神经元交互模式是如何实现指令的？目前神经学家还不能完美地解答这个问题。

总的来说，无论是指挥肌肉运动的信息，还是表示思想和思维图景的信息，或是表示大量学习的知识的信息，都嵌入在动作电位流组成的3维时间敏感网络中。这种概念层面的描述很模糊，但除非某些重要的事情被神经学家忽略了，否则大脑的运作原理或多或少就是这样。这个模型没有告诉我们某个具体的功能模式是什么样子。不过这个模型要能有任何作用，我们还必须在大体上解释神经元连接功能模式是如何形成的。

如何进行决策？

考虑一个问题，假设你知道一个6位字符串的前5位，比如10 010，你如何预测第6位？有3种可能。第一，可能存在某种规则决定下一位。如果你知道这个规则，你就能有100％的把握预测下一位。第二，下一位可能是随机的，也许是抛硬币的结果。如果是这样，你的预测最多只能有50％的准确度。第三，下一位可能是规则和随机的某种组合。如果是这样，如果你知道规则，你预测的准确度就能大于50％，但低于100％。计算理论没有给出其他可能。

由某个人"想出"下一位不是一种计算选项，不过仔细审视一下"想出"0或1是什么意思可能会很有趣。也许在我们的头脑里有一组规则，在相同条件下会产生一样的0或1；或许我们能通过思维"抛硬币"来作出决定。显然，大脑也能够以某种方式结合两个极端，在重复的情形中产生不可预测但是有偏的结果。

研究这种问题的心理学家面临的困难是，不可能通过实验检验在我们的头脑里到底产生了什么想法。这是因为在对人类进行测试时不可能重复完全相同的条件。对人来说，测试的条件除了给出的任务之外，还包括受试者在想什么，而受试者所想的显然会包括他们之前参与的测试。在第一次与第二次测试之间发生的一切会不可逆转地改变受试者的心智状态。因此，不可能重复完全相同的条件。我们知道人类并不总是可以预测，甚至有时候不讲逻辑，因此我们的思维功能不可能是完全确定性的。另一方面，我们又很不擅于生成随机01序列，因此应该也可以排除我们的思维是无偏的随机数发生器的可能性。这意味着我们可能采取的是某种组合策略，我们的思维过程不是随机的，但也不是完全确定性的。这可能具有进化意义。很可能在进化历史中，行为上随机性和可预测性的混合能够在平均上产生最成功的结果。记忆使我们能利用过去的经验，随机性则在我们的行动中引入不可预测的因素。也许这就是我们说的创造性？在面对对手时，不可预测性能带来很大的优势。在被狮子追击时，如果黑尾羚羊总是在狮子距离10米时左转，距离5米时右转，狮子不久就能预测出它的转弯，然后只需直奔终点就能抓住猎物。在生命的许多情形中不可预测性（或者说，创造性）都能带来优势。

在做决定时，我们利用记忆存储的信息以及感官接收的信息。随机波动提供了输入的第三个来源。如果我们躺在一个完全黑暗无声无味的房间里，让我们的思绪漫游，除非我们直接就睡着了，否则我们很快会产生新的思维；我们的思想也不会限于记忆的事件。新奇思想的信息从何而来？内省意味着新的思想来自记忆事物的重新排列和组合，但这并不意味着它们只是旧记忆的简单重演。创造性的本质意味着这种记忆信息的"翻弄"不是完全预设的，其中必然涉及随机试验的因素。毕竟，创造性的定义就是产生不可预测性。

记忆碎片的随机组合不可避免地会产生许多垃圾思维。有些思想对面前的任务没有用，甚至很可能哪都用不上。要理解我们如何思维，很重要的一点是要搞清楚我们如何聚焦于有用的思维。

我们的世界，以及我们的思维，是确定性的吗？

从伽利略开始，400年来科学家们一直在稳步推进我们对世界的认识，并建立了这样的观念，即我们的宇宙是4个方面在时间中互动的产物：离散性（即基于物体的宇宙固有的可列举性）、几何、规则和随机性。我们所处的环境大部分是离散的：存在一个个的物体。由于宇宙中到处是可区分的事物，计数和数字成为可能。如果一切都是平滑的流动，怎么可能会有计数呢？数字将毫无意义。

规则有两种形式：逻辑和物理定律。逻辑是数学的基础，幸运的是，物理定律符合逻辑。据我所知，还没有人从科学的角度解释过为什么宇宙是逻辑的，或者不符合逻辑的宇宙是什么样子，或者不符合逻辑的宇宙是否有可能。当逻辑应用于在几何空间和时间中具有特定性质的对象系统时，就必然存在规则性，并且规则性可以用数学描述。这就是我们所谓的物理定律。

宇宙中也到处都有随机性。混沌理论从数学上证明了，在一些情形下，即使系统的数学描述是完全确定性的，也不可能精确预测长期的结果。这种系统的特点是对关键参数极为敏感，如果要计算未来任意时间的结果，就必须有无穷精度[4]。一个例子是天文学中的"三体问题"，相互之间有引力的3个天体相互围绕运动，组成了一个混沌系统。时间越长，对3个天体未来位置的预测就越不精确，虽然相关的物理定律和关系的数学描述都很清楚并且很精确。难点在于无法以足够的精度确定3个天体的质量和速度，因此也就无法在相互围绕许多次后还能准确预测它们在空间中的位置。预测的时间越长，不确定度就越大。这种不确定度就是所谓的确定性混沌。包括气体和液体分子的运动在内，许多系统都有这种特点。

混沌是看起来随机但数学描述可以很精确，量子力学则完全建立在随机的基础上，微观事件具有内在的不可知性，只能用概率表示。有两个例子展示了这种随机性，一是特定的放射性原子的衰变时间有本质的不可预测性，二是不可能同时确定一个很小物体确切的位置和动量。

现代量子力学的创建者之一阿瑟·康普顿给出了一个非常清晰的例子：

现在想象一束微弱的光线通过一个小洞，然后由于衍射扩展成很宽的一束光。在这个宽光束的光路上我们放置两个光传感器，A 和 B，分别连到放大器。光感器非常敏感，只要进入一个光子就能记录到。光路上有一个快门，打开的时间刚好足以通过一个光子。这个光子会进入哪个光感器？我们无法确定……第一个光子可能进入其中一个光感器，在初始条件完全一样的情形下，下一个光子可能进入另一个光感器。因此结果是不可复制的。就我们所知，这完全是随机的[5]。

由于单个原子或分子在遇到光子时运动会改变，因此每个原子都是某种光感器。一旦光子冲击气体或液体，导致的分子运动的变化就有内在的不可预测性，因为无法知道一个特定的光子会影响哪个原子。量子力学的不确定性与确定性混沌结合在一起，使得我们的宇宙充满了细节不可预测的随机原子运动。这并不意味着发生的一切都是随机的——远不是这样——而是说随机性永远无法完全排除，并且总是存在于分子层面。

当我们想象一个由宇宙中概念上可能的所有事物组成的假想空间时，随机分子运动的存在意味着只要有足够的时间，任何局部的分子形态都有可能在某个时刻出现在某处。而如果没有随机性，许多情形将永远不可能。如果我们的宇宙是确定性的，则未来的一切在最开始就已经确定了，所有的行为，甚至我们的思想，都将只不过是一个巨大的自动机的推演。这种情形中的概率反映的只不过是无知而不是不确定性。相反，当系统中引入随机性，概率反映的就不仅仅是无知，还包括了不可知。好的一面是具有随机性的宇宙也允许创造性，没有随机性，真正的创造性就是不可能的[6]。

回到大脑，实验证据表明大脑内部的交流是"噪声"。一些神经元同时激发，当实验探测同时激发的神经时，个体细胞的表现并不一样。如果个体细胞的特定活动源自分子层面，分子层面的不确定性就必然影响细胞的行为。有了这样的不确定性，如果大脑是确定性的，将非常让人惊讶。更有可能的是大脑具有概率性。

大脑功能的一般原理是什么？

成年人的大脑据估计有1000亿个神经元，每个神经元平均有大约1万个与其他神经元的连接。因此大脑的神经元连接的量级是1000万亿（10^{15}）。突触在神经元之间传递动作电位。在传递的链条中，每个神经元就好像一个简单的微处理器，在很短的时间间隔内，如果激励型突触输入压倒了抑制型输入，就会产生一个新的动作电位。一些神经元还能自发产生动作电位。至于什么时候产生动作电位的"决定"则是一个简单的（化学）计算。神经元响应刺激时的动作电位的传递通常沿着复杂的多条路径，取决于连接的几何特征以及参与的神经元的协同行为。在互连的网络中大量神经元的相互作用的结果极为复杂，绝对算得上是计算[7]。在实验室中可以培育单个神经元，这样可以研究两三个或者少量神经元之间的简单通信模式；而在人脑中，回路经常涉及数百万神经元。

大脑结构是模块化的，特定的神经元群执行专门的信息处理功能。局部的专门计算组合起来完成更大的任务。一个全局任务是处理和整合每时每刻感官细胞产生的大量原始数据。我们的感官 —— 视觉、听觉、触觉、味觉和嗅觉 —— 以及广泛的内部监控系统，都依赖数百万感官细胞不断向神经元传送动作电位来报告它们的状态，然后这些动作电位又被传送到大脑的特定部位。神经系统的一个主要功能是过滤巨量的原始数据流，识别出未来可能有用的信息，将其他信息抛弃。这项繁重的工作，主要是无意识进行的。大脑执行的另一个主要的计算工作是协调对输入数据的反应。这主要是协调肌肉的活动，让我们可以登上公共汽车或用手而不是额头抓住棒球。肌肉是通过动作电位进行控制，动作电位从大脑沿神经传递到肌肉细胞，引起它们收缩或舒张。大脑就像一个控制中心，介于感官细胞和肌肉细胞之间，监控着大量源源不断输入和输出的动作电位。大脑同时也是记忆库。学习可以是有意识的，也可以是完全无意识的。

在对感官输入进行响应时，将其与过去类似的输入数据模式以及相应的后果关联起来会很有助益。甚至大脑极为简单的动物都会有基本的记忆。动物也有欲望。欲望可能是简单的"寻找食物"或"交配"，也可以复杂而多面，就像人类的互动。记忆和欲望会影响大脑产生的结果。另外，人类还能构造内部的世界模型。我们生成思维图像，看到物体背后的东西，"听到"头脑里的声音，"感受到"想象的行动的后果。这个内部的模型世界让我们能试探可能的行动步骤，而不用实际运动肌肉。一旦想象的后果被认为可行，就会触发真实的行动。

记忆肯定是一个选择过程，我们不可能记住感官细胞的所有输入，这样做也没有意义。大脑的一大任务是从感官和内部模型世界中识别出"重要"的模式。当足够重要的模式被识别出来后就会被提交给记忆。记忆意味着信息的存储。大脑的特殊设计使得有可能形成大量的状态，即神经元之间的通信模式。

任何能有多种状态的物理系统都能编码信息，这也同样适用于大脑功能。大脑是一个物理网络，用活跃的子网表示外部世界的各方面，因此特定的信息必然是编码为子网的各种状态。

离散元素组成的有限系统（即由部分组成的系统），可选的状态总是有限的。经常是一个系统的状态与另一个系统的状态互动。通过这种方式，一个系统能对另一个系统产生多样而又特定的影响——比如司机（一个系统）与汽车（另一个系统）的互动。互动能力的大小也就是信息量。无论是人类还是动物的大脑，都存在神经细胞（神经元）之间的互动。基本的通信机制是第4章讨论的动作电位。大脑各部分局部的通信模式之间产生互动，这些互动又引发其他模式的建立。这个总体上的认识很显而易见。难点在于具有特定意义的子网是以何种方式建立起来的。

由多个物理对象组成的3维系统，各部分之间的互动遵循物理定律，其中的信息内容的分析可能非常复杂。因此大部分信息学家只关注线性符号序列携带的信息。01字串很符合这个要求，幸运的是，我们可以证明更复杂的系统所编码的信息总是可以转化成适当的01字串而不会损失意义。因此适用于01字串操作的计算原理也适用于更复杂的系统，其中就包括神经元的通信网络。

什么是进化认识论？

认识论是研究知识的起源和局限的哲学分支，关注的问题是我们是如何知道我们所知道的。1974 年，心理学家唐纳德·坎贝尔在介绍卡尔·波普尔关于人类学习的研究的文章中提出了进化认识论一词[8]。计算的视角带来了新的认识。它彰显了一个重要的事实，即计算机能复制另一台计算机存储的内容，而我们人类却无法复制另一个人的记忆。我们能向他人学习，但我们无法精确复制他人头脑里的东西。这提出了一个严肃的问题，就是在我们学习的时候到底发生了什么。

如果你想让你的计算机能够"知道"其他计算机已经"知道"的东西，你只需要将相应的文件从一台复制到另一台。复制的是编码了所需信息的准确位串。如果一个人知道某件事情，相关的信息被编码为大脑里的神经活动模式。如果两个人知道同样的事情，他们的神经模式并不是一样的。当我们向老师学习时，我们不是复制的她大脑里的神经连接模式，我们是在创造我们自己的能表达相近意义的模式。类似的，当我们读书时，我们不是将记忆的信息编码为大脑里的字符序列；我们是在每个人独特的大脑中创造能表达同样内容的神经连接模式。

因此"知道"的核心问题是我们的大脑是如何创造出特有的神经连接模式，使得各人的大脑中不同的连接模式传达出同样的意义？要回答这个问题我们需要更深入地了解什么是心理表征。本质上，当我们产生了一个想法或学会了某种新事物时，在我们的头脑里有了怎样的不同？

如果你将自己缩小到细胞一样大，一路追踪动作电位在神经元之间的传递，你会发现有些路径会回到起点，这表明存在反馈回路。有些路径则会前往大脑的其他区域，与其他反馈环路和数据流互动。大脑中的神经元不是随机连接的，但也不是预先就设计好连接的所有细节。最初的模式显然是由总体规则决定，许多细节则待定；第7章曾对此进行探讨。在我们出生后学习的过程中，有些连接被添加，有些则被删除。结果是所有人类大脑都在整体上相似但细节却不同。这意味着两个不同的大脑在接收完全一样的输入时，导致的动作电位的传输路径和模式不会是一样的。这与计算机很不一样，如果输入相同，两台相同型号的计算机产生的电压和电流模式也是相同的。

从大体上说，大脑的核心活动就是"认识"个体的当前状态和周围环境，并基于这种认识行动。"认识"在这里指的是在当前的情形、之前情形的记忆、之前经验的概括、未来可能的行为和后果之间建立有用的关联。概括是学习的核心。经常会有一系列事件表现出共性。与将每次经验作为没有关联的条目进行记忆相比，总结出共性再记忆要高效和实用得多。人类大脑特别擅长寻找关联各种情形的模式。对这些模式的识别和记忆也就是对概念的学习：概念使得意义可以在不同的人之间交流，让不同的人可以对同样的现象有相似的认识。

无论是感官输入还是概念输入，通常并不立即形成"认识"。它并不会马上被记录为有用的形式；而是要过一段时间。这之间发生了什么？没有人确切地知道，但有些事情是可以肯定。首先，当我们意识到某事时，这种意识必然是表现为神经元之间的动作电位交流模式。由于思想进入意识的时间不止一瞬间，因此这种活动模式必然具有某种程度的稳定性，而这只有信号以某种反馈的模式不断循环才能做到。著名神经科学家和科普作家，诺贝尔奖获得者杰拉德·埃德尔曼称之为"折返"[9]，在具有往返连接的大规模并行神经结构之间持续的动态信号交换。

我们可以肯定的另外两件事情是，连接模式是动态的，并且连接模式与一部分大脑对另一部分大脑的意义有关。我的意思是它们必须相互配合，动作必须相互协调，并且在更宽泛的背景中能产生有用的后果。这其中有许多问题。动作电位在局部传播的模式必须与其他局部的连接模式交互，产生出一致的全局模式，组合成某种有意义的东西。局部网络之间的交互必然会激发神经元"交谈"的新模式，从而又与其他正在进行的模式交互，不断推进。连接模式要相互配合（即在更大的背景下有意义）才能产生全局行为（包括思维），要能在生物体的当前状态、外部环境、欲望以及相关记忆的背景下产生有用的结果。这些看似不可能的复杂要求集合到一起，将我们带回了这一章的中心问题：如何才能产生能与记忆和期望在内的各种正在进行的大脑活动有效配合的连接模式？我们知道，在我们每次遇到新的事情，或想要某个东西，或学习新的知识，或产生新的思想时，大脑中并没有一个天才工程师在设计新的连接模式。

现在有哪些理论？

在第 6 章我们探讨了人工神经网络（ANN）。ANN 可以用计算机编程实现，并表现出惊人的学习能力。ANN 受神经生物学启发，研究过大脑的人都会同意大脑功能是基于神经元组成的网络。ANN 的学习是通过调整权重，权重决定了输入对节点的相对影响力（见图6.1）。在大脑中，权重由突触的强度和性质决定。在计算机模型中有许多方法可用于权重的调整，这些方法都需要训练。其中一个方法是对权重进行细微的随机变化，如果变化能改善性能，就保留作为下一轮调整和选择的基础。采用这种策略时，学习（能改进性能的权重调整）是源自累积的选择——进化过程。训练样本越大，结果越好。另一个方法是反向传播，是确定性的。这个方法需要有期望的ANN输出，并且每个节点的输出能表示成数值形式。如果满足条件，就有可能写出方程计算各权重值的变化，使得对于特定的数据集，给出的输出与期望输出之间的差别最小化。训练是针对不同的数据集反复应用反向传播。得到的权重是各训练集的优化值的折中，代表了对训练的数据集的归纳。两种方法学习的权重集通常都能很好地处理ANN之前从未遇到过的输入。

一些学者分析了大脑采用反向传播产生正确的连接模式的可能性。所有研究都表明可能性极低。神经元的确有可调的阈值和可调的突触强度，突触强度的增加和削弱很有可能是学习的重要方面。但很难想象神经回路的输出能表示成数值形式；同样也很难想象怎样的生理结构能执行所需的数值计算并调整数百万突触的强度以实现结果。可能还需要另一个脑来专门负责调整参数。大脑中并没有这样的并行结构。

近年来一个名为"贝叶斯脑"的新理论越来越受关注[10]。在这个理论中，大脑也被视为神经元网络，但网络编码的是概率分布。概率分布给出所有可能结果的可能性。在这个大脑概念中，感知不是所看见的。当我们"看见"一棵树时，我们不是在从眼睛直接提取感官输入，而是在感受我们的内部世界模型。眼睛输入的数据不是被有意识感受，而是被大脑用来调整我们的内部世界模型，因此我们的思维之眼所"看见"的密切反映了在那里被风吹动的实际事物。我们所看见的与实际在那里的事物之间的匹配并不完美，但大脑在不断调整其内部状态，将内部产生的数据（思维之眼）与感官产生的感知数据之间的不匹配程度最小化。统计学家称之为最小化不确定性。这种理论源自对人类视觉的研究，视觉信息的处理目前仍是实验主导的领域。

这个理论有几个部分。首先，更高级别的大脑核心发展和维护关于我们所处世界的不同方面的思维模型，并用这些模型不断评估和预测。第二，预测和感知数据都编码为概率分布。这意味着数据和预测都包含对其不确定度的估计。第三，感知数据处理的主要任务是最小化不确定度，让输入的感知数据与预测相匹配。模型预测与输入感知数据之间的不匹配（不确定度）可以从两个方面减小，要么是改变感知数据（例如移动），要么是修正内部模型。修正内部模型是学习的一种形式。

这个理论之所以最近很受关注有两个原因。首先，在用实验测试人们对心理测试作出的反应时，他们的反应接近"贝叶斯最优"。这意味着我们是基于一种统计推断进行决策，这种统计推断是托马斯·贝叶斯在1761年提出的，后来逐渐发展成统计学的一大领域。其次，当贝叶斯统计应用于连接编码了统计分布数据的网络时，不确定度的数学形式与物理中的自由能相同。这意味着大脑模式的变化可以用物理学家分析物理系统的相同数学方法进行分析。自由能是物理系统在改变时最小化的热力学参数。类似的，贝叶斯大脑理论预测大脑的变化受不确定度的最小化驱使。卡尔·弗里斯通称之为将"意外"最小化[11]。

在神经网络中，如果节点有关于其权重的不确定度的信息，最小化不确定度将最大化输出的精度。如果输出是预测，不确定度反映的是预测和感知输入的不匹配，则通过调整网络权重减少不确定度就可以改进模型。因此通过将"意外"最小化，大脑就能自动调整其内部模型，使得内部预测与感知数据匹配得更紧密。

这个理论很引人注目，因为它似乎解决了大脑优化编码世界模型的网络权重（突触强度）的问题。它也有让人疑惑的确定性问题！在其最简形式中，贝叶斯脑的概念似乎意味着编码世界模型的网络"自动"调整以优化与感知数据的匹配。贝叶斯脑是一个数学模型，必须用某种物理设备实现。目前的尝试包括某种形式的层次性大脑组织，高层大脑将内部模型的预测向下投射，低层大脑则计算预测与输入感知数据的不匹配（不确定度）并向上投射。根据对不确定度的评估对连接强度进行修正，使得改善后的模型产生出的预测能与输入的感知数据匹配得更好。这是一个迭代过程，反复循环打磨内部模型，以产生出与数据能充分匹配的预测。计算机模拟实验取得了较好的结果，但是当模型与感知数据不能紧密匹配时会很困难。至少会出现两个问题。首先，自由能原理并没有说明该如何设计一个能建立全新的内部模型的系统；其次，复杂网络几乎总是会陷入复杂性科学所谓的"局部最小"。局部最小在大脑中就是对当前最优值的任何改变都会导致不确定度的增加（数据不匹配度的增加），然而在参数空间的更远处却存在表现更好的配置。贝叶斯大脑是数学模型而不是物理模型，虽然从理论上大脑有可能是这样运作的，但还需要有具体的方法来实现理论，并与所知的大脑知识相容。目前计算机模型已得到了一些进展，但最后的结果还是未知数。

还有一个似乎很不相同的策略也很适合解决开放式问题，并且能避免局部最小问题。这就是复杂引擎。它也是需要物理证明的抽象思想。复杂引擎在大脑中的实现需要有多个假说（模型）以及随机混合其他模型要素的机制，这些模型与当前的问题并不一定很相关，可能还需要有添加或删除"随机"网络特性的机制。大部分备选假说的预测都很糟糕，但有一些可能有希望，进一步提炼有可能最终得到比目前最好的模型更好的结果。这样的策略需要在解决问题的过程中，大脑同时进行多个并行尝试。我们在第5章对复杂引擎的分析中看到，要高效地实现这个策略，每一轮都需要产生多个改进的方案，而且随机或半随机的改变的尺度要适中。研究大脑的人都知道大脑皮质的大规模并行性。这种结构似乎很适合执行复杂引擎的计算所需的并行处理。

复杂引擎在大脑中可能起作用，有两个原因使得这个想法很具有吸引力：(1)以往的经验表明，只要应用得当，复杂引擎型的计算很擅长为困难的问题找到很聪明的以前从未想到过的答案；(2)这种方法与贝叶斯脑的原理相容。一旦复杂引擎的思想与贝叶斯脑相结合，有一种可能很快浮现出来。最小化意外能为备选假说的选择提供标准。还有一条不那么明显的思路是，如果模型预测与输入数据之间的不匹配（意外）很小，只需利用大脑自由能原理就能简单实现参数的快速调整（通过反馈改变突触强度）。而如果这个快速过程不顺利，输入与模型预测之间的不一致程度一直很高，可能就会触发复杂引擎策略进行范围更广的尝试。后面这个过程很有可能就是当人们在"思考"某件事的时候发生的事情。

这是大脑研究让人兴奋的时刻。贝叶斯脑与自由能原理为大脑运作原理的研究建立了一致的框架，并不断带来让人兴奋的新发现。

我们如何发明？

对于大脑在神经元回路层面是如何学习还有许多不确定的地方，而在人类体验的意识层面上对此则有大量相应的观察。埃德·索贝博士是美国发明家名人堂的首任董事和美国西北发明中心的创立者，他在全世界宣扬人人都可以更具创造性的思想。他有一项本领是可以让一群人当场发明出某种出人意料的东西。他认为，所有伟大的发明家都是通过试验和试错发明[12]。爱迪生就是著名的例子。他的名言"天才是1%的灵感加99%的汗水"说的就是这个意思。当面临一个答案不明显的问题时，发明者会进行尝试，检验较好的想法，进行修改，再检验，再修改，不断反复。在一个真正好的设计方案出台之前，往往经过了数百次的原型设计。许多发明家都说自己是"用手思考，"意思是他们在解决问题的时候，会动手将材料拼凑出原型，操作，修改，测试，再修改。"动手"的过程给了他们用更好的材料再次尝试并修改原型设计的灵感。有时候最终的产品与最初的尝试一点也不像。索贝博士很清楚，最初快速而粗略的尝试加上后来不断改进的环节，这样的发明方法比通过长时间思考想一蹴而就的方法要有效得多。在对这个发明过程的描述中没有明说的是，在每次实际尝试之前，发明者在头脑里已经考虑并否定了大量可能的修改。

现代科学的原理与此类似。科学是一个累积性的知识体，通过不断反复地提出假说、检验和修改假说的过程建立起来。具有创造性的人会不断提出新的思想进行检验。但凭空想象很少会得出全新的东西。"头脑风暴"是一项成熟的技术，可以让一群人产生出尽可能多的想法，其中许多想法都很怪异，目的是找到一个想法改进后能更好地解决某个难题。社会比个人更擅于解决问题正是因为有许多人提出了各种可能的解决方案以供选择。

进化认识论的一个基本观点是我们的潜意识中运作的也是同样的原理。当面临一个新的情境时，最好的策略——实际也是唯一可行的策略——是基于已有的信息（记忆）进行一些非随机的猜测，然后反复挑选最好的进行修正，直到达到可以应对这种情境的思维状态。在神经元传递动作电位的层面上，这意味着产生出新的神经元通信模式，能与其他神经元通信模式协调一致，并最终引发成功的行为。

有没有复杂引擎在大脑功能中扮演重要角色的证据？

这本书的核心思想是，一种特殊的计算策略复杂引擎能高效地产生本不可能出现的具有目的性的信息体，而且这种方法在我们的世界中广泛存在。人类思想和人类认知显然包括信息。我们知道思想具有信息，因为它们能够通过说话和书写交流，并且这种交流能用香农和算法信息进行分析和量化。我们对大脑结构的认识也说明在细胞层面上思想就是神经元通信的复杂模式，在大脑中能够产生大量这种模式。

而这些模式中任何一个随机发生的可能性都极低，并且大脑无法预先"知道"如何构造一个符合下一个需求的模式，那么大脑又是如何产生出解决下一个问题的模式的呢？

贝叶斯脑假说从统计的角度来研究这个问题，将大脑视为一台统计推断机器。模型参数的概率分布被视为在模型范围内囊括了"所有可能性"。自由能原理提供了内部生成原则，让系统可以"孕育"出最优解。换句话说，它提供了一种在神经元层面上在各种可能性中进行选择的方法。这个环节很重要，但是还有问题，那就是大脑如何基于之前的模型产生出很不一样的模型。我们如何处理各种我们从未遇到过的问题？

对这个问题有一个很有可能的答案是，新的模型是用之前有用的模型的各方面组合拼凑而成。这个系统（也就是大脑）能通过修改和重组旧的神经模式产生新的模式。从信息科学的角度看，新模式包含的信息必然来自某处，而最明显的来源就是之前的成功模型。不过，这还不是完整的答案。一个成年人大脑中存储的信息显然多于一个婴儿。许多实验都表明我们最初的大脑中都只有硬连线的一些很基本的信息：比如识别人脸的能力，吮吸的本能，以及模仿语言的"天赋"。很难想象一个成年人的复杂思维仅仅是婴儿思维的重新组合。我们的大脑中存储的信息只有3种可能的最终来源：遗传（来自DNA中存储的信息），感官数据的重组，或者对微小的随机变化的累积性选择。

在尝试从计算的角度理解人类学习时，面临的一个基本问题不是表示概念和记忆的通信神经元网络，而是正确的模式到底是如何形成的。因为大脑有数万亿连接，能构造出的可能网络的数量远远多于已知的宇宙中的原子数量。这使得大脑具有了编码大量信息的能力。但这并不能解决大脑如何创造出能应对特定任务的正确网络的问题。在可能的网络中只有极小一部分能正确地与其他大脑网络相互配合，针对特定的输入产生出正确的输出。自由能原理为选择提供了指南，但要创造出新的结构似乎还存在许多问题。可能的输入的多样性是无穷无尽的。其中包括例如意识到被老虎窥视，对性的渴望，听微积分的课，闻到香味，等等，数不胜数。

最核心的困难就在于我们之前讨论过的概率问题。有许多神经网络都能整合特定的输入并与其他大脑网络正确交互产生出正确的输出，大脑如何找出效果好的那一个？不好用的网络数量似乎占绝大多数。可以想到，感官数据是由硬连线回路采集、分类、增强、分析，实验结果也支持这种观点。但得到的处理信号接下来必须传送给其他脑系统，通过情感、记忆和意识意向对其进行衡量，然后形成行动规划，有时候还要将其付诸行动。这种活动是如此多变，对它们的要求又是如此多样，以至于不可能对它们进行硬连线。新的经验需要新的网络。

大自然在其他场合展示了复杂引擎型的计算很擅于解决大脑面临的这种复杂的开放式问题。如果大脑确实是实现了某种复杂引擎，就意味着其中必然在不断进行无意识的思维和行动片段的变化组合，从而为可能的功能模式的选择提供了素材，以供修改、检验、再修改、再检验，这样不断反复直到能与面临的问题相匹配。在不计其数的可能动作电位网络中，通过反复的匹配和修改，涌现出适应当前需求的那个。在这个过程中，也可能混合进全新的从未出现过的方面，但新的只能在每一次尝试中占一小部分。也许并非巧合，这很像埃德·索贝博士说的发明的过程，但大部分大脑活动都处于无意识层面。要让这样的过程能够工作，就像第5章解释过的，对当前进化的信息结构的每次修改不能太大，否则系统就会因为改进的可能性太小而停滞不前。这解释了为什么我们只有在新的知识与已有的知识和能力紧密关联时才能高效地学习，以及为什么类比在对新事物的理解中扮演了如此重要的角色。

图10.1展示了用大脑领域的词汇重新绘制的复杂引擎。这幅图大致揭示了复杂引擎是如何作用于大脑中累积性的选择网络从而产生有用的结果。这个循环从产生适量的"猜测"开始，即贝叶斯脑框架中针对某个问题的试探性模型（图中的"输出"）。这些猜测以并行的神经通信模式或网络的形式实现。通过将得出的结果与针对的问题进行匹配来检验猜测。匹配最糟糕的（有最大意外的那些）被抛弃。匹配最好的会被随机修正，产生出多个新的输出。然后又再次检验得到的结果。反复的循环很快会使得得到的结果与问题匹配得越来越好。最后通过"选出最好的"作出决定。如果很紧急，问题又很简单，需要几百毫秒就作出决定。如果问题很复杂或概念很难，则过程可能花费数天甚至数月。许多人在反思自己的成就时注意到，当面临一个困难的问题时，他们需要"睡一觉"，然后答案才会变得清晰。

我对自己在大学学习数学的经历记忆尤深。经常，在面对一个新的概念时，我会首先进行阅读，然后做题练习，但我仍然觉得自己没有真正掌握。过了几个星期，在学习新的知识时，我突然意识到我之前努力学习的概念现在完全清楚了；很容易！这是怎么回事？当时，

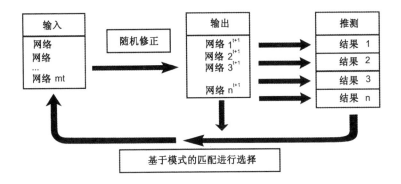

图10.1 根据大脑活动重绘的复杂引擎

我对自己头脑里发生了什么没有意识，只是觉得很神奇。

　　当学习是许多人参与的合作行为时，复杂引擎的学习方法变得更明显。这种活动通常属于社会进化的范畴，包括各种以累积文化信息为特征的人类活动，比如科学和技术思想、经济、社会结构、流行音乐和宗教的传播。在第11章我们会对此进行探讨。

　　总之，复杂引擎在大脑中运作的证据是间接的，说到底，目前还不知道大脑是不是利用了复杂引擎实现其神奇的功能。几乎可以肯定是利用了选择，但还不足以认为就是复杂引擎在起作用。如果是这样就必须有同时存在的并行解决方案竞争，并且还要有反复的选择、修正和再选择的过程，以利用累积性选择的潜力。复杂引擎是如此强大的策略，大自然在利用强大的解决方案方面又是如此具有创造性，如果这种潜力没有被利用将会让人吃惊，但只有等神经科学家们彻底揭开了大脑的运作原理才能知道答案。

对于人类创造性的来源我们能说些什么？

如果将人类思想和技术视为基于信息的现象，并明确复杂引擎在这种信息的形成中的作用，将能解开许多关于人类创造性的谜团。这甚至似乎能解决古老的自由意志问题。毕竟，在复杂引擎运转时，随机变化为选择提供了素材，结果最终是不可预测的。累积性选择解决了神经网络固有的大量目的性信息伴随的小概率问题。理论分析和实验结果都表明，当选择的素材是由随机变化提供时，引擎最具有创造性。大脑中现存神经网络的随机增删提供了刻画思想的信息的最终来源，并且解释了为什么我们的思想和行为不是完全预先确定的。认为我们的学习是对感觉数据的确定性解释，创造性只不过是幻觉或没有累积性选择的随机变化，这种确定论观点无法解释小概率问题。

复杂引擎解释了在生物中观察到的创造性，确保了任何进化系统的未来都不能明确预测。如果大脑是这样，就为人类的创造性建立了基础。复杂引擎生成的输出固有的创造性同时也解释了我们是如何学习以及为什么我们具有创造性。没有它就很难解释能有效表示各种现象或概念的神经元通信模式是如何克服小概率问题随机产生的。有一件事情我们能够肯定，没有某种形式的随机输入，创造性就是幻觉。

第 11 章
文化的进化

什么是人类文化？

　　人类文化与黑猩猩或蚂蚁文化的一个区别在于人类语言。贝多芬交响曲、街角的药店、总统选举、罗马天主教会和棒球比赛都依赖语言。复杂的语言让我们可以与他人分享复杂的思想和知识。从计算的角度看，交流就是发出和接收信息，如果社会成员之间广泛交流大量信息，我们就认为这是文化的一部分。因此文化也就是许多记忆交流的产物。动物也交流，但它们交换的信息量很有限；因而动物的"文化"与人类文化相比起来很贫乏。

　　人类文化的发展至少有两次重大转变，第一次是语言能力的进化，第二次是书写的发明。这两次转变都极大地提高了文化的复杂度。目前尚不清楚人类是什么时候获得了复杂的语言能力，但进化的过程必定花了上百万年，因为涉及多个大脑区域的大量扩容和喉部的生理构造。这个领域的一些人认为我们现在的语言能力的出现时间只有不到10万年。另一些人则推测复杂的语言是现代人与尼安德塔人区别的标志，并使得我们的祖先具有了决定性优势。人类的智力也与语言能力有关。我们每个人都有许多知识，其中大部分知识的学习是通过语言。我们的许多思维也是以我们使用的语言为框架。

语言使得村庄、传统、手工艺和贸易成为可能。书写的发明使得信息可以在文化中流通，同时也让更多人能够获取信息，从而极大地增加了信息的总量。现在数字革命又再一次提高了这种能力。在书写出现之前，文化信息仅限于能被社会中的个体记住和交流。有了书写，书籍和图书馆就能存储远超个人所能记住的信息。成千上万作者的思想和成就能被永远记住。有了互联网，这些信息就能被全世界的所有人随时查阅。

文化不仅仅是时尚、流行音乐、民主制度和宗教活动这些虚的东西，也包括厨具、家具、计算机和汽车这些实实在在的东西。所有这些都是因为复杂信息的交流才成为可能，包括指令、配方、规律、规则和经验。这些东西的交流需要语言，而语言本身也是可以交流和学习的文化的一部分。

文化如何演变？

文化进化的思想出现的时间并不晚于动植物进化的思想，甚至还要早一些。达尔文在1859年发表了《物种起源》，在此之前，19世纪的许多学者，包括康德和斯宾塞，就论述了文化的进步。达尔文自己在《贝格尔号航海志》(1839)中也思考过"文化的进步"。达尔文后来又在《人类的由来》一书中扩充了这些思想。但达尔文没有尝试在文化进化和自然进化之间建立明确的联系。这个任务留给了后来的学者。理查德·道金斯在1976年提出了拟子一词，意指假想的文化单元在文化中扮演的角色就等同于基因在生物中扮演的角色，强调文化进化与生物进化的相似之处[1]。此后拟子的概念引发了许多讨论。在谷歌搜索拟子会返回三亿七千六百多万条记录。这个惊人的数字证明了这个词在西方文化中的影响力。这个词在被提出来后，又获得了新的意义，现在很多时候拟子一词指的是思想或概念在网络上的传播。

从科学的角度看，拟子的概念有两个缺点，一是很难用实验来检验，也无法像基因一样准确界定其物理结构。基因就是DNA分子，是核苷酸序列组成的能携带信息的特定化学结构（参见第4章）。基因有具体的作用；编码蛋白质或RNA分子，或者作为调控蛋白的结合点。而作为文化单元的拟子的概念则模糊得多。因此有批评意见认为这个思想太难琢磨，无法作为一个严肃的科学理论的基础。这也意味着拟子的概念不能直接适用群体遗传学家采用的那些成熟的方法。群体遗传学研究的是生物群体中基因的行为如何随时间变化。基于拟子建立的文化传播的数学理论的尝试缺乏群体遗传学那样的严格性和精确性。道金斯自己从未辩称拟子的思想是严格的科学理论，而是将其视为一个有用的修辞手法。

不过，更宽泛地认为文化是基于信息的共享，而不是将细胞中的信息使用和社会中的信息使用具体等同起来，也可以带来深刻的洞见。将进化视为计算的好处之一是即便缺乏对文化信息的物理结构的精确界定也能探讨文化演变的问题。有了信息的最小单位比特的概念就足够了。一个可以探讨的问题就是文化的演变是不是也像生物的演变一样是进化。

文化进化与生物进化的一个明显区别是繁殖的概念。生物繁殖时，信息（以DNA序列的形式）从父代传给子代。复制的信息以化学结构的形式进入新的个体。类似的，身体产生的新抗体需要有具有新的DNA序列的新一代B细胞（第7章）。大脑中思想的进化涉及一系列神经元通信网络的形成，每一个都是大脑中不同的物理模式。对于文化，虽然可以将思想的学习视为一个思想在另一个人的思维中"繁殖"，但扩增比繁殖更符合发生的事情[2]。无论怎样描述，人与人之间思想的交流必然涉及某种形式的复制。

文化是基于共享的信息，个人参与文化的重要活动就是信息的传递和选择记忆。复杂引擎的计算的3个要素（图5.2）是：复制的信息体、不完美的复制（例如复制时以一定的概率产生适度的变化）以及选择确定哪些复制体会被再次复制。图11.1重新绘制了这个循环，可以看到这本书中给出的广义进化定义同样适用于人类文化的交流。在第8章我们看到复制过程中的变化不需要是完全随机的，虽然随机使得未来的结构有许多可能。关键在于要有不同的输出，从而为选择提供运作的基础。如果所有输出都是一样的，就不会有变化。这个框架有一个有趣的变化，许多选择规则似乎都是从文化内部产生的。这样的例子包括流行文化的时尚，市场选择产品，以及宗教信条随时间的改变。因此在这里是选择的规则经常是它们所运作的文化的产物。因此，大部分规则也是选择的对象。

我们都很熟悉口头交流的不可靠。小孩子"打电话"的游戏之所以有趣正是因为这种不可靠性。当参与者小心避免准确复述时游戏尤为有趣，但如果参与者完全改变消息就不好玩了。当参与者引入的变

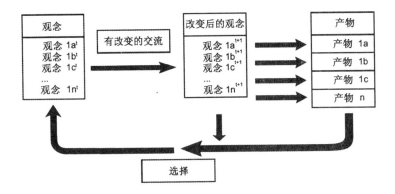

图11.1　重绘的图5.2的复杂引擎，表明了这个基本框架同样适用于人际交流。
图中的输入和输出变成了"观念"，随机复制变成了"有改变的交流"。标为1a、1b
的相同观念的各种版本同时在流传，每当观念被交流，无论是否改变，上标加1

化很小时游戏最有趣。书写让信息的交流更为稳定，但即便是书写的
文字，人们也发现在传播消息的时候很难不"修改"。修改就是变化，
无论是否随机，任何变化都会为选择提供素材。

　　但文化不仅仅是交流的信息；它是被广泛认可从而获得了一定稳
定性的信息。图11.1没有明确展示个人是如何参与的。一般来说，共
享观念的信息存在于人的大脑里（或是书和硬盘这样的存储介质里）。
对于文化有贡献的信息必须有闭合的交流环。当观念在人际间传播，
最终会以修改了的形式回到最初的交流者那里。只有回来的信息还类
似于原来的信息才能认为信息具有了足够的稳定度，能在文化中更长
久地留存。书写的信息由于更具持久性从而更容易达到这种状态。

　　为了说明复杂引擎是如何整合到文化的进化过程中，下面探讨3
个具体的例子：科学进步、经济增长和宗教。还有很多例子也是一样，

例如语言的进化、政治制度、技术进步、流行音乐，等等，只要是人类文化的组成部分，都会不断进化，只是这些进化是通过书籍等具有持久性的媒介实现的。

科学是怎样运作的？

科学知识对现代社会的影响无处不在，因此对于科学如何生产有用的信息已有许多研究。这方面最著名的两本书是卡尔·波普尔的《科学发现的逻辑》和托马斯·库恩的《科学革命的结构》。波普尔的书对科学家如何认识自己所做的事情有很大影响，库恩的书则对人文学者的影响更大[3]。科学是复杂的文化活动，两位学者都为我们对这个抽象问题的认识给出了深刻的洞察。

根据波普尔以及大多数科学家的观点，科学本质上是谨慎地解决问题的过程。这个过程从科学家提出问题开始：一般是关于自然界某个他们不清楚的问题。然后是提出假说，如果假说为真就解决了所提出的问题。这两个步骤很平常，我们每个人每天在日常生活中都会进行很多次。让科学与其他人类活动不同的是，提出的假说要能被实验检验，否则就没多少意义（或价值）。对于自然世界很容易构想各种解释，比如在月球的背面有外星人或者森林里有精灵，但要想出能被检验的解释就不那么容易，而且经验表明，无论假说多么吸引人，其中绝大部分都是错的。这是一个显见事实的直接推论，即错误解释的数量总是要比正确解释的数量多得多。如果对某个事物的相信缺乏证据，则其正确的几率极小。只有假说被实际的自然现象证实，它们才具有可信度。大多数科学家的日常活动就是设计和进行各种试验，以对假说进行检验。这也就是为什么"科学神创论"让生物学家很烦心。倒不是说对世界的宗教解释就一定是错的，而是因为它们无法被检验。没有实验检验，解释就不是科学，对自然现象的非科学解释无法让人满意。当它们可以被检验时，往往都被发现是错的。

科学不那么明显的一面是，实验的目的不是证明而是证否！从原则上无法证否的解释也许会很有吸引力，但终究没有价值。当一个精心设计和实施的实验与假说一致时，并不能证明假说，而是增加其可信度。如果实验结果与假说相矛盾，则说明要么对实验的解释是错误的，要么假说需要被修正。

科学的另一个重要特征是实验及其结果必须发表出来供其他人参考和重复。个人的逻辑很不可靠。我们大家都喜爱自己的思想，看不到自己的偏见，科学家也是一样。只有与假说的关系不那么密切的人挑剔地检查了每个实验的设计、实施和解释之后，实验结果的有效性才会被采信。即使是这样也还会有隐藏的问题。当假说以及支持假说的实验被发表后，其他专家接纳后也还是会提出新的方法来对其进行检验。只有各种实验得到的结果与假说都一致时，假说才会被广泛接受。即使是这样，也没有哪个科学假说是地位永固的。人们不知道是否某个新的实验会发现之前没有发现的不一致性。牛顿的引力定律作为科学理论牢牢地站立了两百年，直到20世纪的许多实验表明爱因斯坦的广义相对论能对引力现象提供比牛顿定律更完整的解释。结果发现牛顿提出的方程只是更普适地解释自然的方法的一个特例。这个特例在像地球这样的地方很有效，却无法描述在宇宙其他地方极强的引力场中发生的事情。也许还有更具普适性的认识引力的方法没有被发现。时间将揭示这一点。

对于刚开始学习科学的大学生来说很难理解的一个概念是，科学不是寻找终极真理，而是寻找"可行的最佳解释。"如果我们不知道所接受的科学定律和理论是否是真的，又怎么会以科学为基础产生了如此多的技术成就呢？答案是得到了证据支撑的科学理论在特定情形下已足以胜任，即使将来可能会发现解释同样现象的更完整的方法。定律在所限定的范围内足以支撑工程领域；如果你只是要建一座桥，牛顿引力定律在黑洞附近是否会失效并不重要。

生成假说，实验检验，然后修正假说，这个过程已经被证明是在由可能解释组成的庞大空间中搜索一个适用于我们的观测的解释的有效策略。这个过程与图11.1所描述的方法一致，因此符合复杂引擎的定义。本质上，这个过程是对知识与自然进行匹配。这个搜索的过程不是随机的，但是另一方面，没有哪个科学家知道自己提出的最新假说能否站得住脚。实验检验为思想的选择提供了客观的基础。没有这样的基础，就无法知道特定的解释是否与物理现实相一致。当假说通过了检验，被发表后其他科学家会用更多的实验对其进行检验，如果再次通过了，就再次发表。得到了很好支持的假说被写入教科书，从而被更广泛地传播和检验。传播和接纳在科学中扮演的角色就相当于繁殖在生物界扮演的角色。

关于科学如何运作的进化观点并不会贬损假说的创造以及实验的设计和解释这些智力活动的作用，而是对宇宙的复杂性的证明。宇宙太过复杂以至于谁也无法全部理解，这是老生常谈，但却是事实。

它的一个推论是谁也无法预测宇宙尚未被认识的那些方面在未来会如何表现。科学解释让我们可以预测自然被很好认识了的那些方面。从信息科学的角度看，发现新事物的途径就是搜索，而一旦要搜索的信息空间太大，无法用穷尽的方法搜索，而且你也不知道自己到底是要找什么的时候，图5.2和图11.1描绘的搜索引擎就是寻找符合你的目标的事物的最有效的方法。科学的方法就是在人类的社会环境中对这个技术的实现[4]。

埃里克·拜因霍克用"演绎修补"描述人类思维在文化变异（产生新的假说，等等）中的作用[5]。当人们生成假说，无论是一个科学理论还是对汽车司机在开车时糟糕表现的解释，都不是凭空出现，而是基于他们已知的东西。对于科学，一个（好的）新假说必须是基于更成熟的理论并与之一致。有许多违反热力学定律的理论曾被提出来。由于热力学定律被以各种方法检验过很多次，因此要在我们的宇宙中的某个角落发现其被违反的可能性极低。与普通科学家相比，伟大的科学家的一个特点是他们对被其他人所发现和接受的东西有更好的理解。他们能调和所有已知的信息，因而能提出更好的假说，但即使是伟大的科学家也经常猜错。

被接受的科学理论和定律组成了一个信息体，其中涵盖了我们知道的关于宇宙的一切。本质上科学是收集、保存、修正和增添这个信息体的社会事业。这些信息以书面形式被记录，存留在活着的人的大脑中，科技期刊的文章中，以及文献综述和课本中；它是通过反复地生成变体（形成假说）然后选择（实验检验和选择保留）创造出来。归根结底，科学知识是许多科学家提出问题、猜测答案、检验猜测、修正猜测然后再次检验的学习算法的产物。图11.1形象地描述了这个方法。让科学与其他许多人类事业不同的是选择与自然一致的好思想的客观方法。通过数百年的努力，这个过程所累积的知识已相当惊人，并支撑了技术的不断发展，让人类能够以前所未有的程度控制我们的环境和命运。

经济会发展，但会进化吗？

在《财富的来源》一书中，埃里克·拜因霍克有力地阐释了经济的繁荣和衰退是一个涉及商业计划的改变、增长和选择的过程。简单地说，商业计划是通过制造和交易物品以赚取利润的策略。商业计划是商业活动和企业的指令。商业计划可以成文，也可以不成文。在传统经济理论中，除非交易双方都认为自己能从交易中获益，否则就不会有交易。因此交易不是零和博弈；交易越多，产生的价值就越多。

很久以前商业都是物物交换，一种东西换另一种东西，不涉及价格。在货币发明和被接受之后，大部分交易都是以钱易货。因此，制造和买卖的物品获得了可以用钱衡量的价值。在经济理论中，价值的确立是通过买方愿意出价和卖方愿意接受出价。当某种物品被大量买卖，而交易的价格被大范围传播，则其"价值"就大致是许多次交易价格的平均。如果根据商业计划生产出来的物品没有人要，则计划就会被放弃，不能为卖家提供足够价值的商业计划也无法长期存在，因为卖家不会继续生产。许多计划被提出来，然后被市场选择淘汰。我们可以认为它们灭绝了。另一方面，好的商业计划能为买卖双方产生价值，从而被其他人模仿。模仿是商业计划在经济中传播（也可以说繁殖）的机制。通过演绎修补，人们不断"改进"现存的商业计划，市场则选择留下那些具有优势的，淘汰劣势的。公司用赚来的钱发薪水和买原材料；雇员和原材料供应商反过来又用他们获得的钱买其他商品。这样，钱就循环起来。购买和销售的物品越多，每个人的财富就越多。

商业计划不仅仅是贸易，也包括物品的生产。随着计划通过反复修正和测试不断改进，它们就会自然积累信息。结果使得改进的产品和服务具有了更大的价值，因为它们的生产效率变得更高（提高生产率），也具有了更多人们所需的特性。

拜因霍克阐释的财富产生机制的一个中心特征是合作提高了生产的效率[6]。现代公司很善于产生财富，因为它们很善于寻找合作的机会来生产产品和提供服务，以更低的成本更好地满足人们的需求。效率的增加可以认为是改善了不同目标之间的契合。在市场中总是存在能创造价值的策略和不能创造价值的策略。商业合作计划是利用可能机会的特定策略。丰田汽车公司采取的就是将许多人组织起来生产质优价廉的汽车吸引顾客的商业计划。购车者认为自己的购买是一笔"好买卖"，否则他们就不会买，而车的价格也能让公司挣到钱，否则他们也不会卖。各部门效率的提升使得车的价格降得更低。现在丰田已经成为世界上最成功的汽车公司之一，它的商业计划的许多方面也被其他汽车公司复制，以使他们自己能变得更成功。

如果你不相信合作行为在丰田的商业计划中扮演了重要角色，只需想一想如果你自己用零件组装一辆丰田凯美瑞要花多少时间和精力。然后再想一想你自己去收集原材料来制造零件所需的成本和精力。没有人能做到，更不要说还有采矿、冶炼、锻造成型、机械加工，还有生产线材，制造计算机芯片，以及用于绝缘、座椅和保险杠的各种塑料的成型。你还需要一个化学实验室提供化工原料生产轮胎、车漆和各种塑料。这样生产汽车的成本很难估算，没有意义，就算有人有这么多钱也没这么多时间。如果每个人都自己造车，将没有人负担得起。早在两百多年前，亚当·斯密就在《国富论》中指出了这一点，他阐释了别针的制造被分为多个步骤，每个步骤由不同的人执行，从而使得别针厂的生产效率大为提高。

现代世界的经济中到处都有这样的例子，不同专业的人通过合作使得他们的产品价格远低于单独作战的人生产的同类产品。生产率的提高带来的低价使得销量增加，多赚的钱让雇员的收入更丰厚。获得的收入反过来又用于购买其他人（根据商业计划）组织起来高效低成本生产出来的商品。现代经济就是由大量这种组织活动相互关联形成的复杂贸易网络。这个系统很像第9章讨论的细胞生物化学/蛋白质组/基因调控网络，但有完全不一样的节点和边。这个网络结构是以商业计划为基础，商业计划是说明经济中各项商业活动细节的指令。

拜因霍克认为经济是由许多小的复杂适应系统（CAS）组成的复杂适应系统。他对CAS的定义是大量智能体根据规则交互组成的系统，在其中智能体具有处理信息的能力，并且根据信息调整各自的行为。在经济中，智能体既可以是个人也可以是组织。过去30年里，科学家对CAS已经进行了大量研究，并且发现了一些特征。首先，CAS的行为可以非常复杂，以至于不可能详细预测。这种系统经常会表现出涌现模式和行为，而不仅仅是各种输入和组成部分的简单加总。第二，这种系统各部分的智能体和外界输入的交互会倾向于产生大量短暂的稳态。第三，一个CAS经常很容易从一个稳态变到另一个稳态，而变化的规模通常遵循幂律分布。第4章讨论的沙堆崩塌就是幂律行为的简单例子。

而对于经济中的商业策略，营利性组织代表了暂时的稳态。由许多策略的互动组成的经济整体也表现出一定的稳定性。在这个系统中，总是有办法挣得到钱，也总是有更多办法挣不到钱。必然有一些商业会更为成功。真正好的办法也就是丹尼尔·丹尼特所说的"好点子"[7]。可行的好点子取决于当前的经济状况，机会不断变化。但总是存在一些好的点子，一旦被发现和实施就能挣到钱。问题是无法预先知道哪些策略是好点子哪些又不是。另外也无法知道一个好点子能多久有效。与不确定的环境进行交互的唯一途径是不断尝试新的思想并跟进有效的，也就是演绎修补的过程。成功的思想经常是通过对原有策略进行修正得到。

由于人们的需求不断变化，技术进步也使得新的事物不断出现，因此经济不断变化，商业计划的成功往往不会持续太久。任何商业计划一成不变的组织很快会发现其他组织能提供更多价值，不变的商业计划会失败。这正是复杂引擎意义上的进化。

从西方到全世界，经济表现出两个惊人的特征，前所未有的财富产生和前所未有的商业计划的复杂性。根据拜因霍克的观点，这些特征都关联在一起。就像前面讨论的，财富的产生是源自合作行为带来的效率提升。最好的策略组成好点子，一旦被实施会以有吸引力的价格生产出人们想要的东西。拜因霍克更进一步，认为财富不仅仅是钱；还代表了经济王国的某种秩序。他称之为契合秩序[8]——能与经济网络表现的力量和复杂度很好契合的秩序。根据这种思想，财富衡量的是经济的目的性结构。

为什么商业计划会倾向于变得越来越复杂呢？答案由两部分组成。首先，在越来越大的组织之间可以发现合作优势；虽然众所周知大规模人类组织会倾向于变得官僚、低效和不能响应环境变化，但还是会带来效益。自由市场所扮演的角色等同于环境在生物界扮演的角色：如果低效压制了规模的优势，其他小规模的商业计划就会胜出并迫使规模大的改变或消亡。复杂度增加的另一个原因是创新会产生出以前不存在的机会。在生物学中称为"生态位构建"。当新的机会被加入商业计划，它们就会变得更大更复杂。

因此进化经济理论用大规模带来的新机会和可行的好点子的效益解释了公司规模似乎不可避免的增长。毫无疑问数字革命及随之而来的通信、数据存储和信息分析效率的增加带来了几十年前不存在的新机会。一些公司必然会比其他公司更具优势。

宗教进化吗？

如果外星人访问地球研究人类，他们的报告中肯定会有一章专门讲述宗教在大部分人类社会中的重要性。也许他们会对这些宗教内容的差异之大感到好奇，尤其是神的角色和能力，虽然各宗教的信徒都认为只有自己的信仰才是正宗的。另一个有意思的特征是神从不直接显灵。凡人要想与神沟通，要么必须通过一个媒介（神父或巫师），要么就是信心很强，无需超自然信息的证据。许多人深信超自然力量的存在对他们的日常生活有影响，但他们无法向不信的人证明这种存在。毫不奇怪科学和宗教经常会不一致。

除了神灵，所有宗教还有一个显著特征就是其中的人类组织结构。所有宗教都用规则和教条进行组织，并且有专人维护这些规则和教条。宗教也随时间变化。群体遗传学家大卫·威尔逊在《达尔文的大教堂》一书中令人信服地描绘了宗教进化的过程[9]。他的核心观点是新的宗教不断产生，能延续的宗教除了能给信徒带来精神上的好处，还能带来可观的经济和社会利益，并且这些宗教还具有会随时间变化的长期组织结构。我要补充的是宗教可以从信息的角度来认识（对于所有社会组织都是这样）。所有宗教的学说、传统和组织结构都能而且经常会被写下来。这些信息的功能与商业合作计划很相似。

任何宗教的成功或失败都取决于能不能吸引和留住信徒。不能吸引和留住信徒的宗教注定成为历史的注脚。罗马神殿的神之所以消亡是因为他们在与基督教堂争取信徒时失败了，（吉姆·琼斯创立的）人民圣殿教的结束是因为集体自杀的幸存者放弃了他们原来的信仰。

所有宗教都承诺一些无法证实的事情。原始社会的人们会遇到许多无法解释的事情，他们的宗教提供了各种机制（祭祀、仪式，等等），让他们在面对喜怒无常的神灵的率性时能获得心理安慰。农业和劳动分工的出现使得大型社会的出现成为可能，成功的宗教会许诺永生的希望。这也许反映了在艰难的社会环境中生活的人们的悲伤和绝望。现代经济让许多人脱离了赤贫状态，随着条件的改善，许多基督教派倾向于越来越强调生活的满意度。人们受那些能与他们的处境共鸣的信息吸引。就这样，宗教进化了 —— 他们的商业计划发生了改变。不适应的则逐渐消亡。

威尔逊指出成功的宗教倾向于提高信徒的生活条件。所有宗教都有为信徒的组织合作行为提供支持的组织结构。这种合作经常能为参与者带来可观的经济和社会利益。群体生物学家深入研究了互利如何通过自然选择在动物中出现。困难之处在于自私的个体在面对利他者时具有明显的优势。但如果合作者同意集体惩罚自私行为这种优势就会消失。人类的合作需要合作者之间的信任和有效沟通。成功的宗教会有鼓励合作行为的规则。坚持所有信徒必须遵守规则使得信徒可以信任不熟悉的人。这使得大规模的合作行为成为可能，在合作行为的世界中有许多好点子能为合作者提供可观的好处。成功的宗教总是有明确的手段促进"好"的行为。好处是通过加入合作社团，生活条件得到改善。心理承诺对于新的宗教很容易做到，但社团中合作的经济利益会对潜在的信众产生强烈的吸引力。所有能长期成功的宗教都利用了人类社会组织的这个根本现实。

威尔逊认为宗教的进化有两个层面。首先，他们相互竞争信徒。如果有机会，人类会在多个宗教中选择一个参与。因此，宗教必须表现出吸引力。在这个层面失败了的宗教会因为没人感兴趣而出局。由于新的宗教不断产生，总有选择的余地。除非某个宗教赢得了区域垄断并且组织制度的设置使得退出很难或很危险。进化的第二个层面是界定一种宗教及其运作方式的规则、教条和结构。需要对教徒具有长期的吸引力意味着所有宗教的细节都要不断修正；不断尝试新的特性。在这个层面上，宗教的进化与公司的进化没有什么区别。两者都要与其他组织竞争顾客，也都有不断进化的基于信息的企划计划。

无论是公司还是教堂的企划计划，进化都是通过组织中的个人行为进行小的增添或删改。然后这些改变被组织内部或组织之间的选择机制检验。通过这个过程，宗教的方方面面，甚至其秉持的最深的教条，在长时期里都会变得很不一样。这些变化可以很剧烈，就像耶稣基督从犹太教中出现，或约瑟夫·史密斯创立摩门教，也可以很缓慢，就像公理教会从定居在马萨诸塞的禁欲的清教徒演变成更宽容的联合基督教会。在所有这些例子中，现存思想和行为方式的信息内容被修正，并接受潜在信众市场的检验。

复杂引擎在人类社会中如何运作？

作用于信息体的复杂引擎需要有复制和修改信息的机制，还需要有对这些修正进行一致选择的环境。无论是将社会作为一个整体还是分开来审视大部分社会组织，都表现出了所有这些特征。争议在于信息的性质以及复制的模式，但并不是那么神秘。基本上，支撑社会组织的信息存留在人们的头脑中。形成记忆的神经元信息模式被印刷和数字化的信息增强，但最终都要归结到人们听到或读到并且记住的事物。因此，对社会进化的认识与对我们如何编码记忆观念和思想的认识密切关联。复制的模式与我们在前面的章节中看到的不同。让社会进化得以发生的复制与人与人之间的信息交流有关。这种信息可以读写，或是表现为2维或3维视觉形式，但只有被记住了，才算被复制了。将书放在图书馆中并不足以将新的思想引入社会，得要有人去阅读和记住。

记忆信息的修正不是问题。人类记忆并不可靠，人类是典型的每次交流记忆都会篡改的叙事者。对于研究社会进化的人来说最大的困难也许不是变化如何发生，而是新的观念在交流中如何保持足够稳定的形态。

对于复杂引擎在社会层面的运作有一个必须提及的重要特点是一致的选择。选择标准可能改变，但如果变得太快，就无法累积任何东西。社会具有规范和道德感。认知科学家认为，我们的心智尝试通过叙事和思维模型的构建给世界赋予秩序。当这些构建被思维群体广泛共享时，他们就形成了牢固的世界观，在他们接受或拒绝遇到的新思想时为他们提供一致的基础。如果一个思想与内心的规则集不匹配，通常都不会长久。

这个简要的讨论应该已经解释清楚了，社会组织——无论是公司还是宗教——同橡树、细菌、免疫反应和思想一样，都是借助复杂引擎进化。所以这些最终都基于同样的计算策略。下面我们转到进化系统的一个常见现象，即复杂引擎通常能导致不断增长的复杂性。我们在现代经济中看到的一个例子就是公司不断增长的复杂性。难道复杂引擎具有某种内在的驱动力会让它的输出越来越复杂？还是所有进化系统都面临特殊的压力？

第 12 章
复杂性的进化

复杂性可以定义吗？

对进化会导致复杂性不断增加的认识深深根植于西方文化。这出于一些很明显的理由，但科学对此的认识则是另一回事，并且依然没有解决。一方面是令人炫目的科技进步，以及生命从简单化学混合物到具有自我意识的人类的发展。这些例子表明有不可抗拒的驱动力使得事物越来越复杂。另一方面则是许多生物谱系在很长时期内复杂性并没有明显增加，实验也表明进化算法可以被设计成既能增加复杂性也能减少复杂性（第6章曾讨论）。在数百万年里都没有表现出明显变化的生物谱系的两个例子是蟑螂和马蹄蟹。寄生虫谱系则在进化中明显表现出形态复杂性的减少。

这些例子都利用了同样的复杂引擎计算策略，但有不同的表现形式，处于不同的环境中，运作不同的选择规则。显然，细节很重要。大量关于进化算法的研究提供了令人信服的证据，运作在计算机中的复杂引擎并不会一边倒地驱动复杂性；决定长期趋势的是系统的细节。有两个显然很重要的细节是变异产生的机制和具体的选择规则。复杂引擎在每一代出现的变体中进行选择，如果选择的范围受限，将来的结果也就会相应受限。极端条件下，如果完全没有变化产生，引擎就会一直维持现状。如果变化来自有限的可能集，引擎就会穷尽所有可能，并停留在可能的最佳组合，但如果变化不受限制，探索就不会有尽头。很小的随机变化就能有效地实现这一点。

选择的规则也很重要。进化算法通常会计算输出的一些属性，并根据最好的成绩选择下一代。这类算法产生的输出的复杂性既可以增加也可以减少，取决于如何度量和选择。简而言之，复杂性可以选择增加或是减少。

生物中的选择是基于繁殖的成功，并不涉及计算。繁殖的成功取决于内部因素、与环境的互动以及机遇。进化生物学家在理解生物复杂性的来源时遇到挑战是在生物特征、环境和复杂性度量之间找到令人信服的关联。如果复杂性能带来优势，进化当然会倾向于它，但难道复杂性就一定会带来优势？在社会的变革中也有类似的问题。更加复杂的社会组织比简单的组织具有哪些优势？就目前的认识水平来说，答案似乎依据文化的视角不同而不同。例如语言的复杂性就没有表现出必然的增加，而技术和经济的复杂性则至少在最近一段时期表现出了增长。抗体的产生则完全不同。当我们受到感染，产生的抗体会越来越适应抗原。复杂性似乎不是刻画这一点的合适方法，亲和力和选择性是更合适的度量。

在讨论中我是以一种非技术性的常识性的方式使用复杂性一词。我们直观上就能感觉到一些事物比另一些更复杂。但如果要深入探索进化与复杂性的关系，我们就需要仔细对这个词加以定义。如果我们认为有什么东西增加了，唯一能确证的方式就是进行度量。很显然人类要比变形虫复杂，苹果电脑也要比算盘复杂，而且不难找到符合这种观察的度量；但又应该如何比较苹果电脑与变形虫的复杂性，或是微生物群落与人类社会的复杂性呢？并不是说还没有发现对复杂性的度量方式。已经提出了很多方式，但还没有哪一种能抓住我们直觉认识到的复杂的全部方面。复杂性自身的意义本来就很复杂。

许多物理学家认为负熵是复杂性的合适度量。负熵是系统的熵与同一个系统处于平衡态时的熵（此时具有最大的可能熵）的差值。由于熵度量的是无序的程度，因此负熵就是对有序的度量。就此来说，一个信息体的负熵就是其携带的某种事物的"信息量"[1]。负熵定义的问题在于虽然有序和复杂性看似相似，却并不是同一回事。两个复杂性明显不同的系统可以具有同样的负熵。香农信息量与熵在数学上是等同的，而且就如我们在第1和第2章看到的，这种度量并没有抓住复杂对象的重要特征。用系统的最大熵减去实际熵并不能改变这一点。

复杂的事物必定由许多部分组成，并且各部分之间有许多相互作用，据此一些人提出应当区分"结构复杂性"与"功能复杂性"[2]。就好比一辆汽车与装着同一辆汽车拆解后的所有零件的大盒子。两者具有相同的结构复杂性，即由相同的部件组成，但部件之间的组合和作用方式不同。显然，组装好的机器在某方面比装着相同零件的盒子更复杂。因为功能正常的汽车能表现出一盒子零件不具有的行为。

结构复杂性的概念中包含了部件的数量、部件种类的数量以及结构尺度。尺度很重要。将圆珠笔拆开可以发现包括墨水在内的8个明显的部件，但笔还含有大量的原子。那么，在分析笔的复杂性时是不是应当考虑所有原子的位置呢？如果从笔上拿掉一个原子有没有问题？一般来说，在确定宏观事物的结构复杂性时，必须说明感兴趣的尺度，否则就会陷入不相关的原子和亚原子细节。

功能复杂性包含行为、对行为的控制以及时间尺度。尺度同样很重要。一些事物发生得太快或太慢，人类无法察觉。这些通常可以忽略，不会有负面效应，完全取决于我们对什么感兴趣。弗朗西斯·海利戈恩就曾强调，复杂性的评估总是相对于观察者[3]。这是因为所有观察者都有一个天然的尺度，而在给定的背景下，只有特定的方面才是重要的。

研究复杂性的另一个方法是考虑其反面，简单性。简单事物的部件更少，也许只有一两种部件，比如二进制字串中的0和1。当我们比较具有相同数量部件的事物，简单的倾向于重复，复杂的则较少这样。结构的组分可以像晶体中的原子那样在1维、2维或3维上重复，也可以像声音的模式一样随时间重复。同样，重复也可以是简单的或是复杂的。

物理学家用对称分析重复。一种很简单的对称是镜像对称：事物的一半就像另一半的镜像。要描述镜像对称，只需描述其中一半，并说明另一半是这一半的镜像。可能的对称的种类是有限的。一些简单的情形包括2重平移（就好像复印）、3重旋转（三角形）、随时间重复（波）。对称对于理解复杂性很重要，因为事物越对称，所需的描述就越少。6重对称比2重对称更容易描述，因为只需要描述1/6的细节。

振荡器一遍又一遍重复相同的模式，但要描述这种行为只需要描述一次基本的重复。对称也可以叠加；例如一个事物可以同时表现为2重和5重对称。晶体既有平移对称也有旋转对称。从这个角度看，最复杂的事物表现出的对称也最少。

沿着这条思路推到极端，意味着气体这样的组分随机排列的事物是最复杂的。但气体不具有结构，而结构通常与复杂性相关联。避免这个尴尬局面的办法是认识到随机对称性。气体的任何一部分都与其他部分在统计上是一样的，因此当考虑统计平均特性时，气体高度对称，从而很简单。总结这条思路，复杂事物具有复杂的对称。我不认为这个定义作用很大。

计算理论提供了另一种分析复杂性的方式。在计算理论中的对象是0/1序列，这种对象并不是凭空出现的，它们是计算的结果。计算视角有一个优势是数字输入和输出具有明显的天然尺度。计算机操作0/1符号时底层的电子的行为，或者印在纸上的0/1序列的墨水分子显然与计算的意义无关。重要的是0和1，而不是它们是由什么构成的。数字计算的另一个概念优势在于输入和输出仅由0和1两种简单组分组成，研究这种系统比研究由许多不同种类的复杂组分组成的系统更简单。

计算机科学家有没有刻画0/1对象复杂性的方法呢？我们已经见到了一些。最简单的是数0和1的数量。第1章介绍的香农信息是基于概率，一般用于度量对象整体，但如果对象属于某个整体，而整体各部分又具有相同的概率，香农信息也可以用来刻画单个对象。计算的输入也可以视为输出的描述。从这个角度看，输出一个对象的最短输入的长度就度量了其最短描述。一个对象的完整描述必定需要以某种方式包含其复杂性；因此最短描述的长度必定是其复杂性的一个特征。这就是第2章介绍的算法复杂性也即柯尔莫哥洛夫复杂性背后的思想。没有内部关联，组分随机排列的对象的算法信息量最大。从人类对复杂性的判断来说，这是一个让人失望的结论。

长度、香农信息和算法信息都没有抓住对象复杂性的一个方面，就是从短输入计算输出对象的难度。复杂对象由许多部分组成，并且部分之间有许多关联；因此如果一个复杂对象是由短的输入计算得到，则组分及其关系就必须在计算过程中创造出来。一个有吸引力的思想是，创造的对象越复杂，所需的计算量也越多。

这自然引出一个问题："计算量"到底是什么？在计算理论中，关键资源是时间和空间。空间是计算过程所需的内存（存储比特值的位置），时间是操作数据（在各种状态之间变化）以及在内存中存储和提取数据所需的指令周期数量。通常时间和空间（即内存）不可兼得。如果内存有限，计算也许仍然可以进行，但需要更多时间。反过来，经常可以通过增加内存用量来减少计算所需的时间。不过读写内存还是需要时间，因此即便内存空间不受限制，计算输出一个复杂的对象可能仍需花费很长时间。

这种复杂性定义所需的短输入确保了输出的细节没有简单罗列在输入中。通常在计算机科学中需要用短输入长时间计算出来的结构被认为是"深的"，可以用短输入很快计算出的结构则被认为是"浅

的 "。深度反映了对象中存在的内部关联的复杂性。关联越复杂，从
没有包含它们的输入计算出包含它们的输出所需的时间就越长。正是
从这个意义上深度提供了对象复杂性的一个特殊度量[4]。

　　计算理论的一个基本贡献是从数学上证明了存在可以想象，但不
能在实践中用比其本身更短的输入计算出的对象。不能的原因有两个。
一是所需的计算可能极长，以至于虽然可以写出生成特定长对象的短
算法，所需的时间却要超过宇宙的存在时间。另外在考虑所有可能的
对象时，长的要比短的多得多。这很容易理解。1 比特长的对象只有 2
个（0 和 1），2 比特长的对象有 4 个（00、01、10 和 11），3 比特长的对
象有 8 个，4 比特长的对象有 16 个，以此类推。特定长度的字串数量
随着长度增加呈指数增长（2^1、2^2、2^3、2^4、…）。在这个数字序列中，
最后一项是前面所有项的总和。因此，可能的长输出的数量总是多于
可能的短输入的数量，因此大部分长对象必然只能用至少等长的输入
计算得到。

　　要计算任何特定的事物我们必须从适当的输入开始。问题是：如
果能生成所期望输出的最短输入很长，如何才能找到这个输入？通常，
在计算机科学中，要寻找某个东西必须进行搜索。可以设计程序搜索
可能生成期望输出的输入。如果这样的搜索从很短的输入开始，逐项
检验越来越长的输入，则需要检验的输入的数量会随输入长度呈指数
增长。这意味着随着检验的输入长度增加，搜索会变慢。如果想逐项
检验长输入，所需的搜索时间会很快超过宇宙的存在时间。这是一个
坏消息，意味着长输入无法逐项检验；而且穷尽搜索还会引出另一个
更基本的问题。一些输入会使得计算永不停止；计算机会一直运行下

去。也许一些输入在计算很久后最终的确会产生输出。不幸的是，无法知道任意的一个正在进行的计算最终是会停下来，输出重要的结果，还是会一直计算下去直到永远。这就是所谓的停机问题，意思是即使搜索的时间不受限制，也不可能通过对长输入进行穷尽搜索找出所有能产生预定输出的输入。

总而言之，有一些问题存在最佳答案，但没办法找到。这似乎很怪异，但是可以证明。幸运的是，情形并没有看起来那样糟，因为总是有可能找到能很好完成任务的次优输入生成所期望的输出。这也就是为什么能写出可用的程序。

用深度（以及第2章介绍的算法信息量）刻画对象的一个主要问题是大部分度量这些属性的尝试都受困于停机问题。除了极简单的情形，人们永远无法确定特定输出的最短输入或最短计算能否被找到。在大部分情形中这些度量都只是近似。不过深度和算法信息量的概念对于理解复杂性还是很有用。

生物学家如何定义复杂性？

在生物学中，复杂一词有多种用途。有时候它指的是地球上生命形式的多样性。在这种用法中，随着生物多样性的增加，生命变得更加复杂。这种用法在生态学中很常见，生态系统的复杂性取决于物种数量以及物种之间的相互影响。单个生物的复杂性则有不同的意义。人类是不是比鱼更复杂？应该怎样证明这一点？

对生命史有基本认识的人都会认同复杂性随时间增长。这可以从第一种意义的复杂性 —— 多样性 —— 得到证明。图12.1展示了化石记录中海洋多细胞生物种类数量的变化，不规则，但在统计意义上随时间增长[5]。第二种意义的复杂性 —— 个体复杂性 —— 也有证据。毕竟很少有人怀疑人类要比细菌复杂。

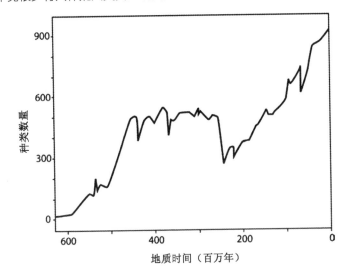

图12.1 海洋多细胞生物种类数量随地质时间的变化图。最初（最左边）的种类数量很少。现在（最右边）的种类数量是最多的（参见注释5）

当没有被完善定义的个体复杂性的概念与"先进"或"进步"的观念联系到一起时，就会产生争议。直到20世纪，西方文化中都普遍认为人类是逐渐进步的宇宙中的最高成就。这个思想至少可以追溯到亚里士多德的 *scala naturae*，"自然的阶梯"，万事万物的排序，从最底层的岩石到接近顶层仅次于神的人。这个思想被融入了中世纪欧洲教会的信仰，在人类之上依次是天使、大天使和上帝。这个观念在西方思想中影响深远。一些人接受达尔文进化论，然后又错误地认为生命的进化是在亚里士多德的阶梯上攀升。很多人经常忽略了现代细菌进化的时间同人类一样长，并且如果以代来计算的话，细菌的进化史远比我们要久。根据一些指标，比如总数、总重量和适应各种环境的能力，细菌在总体上比我们更成功。我们很大很聪明，但谁又能说大和聪明就是判断进步的最佳方式呢[6]？

自《物种起源》于1859年发表后，达尔文的理论很快就与进步的观念以及进化具有目标方向性的论断纠缠不清。当然，目标就是人类，尤其是北欧人类。一般来说，在试图判断进化的进步性时，难免会与人类中心论牵扯不清。对我们来说，在评价其他生物时很难不认为它们比我们低等。在排序时这种无意识偏见会潜入进来。结果，经过这样的"科学研究"后，人类到达了顶点 —— 正与我们在研究之前就已经知道的相符！很难做到价值中立。

热力学和/或信息论最有希望为进化产生的复杂性提供客观的度量。如果包含信息的结构是线性的，长度就能度量总量，但没有考虑重复。香农信息和负熵为累积的非随机性提供了可能的度量，但它们没有考虑计算的困难程度。算法信息考虑了重复，但在对象为随机时有最大值。这些似乎都不是我们想要的。作为从简单输入计算某物的困难程度，深度提供了另一种选择，但对于非数字对象我们就不知道该如何计算了。还有其他一些度量，但就目前来说，计算机科学还没有为生物复杂性找到合适的可计算度量。这意味着对生物学中复杂性的讨论缺乏坚实的理论基础。

尽管如此，无论我们怎样度量，人类还是明显要比单个细菌复杂得多。这很容易证明。我们由许多部分组成，并且各部分之间有许多互动。化石记录虽然很不完整，但还是很清楚地表明在很长时间里都只存在单细胞生物；很久以后才出现了海藻和奇怪的类似植物的动物。又过了很久，类似蠕虫的动物才出现在海里。再后来才出现了原始鱼类。只在相对很近的化石记录里动植物才来到陆地上并变得更加复杂。

陆生植物和陆生脊椎动物的化石记录都明显表现出更加适应陆地生活的形态。更加适应的标志是各种创新和应对干燥环境下生活的器官。最早的植物出现在大约 4.5 亿年前，类似现在的苔藓，即使到现在也还需要依靠雨水输送精子让卵子受精。后来出现了类似现代石松、马尾和蕨类的大型无籽植物。它们后来又被有籽植物 —— 现代针叶树的祖先 —— 取代。再后来，大约 1.2 亿年前，原始有籽植物又被有花植物取代。有花植物具有精巧的授粉策略和包裹在特殊结构中的繁殖器官子房，在其成熟后能提供散播种子的有力武器。蒲公英的绒毛可以借助风传播种子，葡萄和李子的肉质组织可以引诱动物（包括我们）帮助传播无法消化的种子，就是两个典型的例子。

在这个具有详细记录的宏大历史中，每一个大的"进步"都体现为新的植物特性。其中包括树叶上可以控制水汽蒸发的气孔，让植物可以长高的管道系统，以及将雌性繁殖组织包裹起来的胚珠，可以储存营养从而使得种子可以远离母体发芽。后来还出现了包裹胚珠的植物子房，可以更好地传播种子，蕨类等原始陆生植物的雄性繁殖器官也有巨大的变化，出现了能产生活动精子的配子体。在有花植物中，被称为花粉的雄性配子体是非光合的，很小，可以随风散播。无论从哪方面来看现代有花植物都要比苔类植物更复杂。

脊椎动物的化石记录也有同样的巨变，从鱼类到两栖动物、到爬行动物，再到最后出现的鸟类和哺乳动物，表现了类似的发展。

现代哺乳动物经历了从产蛋生物（单孔目）到胚胎哺乳动物（有袋类）到胎盘哺乳动物的发展，从而可以在母体内养育保护胚胎和胎儿。在灵长类动物的谱系中，最早的化石形态是生活在 5 500 万年前的类似树鼩的小动物。然后是类似狐猴的树居动物，然后是猴子、猩猩，在大约700万年前出现了智人，我们的直系祖先。最古老的具有完整的现代面貌的人类骨骼只有大约20万年的历史，与35亿年的生命史比起来要短很多。

很难不认为这个进化顺序是进化持续进步的证据。但这一往直前的进步却伴随着原始生命形态的持续存在。细菌依然伴随着我们，还有海藻、两栖动物，以及树鼩、狐猴、猴子和猩猩。化石记录中的物种已经消失了，但经常有一些现代物种很类似其远古祖先。当然我们无法仔细检查远古生物的细节，以确定它们在分子和细胞层面上是否更简单。但是进化在一些谱系上前进的同时似乎还是留下了很多物种在数百万年甚至上亿年里都没有大的变化。

有许多线索已经让一些进化生物学家认为，进步的表象只是幻觉。首先，如前所述，许多谱系在时间的长河里基本没什么变化。根据化石记录，许多生物数亿年来都没怎么变化，蓝藻（类似细胞的光合细菌）、马蹄蟹和蟑螂只是其中一小部分，其中蓝藻甚至已经出现了十亿年。任何认为复杂性的增加具有内在驱动力的理论都必须顾及这一点。另外也有其他解释。最容易理解的是斯蒂芬·古尔德提出的著名的"左墙效应"[7]。

左墙效应是基于随机变化的统计论证。假设我们可以用数字刻画生物的复杂性，并将许多生物的数字画在同一幅图上，左边的复杂性低，右边的复杂性高（图12.2）。

无论复杂性怎样定义，必定有某个下限，低于下限没有生物能够生存。将这个下限称为"左墙"。当某个物种发生随机突变时，产生的后代比父代的复杂性要么高一些，要么低一些（或者一样）。图12.2A给出了复杂性为A的父代生物及两个突变后代A′和A″。不可避免地，它们会落在图中父代的左右（或相同位置）。这样最初的父代位置的附近就会逐渐聚集越来越多的后代。所有后代的均值仍然保持不变，但极值会往左右两侧散播得越来越远。

再来考虑生命的起源（图12.2B）。在最初的生命刚出现时，生物必定非常简单，如果画在图上会离左墙很近。当后代在左右散开，右边的将会繁盛，而越过了左墙的那些则会消亡（复杂性不够）。图B中的A″就是这样的后代。如果制作一个影片展示经过许多代后各种生物的位置，（代表物种的）点将随机围绕着最初的父代。但由于最左边的后代（越过了左墙）会被淘汰，长期效应就是点逐渐往右边扩散（图C），如果只度量最右边的生物，就会发现复杂性逐渐增加。这正是化石记录所体现的！

左墙效应也称为扩散模型。还有类似的一些思想，丹尼尔·麦克谢伊将它们统称为产生增长的复杂性的无驱动或被动机制[8]。当被

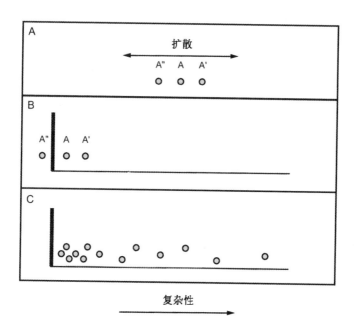

图12.2 左墙效应。复杂性低的生物画在左边，复杂性高的生物在右边。图A：点代表3种生物，位置由复杂性决定。A′和A″是A的后代。图B展示了生命史早期的父代和后代。生物A″越过了左墙，从而消亡。图C表示长时期后向右的扩展

动机制起作用时，观察到的增加是随机变化导致的。这种模型并不认为有什么特性或谱系的复杂性会随时间增长。它们只是说总有一些生物要更复杂一些，如果被度量复杂性的恰好是那些在某个时候最复杂的，则得出的复杂性必然会随时间增长。

另一个不同的批评意见则认为，已经证明很难找到与进化进步的主观认识相符的生物复杂性数值度量。如果具有一些分子生物学的知识，不难看到细胞DNA的数量给出了一种很直接的生物复杂性的度量。在20世纪70年代，当精确估计这个量的技术出现以后，很快

就发现生物细胞DNA的数量与其表面的"进化进步性"之间没有直接关联。这就是著名的C值悖论。图12.3展示了各种生物单体DNA的数量级[9]。

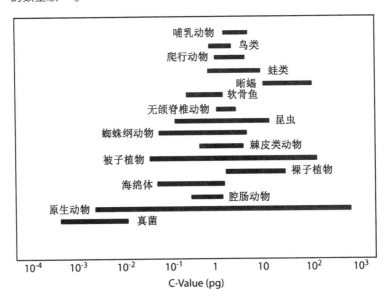

图12.3　单体细胞DNA数量（C值）图。大量生物都与进化"进步"的观念不符。长条表明物种的广泛多样。C值悖论指的是"进步性"与DNA数量之间没有明显关联。基于T. R Gregory, *Paleobiology* 30 (2004): 179 — 202中的一幅图

虽然一些细菌（图12.3中的真菌）的DNA很少，一些原生动物的DNA却是最多的，一些植物和两栖动物的DNA甚至是哺乳动物的30倍。人类与其他哺乳动物的DNA的量大致相同，鸟类的更少，蜥蜴的则更多。最近35年来对DNA的研究已经取得了长足进展，首次发现了细胞中许多DNA并不编码蛋白质，最近又直接测量出了生物DNA中基因的数量。人类基因组计划一个最惊人的发现是人类的基因数量与线虫和墙水芹（属于芥菜系的一种简单开花植物）一样多。真菌和

细菌的基因的确比人类少，但许多生物都比人类多。

　　与此相应，主要动物种群在化石记录中出现的时间与这些种群的现代物种的细胞类型数量之间则发现了惊人的相关性。图12.4展示了这种关联。

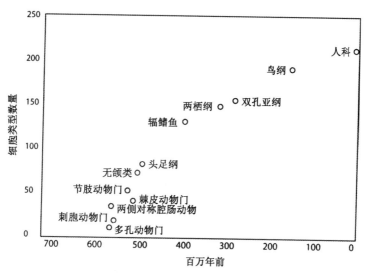

图12.4　一些后生动物的原始物种的细胞类型数量估计值与各类属的起源时间估计值的关系。经瓦伦蒂诺·凯伊许可复制：多孔动物门是海绵；刺胞动物门是珊瑚、水螅和水母；棘皮动物门包括海星和海胆；节肢动物门是昆虫和甲壳类动物；两栖纲是蛙和蜥蜴；鸟纲是鸟类；人科是人类[10]

　　批评意见认为细胞类型的分类有主观性，而且人类组织学的研究要比无脊椎动物组织学深入得多。然而，图12.4中的趋势不可能偏颇到完全是人为的。为什么用细胞类型数量度量的复杂性有稳步增长，基因数量度量的复杂性却没有呢？没有人知道确切的答案，但还是有一些调和这些发现的思想。

第9章介绍了基因和蛋白质相互作用网络对细胞的影响。节点一样多的网络，节点相互作用的复杂性可以差别很大。也许基因数量只能告诉我们节点的数量，而细胞类型则是对相互作用网络的复杂性的一个大致度量。背后的思想是各种类型的细胞的底层网络是一样的，只是状态不同。许多复杂网络都有大量的稳定状态，每种细胞类型体现了网络的一种特定的稳态。因此，观察到的稳态（细胞类型的数量）越多，底层的网络从而生物也就越复杂[11]。

最近还发现人类DNA的一大部分都是用于基因调控，细菌也是一样。到目前为止，还没有被广泛认可的可以识别和度量调控DNA信息量的方法。因此，我们还无法对其进行绘图分析。而且，第9章描述的生物化学、基因、蛋白质相互作用网络也远不只是基因调控。我们感兴趣的是整个网络的复杂性。生物网络复杂性的量化可能只有在这种网络可以用计算机精确模拟时才有可能实现。这在短期内还无法实现。

丹尼尔·麦克谢伊整理的一些例子清楚表明特定种系的确出现了复杂性的增加。这种例子很难找到。较完整的例子包括水生节肢动物在5亿年里的腿的类型数量，腹足动物（蜗牛）的壳在数亿年里的螺旋数的增长，名为菊石的已灭绝的软体动物的壳的连缝腔室的分形维度在3亿年里的统计增长。复杂性减少的一个明确例子则是从陆生祖先进化而来的鲸的脊椎的可变性。在这个例子中，似乎水中生活对脊柱结构的要求更简单，与其陆生祖先相比，进化显然更亲睐脊椎更均匀的鲸[12]。种系复杂性减少的例子有许多是向寄生性演变。寄生性生活形态的进化经常伴随着明显的结构复杂性减少。这可能是因为寄生环境要比自由生活动物的环境更简单。

研究复杂性问题的另一个途径是从复杂引擎开始，然后问通过研究背后的计算，我们能从复杂性的产生中学到什么。

最优化与协同进化有何区别？

在分析基于复杂引擎的活动的广泛谱系时，我们会遇到两种不同的情形。第一种是环境和选择标准不会随时间变化。在其中的进化实体会越来越适应环境和选择标准。有时候会找到最好的可能答案或匹配；有时候只是接近最好，但最佳答案至少在理论上是存在的。第二种情形是环境会不断变化；因此"最好的"答案只是暂时的。这一类中最有趣的系统是各个实体的环境本身就是由其他进化的实体构成。实体进化使得其他实体的选择规则也在改变。为了方便起见有时候将第一种情形（朝固定的最优解前进）称为最优化，将进化实体之间存在竞争的情形称为协同进化。两种情形都属于复杂引擎的范畴。进化系统只有在协同进化时才能发挥最大的创新潜力。

第6章讨论的将任意01序列转化为全1序列的最多1问题就是最优化。虽然算法每次运行时搜索答案的路径不同，但最终的答案都是一样的。如果问题变得更复杂，最佳答案是什么可能不知道；但在理论上还是存在最佳答案，如果有合适的进化算法就有可能最终找到它。在运行了一段时间之后，如果在找到最佳答案之前优化终止了，很有可能找到的是一个较好的答案，如果运行更长时间，又有可能找到更好的。免疫系统应对感染就是最优化，最佳答案是什么不知道，但经过数天后产生出的结果往往已经足以保护身体免受进一步感染。身体需要这么长时间才能进化出能与特定外来抗原紧密结合的抗体。HIV病毒之所以让免疫系统难以应对就是因为这种病毒进化的速度不低于免疫系统的响应速度；因此身体产生的抗体总是脱靶。利用了复杂引擎的算法往往能解决复杂的最优化问题，但并不总是这样。朝最优解前进的速度取决于问题本身和所采用算法的细节。通常无法用进化方法解决的问题往往是那些最优解在解空间的地貌中没有被其他较好答案围绕的问题。这种情形很容易人为创造出来，但在自然界很罕见。

最优化的一个普遍特性是无法从整体上判断结果是趋向于更复杂还是更简单。结果的复杂性取决于最优解是复杂还是简单。而最优解是复杂还是简单取决于问题本身。

回到生命进化的问题，在自然界中选择往往是基于与其他生物的互动。换句话说选择是协同进化。在这种情形中，随着生物的进化，选择也不断变化，不存在永远的最优解。在计算机中可以设计出类似的进化算法，实体像生物一样受到其他实体挑战。甚至一个突变或随机变化就会改变整体的动力学。一个实体的变化会导致其他实体的选择动力学改变。在这种情形中会形成不断的挑战 — 响应 — 挑战循环。当其他实体改变，每个实体所面临的适应性地貌都会不断变化。在这个缓慢变化但最终不可预测的世界里，一时的优势可能过了一段时间就变成了劣势，没有哪个创新能确保长期的成功。人们可能会认为，在这样的系统中复杂性增加并不一定是好事，因为与复杂性相关的大量互动不大可能都从中获得好处，而且复杂性的具体特征也不会一直都带来好处。但结果并不是这么回事。

计算机进化算法带来的一个好处是现在可以进行以前只有活的生物才能进行的实验。在一个计算机实验中，实体相互竞争许多代，同时定期保存群体样本，比如说每1 000代保存一次。然后将不同时期进化出的群体放到一起竞争。在其中第1 000代可以与第10 000代竞争。在生物界这就好比将三叶虫保存下来放到现代海洋中去，或者将现代鱼类放到寒武纪的海洋中去。

通过这一类实验发现，进化了较长时间的群体一般比进化史更短的群体更具竞争优势。当两个群体是取自两次不同的实验，两者没有共同的历史时仍然是这样。长期的竞争似乎更青睐能应对新形势的策略。圭尔夫大学的丹·阿什洛克称这种现象为整体适应。他收集了6个例子，均采取很不一样的算法和数据结构，除了很少的代变化严重受限的情形之外，他还没有发现不表现出这种效应的系统[13]。

其中一个例子由丹的两个学生伊丽莎白·布兰肯希普和乔纳森·甘拉德完成，他们写了一个程序，在其中有两个虚拟的机器人在虚拟的12×12的格板上涂绘颜料。每个涂绘机器人采用不同颜色的涂料，通过涂绘颜料占据格子。机器人轮流动作，每次涂绘一个方格。机器人能够探测其周围8个格子的颜色。涂绘机器人只允许三种动作，右转、左转或前进。板子总共144格，每次游戏机器人各动作288次，足以将整个板子涂两遍。288次动作结束后占据格子多的机器人获胜。游戏中依次涂所有格子的机器人可能会输，因为对手只需跟在它后面涂就可以了。涂绘机器人的动作由被称为控制器的软件模块决定。控制器将周围方块的颜色作为输入（没有被绘制、对手的颜色或自己的颜色）并决定下一步动作。实验中机器人群体（实际就是控制器）进化许多代，每一代在机器人之间进行一定数量的竞赛。

在给出的实验中，有200个控制器（涂绘机器人），每一代每个机器人与4个随机选择的对手竞赛5次。得分最高的100个控制器被选出进行复制，后代产生突变并配对重组。重组是随机选取相同的位置将2个控制器（编码字串）截断，然后左右互配生成新的控制器。然后将重组和突变的控制器与100个父代一起放入游戏池进行下一轮（代）竞争。每一轮都用100个成绩最好的控制器的后代替换100个得分最低的控制器，最好的100个则直接进入下一轮。

通过反复竞争，结果发现如果最初的控制器是随机给定，则平均得分（机器人涂绘的方块数）在最初20到30代会迅速增长，随后逐渐稳定下来。在大约50代后，涂绘的方块一般是60个左右（总共144个），此后就不再一直增长，再过数千代也是这样。在最初阶段，完全无法胜任的机器人被去除，存活下来的策略则各不相同。288次动作足以让一个简单重复涂绘策略的机器人将全部144个格子涂绘2遍；因此60分的平均分表明成功的机器人将大部分时间花在覆盖对手涂好的方块！用生物学打比方就是某个生物将大部分时间用于阻挠竞争对手而不是寻找食物。

这个实验最有趣的是将第500代的机器人与第5 000代的机器人放到一起竞争。在99%的情形中都是进化程度更高的机器人胜出。虽然两代机器人在与同代机器人竞争时成绩都是60分左右，结果仍是如此。从统计上来说，纯属偶然观察到这种现象的机会还不到千万分之一（10^{-7}）。

其他很不一样的系统也得到了类似的结果，这表明进化更久的群体在某方面更加复杂。在涂绘机器人的例子中，决定实体行为的指令（控制器）的长度并不增加；因此如果以指令长度作为复杂性度量，并不会增长。不同的是发现了能成功应对不同环境的策略。适应范围更广泛的策略似乎能更有效地应对以前从未遇到过的群体环境。进化更久的指令在某方面比早期的指令更具适应性。分数没有增加是因为竞争更难了。可以说群体中的所有成员都变得更聪明了。类似的现象在生物群体中应当也同样存在。

资源重要吗？

一般来说，复杂性有相关的成本。复杂性的概念，除非定义为随机性，否则都意味着结构的存在；而结构的创造不是免费的。分析复杂性的成本和收益的一个有力而普遍的方式是将复杂环境下实体的成功与它们维持控制的能力关联起来。这其中的逻辑从生物学的角度很容易理解，如果个体的内环境不能维持在一定的限度内就会死亡。

控制作为工程领域的一个正式分支至少可以追溯到蒸汽机的发明。1956年罗斯·阿什比提出了必要多样性法则。这个法则说的是"要实现控制，控制系统能够执行的行为的多样性必需不低于需要补偿的环境扰动的多样性"[14]。这个原理在电气和机械控制系统中有广泛应用，被用于例如加热和空调系统中或火箭姿态控制中。阿什比对其中的生物学意义有深刻认识。

用复杂性的术语说，阿什比的必要多样性法则说的是为了维持内部的稳定性，控制器必须至少同其所抗衡的环境一样复杂。在生物学中，这个法则意味着进化会青睐于那些最善于维持控制其内部和外部环境的生物。不是地球环境的所有方面都与所有生物有关。对于任何生物来说，重要的环境复杂性取决于其生活方式和范围。对土壤细菌重要的不一定对老虎重要。由于环境复杂性如此多面，生物又各有特点，因此也就没有哪种通用的度量方法能被科学界普遍接受。

阿什比法则的一个逻辑推论是，当相互竞争的实体具有相似的复杂性水平时，任何生物（或控制器）都基本不可能实现对系统的全面控制。这是因为其他竞争实体的复杂性之和必然大于单个实体的复杂性。由此导致的控制能力的不足理应带来持续的选择压力，使得单个实体的复杂性越来越大。复杂性增加带来的优势和相应的成本之间的内在冲突必然会使得成本高效并且善于应对多变环境的特征具有特殊优势。

当环境不可预测，如果其他条件一样，受青睐的实体将会倾向于进化出能在多种条件下都能成功的结构和策略。当面对着不可预测的环境，能力越多的实体成功的概率也越大。

但能力并不能无限增长，因为任何能力都有相应的成本。能力增加成本也会增加。经过长期进化的实体必然反映了成本与收益的平衡。在物理世界，总是涉及 4 类成本，分别是能量、熵、时间和空间。

其中能量是最共通的。你的汽车没有汽油就开不动。我们的身体没有食物就无法运转。总的来说，任何物理设备都需要能量。对于生物来说，能量成本是显而易见的：运动，跨细胞膜输送分子，创造新的结构，修复旧的结构，都需要能量。对能的需求是动物需要食物和植物需要阳光的原因。对于遗传算法，能量成本同样存在。计算机需要用电。从内存和硬盘读写数据都需要能量。另一个永远的需要是维持。总的来说，部件越多，组织程度越高，维持结构所需的成本就越高。用于维持的能量将低熵维系住。

熵度量无序，有组织的系统有变得无序的自然趋势。热力学的中心原理是能量可以用来抗衡熵增。保持桌面整洁就是典型的例子。我们需要耗费能量才能让桌子保持干净；否则纸张、书本、笔、文件夹和备忘贴就会堆起来。不努力维持，任何有组织的系统最终都会衰退于无序。本质上，复杂引擎的循环之所以能对抗熵增就是因为它能从无序中计算提取目的性有序。有序的增加表现为目的性结构的形式。随着进化系统累积越来越多的结构，它们也越来越容易被随机变化损坏，需要越来越多的能量维持。任何变得越来越复杂的系统都面临一个现实，就是维持所需的能量成本最终必然会等于继续增加复杂性所能带来的收益。

时间成本不那么明显，但非常重要。如果从响应挑战的角度来看实体与环境的关系，那么在许多情形中优势都来自于更迅速的响应。当狮子遇到羚羊，速度就是一切，而且不仅是奔跑的速度，还包括决策的速度。时间成本更微妙的一面来自于复杂的响应比简单的响应更能应对某些挑战，而复杂的响应需要花时间计算。当其他条件一样，就需要在响应的复杂性和响应的速度之间进行权衡。羚羊也许可以依靠聪明逃离狮子，但如果思考的时间太长，结果就不太可能对羚羊有利。

计算复杂行动和复杂结构的时间有一个容易忽略的方面是需要的时间有时候可以提前支出。我们可以对比一下狮子与羚羊遭遇和狮子与有准备的人遭遇。人类跑不过狮子，但可以带武器。枪或长矛需要很多时间制造，但这个时间是花在遇到狮子之前而不是之后。武器内在的复杂性以可能有用的结构的形式制造和保存下来以备不时之需。当这样的情形经常发生，就会去寻找需要时间来创建但能够在需要时快速响应的结构。复杂性允许快速响应但需要深入计算的这方面就是深度。

空间也是很重要的资源，但在物理世界通常不受限制。在计算机科学中空间表现为有限的内存，但前面曾说过，受限的空间往往能通过花费更多时间进行补偿。

深度有何意义？

深度度量的是计算对象内部关系的复杂性[15]。基本思想是这样：内部关系越复杂，从没有这些关系的输入计算出有这些关系的输出所需的步骤就越多。这个特性被称为"慢增长"，意思是要快速创造深度对象只有用深度输入才能做到。用简单（浅）对象创造复杂（深）对象需要大量计算。这条规则没有捷径。由于物理过程也可以被视为计算，因此物理对象也必然具有类似深度的属性。

这个概念可以直接扩展到智能体之间的互动。当挑战和响应被视为计算，深度挑战和深度响应都需要用更多的计算才能创造出来。

慢增长特性有力地解释了为什么深度实体可能更受一些进化情境青睐。在自然界中生物面临着数不胜数的取决于时间的挑战。由于可以预先准备，并将结果以深度结构的形式存储，因此就有可能预先创造或计算出结构，在需要时就可以产生快速的深度响应。在野外携带枪支就是一个例子。根据定义，浅响应必定要么是随机的，要么是高度重复的，而随机或重复的行为通常不是最有效的。因此当快速的深度响应能带来优势而附带的成本又不是太高时，选择就会青睐于能产生快速复杂响应的深度结构。动物大脑和复杂的代谢网络很有可能就是深度生物结构的例子，由青睐能有效应对深度挑战的快速响应的长期选择创造出来。这些结构同时也能增加控制能力。

如果简单响应就能够有效应对挑战，深度计算就是对时间和能量的浪费。可预测的挑战通常只需记忆响应（简单计算）。完全不可预测的挑战则根本无法计划应对。这时最佳选择就是随机响应（也是简单计算）。介于两者之间的大量挑战的最佳应对是深度计算行为。生物界有大量这种例子。以猫抓老鼠为例。猫需要食物，否则就会饿死。老鼠躲在洞里，主要在夜间活动，这样很难被发现。为了响应这个挑战，猫进化出了能快速响应的肌肉，善于夜视的眼睛，优秀的听力，以及能够预测在哪里能找到老鼠的大脑。

虽然有一些挑战只需要简单响应，但许多挑战都需要深度计算才能更好地应对。尤其是深度挑战的最佳应对往往是深度响应。但深度挑战从何而来呢？在生物世界，生物面对的物理环境一般不会很复杂。物理环境的大部分方面要么随机要么重复。例如白天黑夜的循环，冬冷夏热；与气候相比每一天的天气相对随机。如果生物只需要应对物理环境，我们可以预计它们不会进化出特别复杂的结构。

而如果环境中有相互竞争的进化智能体，则是另一回事。每个实体都面临着其他实体的挑战。每次行动也都会形成对其他实体的挑战。以猫和老鼠为例。在长期的竞争过程中，老鼠越来越擅长躲避猫，猫也越来越擅长捕捉老鼠。在进化的智能体挑战和响应的过程中，选择总是青睐于更有效的响应，惩罚那些落伍的。随着道高一尺魔高一丈，群体整体上的"成功"相对来说也许基本没变。这就是所谓的"红皇后"原理，由芝加哥大学的利·范瓦伦首先提出[16]。高效的重要一面在于及时性，当更高效的响应既需深度计算也对时间敏感时，挑战和响应就会趋向于越来越深。这个正反馈环决定了深度结构的进化创造。如果我们接受深度作为复杂性的一方面，协同进化就必然会导致其增长。

在非生命进化系统中，如果进化实体之间存在竞争，并且响应时间很重要，则必然也存在同样的反馈环。因此可以预计，如果用深度作为复杂性度量，当进化系统的进化实体之间存在竞争时，除非响应时间不重要或者与复杂性相关的能量成本太高，否则复杂性一定会增加。

有证据吗？

在科学中，一个预测要有价值必须是可以验证的。对于深度是协同进化系统产生的复杂性的重要方面这个假说也同样如此。深度的计算概念的一个大问题是它是不可计算的 —— 它是无法度量的度量！第 2 章介绍的算法信息是另一个具有同样让人困扰特性的计算度量。

幸运的是，两者都可以被近似。

从概念上，深度刻画的是从简单输入计算某物的难度。相反的计算过程是压缩，从长输入得到简短的文件，而且不损失信息。压缩是很常用的软件，广泛应用于文件存储和网络传输。当文件被压缩，通过解压可以将文件还原出来。JPEG和ZIP都是压缩文件。压缩文件在使用前必须解压。"压缩深度"是对压缩一个数字对象的难度的可计算度量。大部分学者认为，很难创造的对象（例如深度对象）也很难被压缩。

1997年，当时还在艾奥瓦州立大学读计算机科学研究生的詹姆斯·莱思罗普设计了几个计算机实验，让二进制实体在由进化实体组成的环境中进化。他的研究与"有限状态自动机"有关，自动机是可以被视为智能体的计算机实体，因为它们能根据当前情形和过去的行为记忆作决策。莱思罗普让这些智能体进行反复的囚徒困境博弈，然后用遗传算法根据成绩让它们进化。不出意料有限状态自动机智能体进化出了越来越好的策略。由于这些智能体同时也是计算机文件，因此莱思罗普可以度量它们的压缩难度。他采用的具体度量方法是基于被广泛使用的L-Z压缩法。图12.5展现了实验过程中智能体的压缩深度的增长。可以看到，在3 500代中智能体的压缩深度稳步增长，没有明显的变缓。

对这个实验很直接的解释是L-Z压缩深度度量了智能体的组织复杂性的多个方面。牵涉的组织层次越多，重新编码成更紧致形式的计算需求就越大。计算深度度量的是完成指定的压缩所需的计算资源

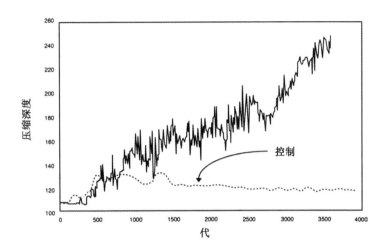

图12.5 适应过程中L-Z压缩深度的增长。经莱思罗普许可复制（参见注释17）

（在这里是内存）的量。这个实验的一个重要特点是智能体（有限状态自动机）没有变得越来越大（需要更多计算机编码），而是似乎组织得越来越巧妙。这个实验可重复，而且用不同的数据结构和不同的选择任务也观察到了同样的现象[17]。观察到的变化可能与前面讨论的整体适应有关。无论怎样，这些发现都说明了在协同进化的情境中计算实体内部结构的变化无法用香农或算法信息的概念解释。其他协同进化系统也发现了类似的现象。

　　如果可以比较远古生物与现代生物的DNA序列的压缩深度将会很有趣。可惜化石中的DNA无法留存下来。而可以进行实验的（例如冰河时期的人类或猛犸的DNA）时间又太短，无法检测出差别。终极实验是比较生命史初期生物的DNA与很久以后的那些生物的DNA的深度。当然这是不可能的，因此我们只能通过分析进化算法的结果来推断生物世界的情况。

深度是计算机科学的度量，还没有被研究进化的非计算机学家广泛认识，当然部分是因为它无法度量。莱思罗普和阿什洛克的实验清楚表明了在一些协同进化系统中存在的复杂性增长无法用传统的度量进行刻画。研究深度的学者对这个特征有各种说法："对象内在的值"，"计算有用性"，"对象明显的计算历史的量"，"冗余的组织"，"精巧性"，"组织中存储的计算工作量"，以及"通过计算嵌入对象中的组织"。这些对抽象数学概念的各种描述的共同线索是信息可以被计算过程组织以创造输出结构，当它们被作为进一步计算的输入时会表现出性能的提升[18]。展示性能的一个重要方式就是速度。在许多背景下快速复杂的响应都很有用。深度结构使其成为可能。

这个度量的存在带来了一种可能，当人们感受到复杂性时，他们部分感受到的是深度。深度对象的一个特征是它们必然有很长的历史。一棵很老的树，人的大脑，以及成熟的生态系统都是需要很长历史的例子。它们都无法被快速创造。这就是深度的标志。也许正是对深度的感受使得我们喜欢欣赏有很长历史的事物。

第13章
过去和现在

复杂引擎如何启动？

刚开始学习进化的学生常问的两个问题是：生命是如何开始的？以及未来会怎样？这些都是很难的问题。复杂引擎的思想能为这些问题带来新的视角。我们从起源开始。

回顾一下，我们探讨了4个现在在地球上运作的复杂引擎的例子：生命、哺乳动物的适应性免疫系统、社会演变（宗教、科学和技术以及经济作为子例）以及进化算法；人类学习是可能的第5个例子。引擎的所有这些实现都需要能编码信息和执行计算的物理系统。我们的下一个任务就是比较各个系统的起源以找出共同特征。

生命的起源

关于生命的起源有很多理论，但都无法从科学上让人完全满意，主要是因为直接证据太少了。我们对一些事情很有信心。首先，生命在地球上的出现从原则上只有3种可能途径。生命可以是：（1）来自宇宙其他地方；（2）通过物理和化学规律以外的某种力量的作用在地球上出现；（3）通过自然的化学和物理过程在地球上出现。第3种可能又分为有合理可能性和基本不可能（例如奇迹）的情形。目前没有证据表明生命起源于其他地方，但如果在火星或木卫二上发现了基于DNA的生命将会彻底改变这一点，而违背已知物理和化学定律的起源不在考虑的范围。因此，科学家们只有一种选择，就是研究地球上有可能存在的化学场景，当然NASA也一直在资助在火星和太阳系其他地方探测生命的实验。

化石和地质证据表明生命在地球上出现于35亿年前，但不会早于42亿年前，有微弱证据表明可能是38亿年或之前。留存下来最古老的岩石大约是在38亿年前形成，虽然名为锆石的晶体更古老。这个时期地球上的环境相当不稳定。标准的太阳系模型表明当时的太阳亮度只有现在的75%，这意味着海洋会结冰，但二氧化碳和甲烷等温室气体的存在以及温度更高的行星内核可能会让地球表面足够温暖，让海洋保持液态。有许多火山释放气体。事实上，大部分早期地球模型都将火山喷发作为大气的大部分或全部来源。氢、碳、氧、氮和硫都有，但对于这些元素的化学形式还有争议。

最大的未知是大气的氧化态。现在的大气中有很多氧气，但科学家们都认为这是光合作用的结果。生命通过分解水（H_2O）和释放氧气（O_2）维持大气中的氧分子，所需的能量来自阳光。氧分子具有化学活性，如果没有光合作用很快会从大气中消失。在氧化条件下，碳会成为二氧化碳（CO_2），氢会成为水（H_2O），氮以氮气（N_2）或硝酸根离子（NO_3^-）的形式存在，硫则成为硫酸根（SO_4^-）。硫和氮溶于水或束缚在岩石中。与氧化相对的是还原。原子与氢而不是氧结合。这种情形下，碳会成为甲烷（CH_4），氮会成为氨（NH_3），硫会成为硫化氢（H_2S），氢会以分子形式（H_2）存在，氧则存在于水（H_2O）中。介于两种情况之间的是水、氮分子、二氧化碳或一氧化碳（CO）以及硫元素（固体）。其他化合物包括甲醛（CH_2O）和氰化物（HCN）都有可能。

通过深入研究地质过程和仔细分析最古老岩石的化学，地球化学对早期大气成分的认识被不断改变。目前的模型倾向于认为是有少量氧分子的中性或适度的还原性条件（H_2O、N_2、CO_2，可能有CO、S和/或H_2S）。在火山口附近，局部可能具有很强的还原性条件，现在依然是这样。通过太阳光、干湿循环、频繁闪电以及大量火山活动，会发生大量由氢、碳、氮、氧和硫参与的化学反应，形成大量碳基分子。土卫六上现在可能正在发生类似的过程，土卫六的大气含有甲烷和氨，具有很强的还原性条件。由于存在基于碳、氢和氮的复杂有机分子，它的大气呈现出朦胧的橙色。土卫六很冷，因此氧大部分封存于冰冻的水中。

被引用最多的生命起源理论可以追溯到达尔文1871年写给约瑟夫·胡克的信：

> 经常有人说，如果第一次产生生命的所有条件都存在，它就会一直存在。但如果（噢！多么大的如果啊！）我们设想在温暖的小池塘里，有各种氨和磷酸盐、光、热、电，等等，蛋白质通过化学方式得以合成，并产生更复杂的变化，在今天这些物质会马上被蒸发或吸收，使得生命来不及形成。

今天，达尔文说的"温暖的小池塘"更常见的说法是"原始汤"，由氨基酸、糖、核苷酸和其他各种有机物溶解在水里进行反应形成的浓汤。这个构想还有许多问题没有解决。首先，虽然大部分关键化合物在实验室中在合理的条件下可以产生出来，但所需的条件对于所有化合物并不是一样的。因此只能设想不同的化合物是在不同的池塘中产生出来，然后碰巧以正确的顺序组合到一起。另一个问题是，要产生出聚合物（蛋白质、多糖和核酸都是聚合物），"汤"的浓度要足够高，这在海洋里是不可能的，因为当水太多时，作为生命特征的有机物的化学性质不稳定，很快就会分解。

为了解决这些问题提出了许多构想，包括在干涸的池塘里浓缩，在冰上形成的小水窖里浓缩，催化黏土表面的特殊化合，与热岩接触的特殊环境中，比如在水底火山附近，在沉积物（泥巴）中化合，以及在太阳星云中化合，然后被彗星和陨石带到地球上。所有这些想法都开启了新的探索维度，但现实是目前还没有人能证明在实验室条件下如何生成所有所需的化合物，并且合理地解释这种条件在早期地球曾经很普遍[1]。

不考虑化学细节，深入研究过这个问题的人都认同生命的形成有两个关键。需要出现能自维持的连锁化学反应网络，也就是代谢的前身，以及各种化学反应的催化和调控，组成受指令控制的网络。需要催化是因为许多现代代谢反应在常温下都不会发生。在所有现代生命形式中，催化和控制都是通过蛋白质酶完成的，而蛋白质酶的结构是由DNA编码的信息决定的。复杂引擎能对现代生命起作用是因为这种信息可以复制，并受到累积性选择。

专家们对于代谢和指令谁先谁后一直有很大争议。先有鸡还是先有蛋？一些人认为信息编码分子的自复制肯定是种子事件。因为一旦实现了自复制，对指令进行扩展，实现对其他反应的催化（包括自复制反应）就不是很难的事情了。多年来，对 DNA 编码蛋白质和蛋白质参与合成 DNA 的认识使得这个难题被认为是问题的关键。让人吃惊的是，这个问题在 20 世纪 80 年代就从原理上被解决了，却并没有解决生命起源问题。重要的发现是，与 DNA 非常类似的信息携带分子RNA 能催化化学反应。因此在原理上可能存在 RNA 分子能催化自身的合成。还没有化学家能生成出这样的分子，但如果这个分子能够通过随机化学反应合成，并位于核苷三磷酸（RNA 的化学前身）的浓汤中，它就能自发复制自己。由于这种假想的分子能在其结构中编码生成更多 RNA 分子所需的信息，它也就能自动进入复杂引擎的循环，它的后代必然会很快变成越来越好的复制者。这个思想使得在 20 世纪80 年代出现了一种生命起源早期的构想，称为"RNA 世界"——自复制 RNA 分子的池塘，RNA 分子相互竞争空间和核苷三磷酸。在选择压力下，这些 RNA 分子（通过进化过程）逐渐"学会了"编码蛋白质酶，能催化更简单的分子形成核苷三磷酸，并最终产生出现代细胞生物化学网络所需的所有生物化合物。在这个构想中，复杂生物化学网络所展现的结构是复杂引擎作用于化学系统的自然结果。

这是一个很有吸引力的构想，但虽然最近有一些突破，还是没有人能令人信服地解释所需的核苷三磷酸是如何产生出来并形成足够高的浓度从而合成出 RNA 链，也没有找到能自复制的小 RNA[2]。另一方面，自复制分子作为关键的第一步的总体想法仍然很有吸引力，一些科学家正在不断努力寻找能使其发生的条件。

代谢在前的构想有更久远的历史。最近的一个版本是斯图尔特·考夫曼提出的[3]。其中的思想是，关键的第一步不是自催化的复制分子，而是自催化自维持的化学反应网络。他称之为"自催化集"。这似乎很有可行性。在一个多少有些随机的化学反应系统（汤）中，会（随机）形成一些简单的聚合物。单体能形成二聚体（两个单体连到一起）和三聚体（三个单体连到一起），二聚体和三聚体又形成四聚体、五聚体、六聚体，等等。随着连接的单体数量越来越多，可能产物的数量迅速增加。最初，这些聚合物的浓度很低。

一些聚合物有一个特点是能催化特定的化学反应，例如一些蛋白质和RNA就有催化作用。因此不难想到在反应汤中会有一些小聚合物，而其中一些能催化化学反应。至于是催化何种反应并不重要。催化反应的化学产物会迅速增加（因为催化），从而形成新的反应和新的聚合物。一旦形成新的催化，化学网络的许多细节就会改变。只要有一个催化反应能间接导致其催化物浓度的增长，在反应产物和催化物之间就能建立正反馈环。最让人感兴趣的是小聚合物通过加速比如说特定的二聚体与三聚体结合，从而催化大聚合物的形成。小聚合物催化这种反应的可能性已经被证实。例如，很简单的聚合物双甘氨肽（甘氨酸是最简单的氨基酸，双甘氨肽由两个甘氨酸结合形成）在高浓度盐水中能催化一些氨基酸和小缩氨酸的聚合，这在干涸的池塘中有可能实现[4]。产生的新聚合物又能与其他小聚合物结合产生出更大的聚合物，每种新产物都具有催化某种反应的可能性。如果小聚合物催化形成大聚合物的概率足够高，这个过程必然导致越来越多的正反馈环形成。

整个想法看似有点不现实，但考夫曼和他的同事已经用计算机模拟证明了它确实可行。通过假设随机选取的聚合物催化聚合物反应的概率，当最初的反应汤中化合物种类足够多之后，就会出现"催化闭环"，从而使得网络只要有简单的化合物原料供应就能自我维持[5]。在第9章就是用自催化自维持的生物化学网络来定义生命。如果考夫曼的观点是正确的，今天细胞中的生物化学/蛋白质组/调控网络就是从这些早在第一个细胞甚至RNA或DNA出现之前就形成了的自催化生物化学网络不断演化而来。在很早的某个时候，这个网络逐渐加入了指令（很有可能是以RNA的形式），指令可以更有效地管理和累积目的性信息。指令也更容易进化。

这个构想有一个吸引人的特点是普遍性。所需的不是特定的化合物的功能，而是催化闭环，只要满足一定的普遍性条件以及化合物种类数量足够多就可以。不过同期它假说一样，要让人信服，必须能在实验室展示具体的化学过程。在已知的早期地球条件下，到底哪种催化聚合物是可行的？多肽（短蛋白质）是一个好的候选，因为氨基酸可以在各种模拟的早期地球条件下产生，短多肽具有催化活性，并且多肽是现在生命所使用的催化剂（细胞酶是长多肽）。但还没有人能在实验室实现基于人工多肽的自催化集，在实现之前，有理由持怀疑态度[6]。

自催化模型的一个有趣特点是，聚合物就其本质来说，在序列中编码了所催化的反应的信息。因此，聚合物自催化集在其多个聚合物中分布式编码了其自身繁殖所需的信息。选择将有力地塑造这样的系统中涌现出的动力学和细节。如果某些网络反应能合成出核苷酸和核苷酸多肽，那么从自催化集到RNA的清晰路径就不难想象了。

RNA和自催化集在传统上被视为生命起源的两个不同选项，经常被认为一个是"信息在先"，一个是"生物化学在先"。但就如我们看到的，它们并不一定冲突。如果催化剂引入了RNA，RNA的世界就能从之前的自催化化学网络中产生出来，并且这个网络还不断给它提供核苷三磷酸。

总的来说，信息在先模型需要信息分子的随机形成，而且这种信息分子要刚好能催化其自身的复制。只要是能自复制的分子就会自动进入复杂引擎循环（假设其复制还可以再完善）。由于RNA序列能催化特定的化学反应，因此不难想象，这种自催化反应如果存在的话，通过进化将可以构建出生物化学网络，在最初的原料耗尽后能继续提供复制所需的原料。

与之对比，生物化学在先模型则猜想，生物化学网络在将分布式催化和调控信息升级为专门的信息编码分子（RNA或DNA）之前，已经变得相当复杂。根据这种猜想，有了专门存储和利用信息的分子的加入，复杂引擎才会全力开动，但在此之前选择已经作用于已存的生物化学网络。根据这种观点，最初的信息分子不是自复制，而是同繁殖网络的其他化学成分一起合成。

逻辑分析无法判断哪一个思想更接近真相。只有在实验室中建立起合理的早期地球地质化学条件，通过实验证实，才能最终判断它们（或其他理论）是不是正确。

生物化学在先的思想有一个吸引人的特点是，在有明确编码指令信息的分子出现之前，选择就起到了重要作用，并且选择绝对不要什么复杂技术。无论是生命还是非生命，选择在自然界都广泛存在。生物化学模型也不怎么依赖特定的低概率事件。一旦具有特定属性的系统足够复杂，它就会自组织成自催化集。

对于信息在先模型，通过简单的概率计算就能看出最初的自复制分子所能编码的目的性信息的量多么有限。估算是这样：假设系统随机生成携带信息的分子的速率是每秒一个。这是活细胞中大肠杆菌 RNA 聚合酶转录一个基因所需的时间。原始的复制系统基本不可能有这么高的效率，因此这是保守估计。然后假设每秒都有大量分子合成。为了论证需要假设一个具体的数字，假设为 6×10^{23}，也就是化学中的 1 摩尔[7]。这个量很大，会产生很多的单体分子。让时间持续 1 亿年（2×10^{15} 秒）。这么久大约会产生 10^{39} 个分子。

如果这些分子都是 RNA（有 4 种化学基作为信息编码字母），则可以编码 2^{130} 比特信息。也就是说，这个系统 1 亿年可以穷尽搜索 130 比特宽的信息空间。这意味着经过 1 亿年大部分 65 碱基长或更短的 RNA 会被生成出来（每个碱基 2 比特），但大部分更长的分子不会出现（随机合成）。如果我们的产物用完地球上所有的碳原子（很荒谬的假设），能探索的信息空间也不会超过 200 比特宽。由于长度和可能序列的数量呈指数关系，因此出现在早期地球上的具有特定意义的聚合物序列的长度不会超过 100 个单体分子，50 是更合理的上限。因此，通过简单的数学计算就能得出结论，最初的信息分子如果是随机生成的话，不可能很长。

100比特（50个RNA单体）的信息还不及一行字。"煮蛋3分钟然后加盐和胡椒"的指令就有大约100比特信息。信息在先模型必须要能够构造出50单位的聚合物，并折叠成能催化自身复制过程的形状（提供合适的简单前身分子）。目前还没有发现这样的分子；但也不能下结论说不存在。而对于RNA分子连接酶的活性则已经了解得很清楚。连接酶能将两个聚合物连接成更大的聚合物。RNA连接酶可能在最初的自复制RNA的产生过程中起到了重要作用。生物化学在先模型的一个主要优点是最初的编码信息不需要具有自复制功能，只要能改进网络性能就可以。在生物化学在先模型中，概率问题似乎是被逐步克服，不需要依赖高度不可能的步骤（最初的催化闭环事件的概率目前还无法计算，专家目前的估计范围从"基本肯定"到"基本不可能"都有！）。总结一下，生命起源的关键事件是信息编码分子或信息编码自催化网络的自复制，目前还无法判断哪个更可信。两者都是基于选择。

适应性免疫系统

再来探讨一下适应性免疫系统的起源。所有生物都有防御微生物攻击的分子机制。没有它们，任何动植物或菌类都会很快成为细菌的食物。防御机制有很多，其中大部分被归于"先天免疫"。防御机制包括识别和摧毁外来DNA和RNA，识别细菌表面特有的多糖和蛋白质，分泌抗菌肽，以及在动物体内巡逻，吞噬可疑物质的阿米巴样细胞。动植物的存活就是这些机制成功的证明。先天防御机制有一个固有缺陷，微生物进化出反制措施的速度要比缓慢繁殖的宿主进化出新的防御措施的速度快得多。大约4.5亿年前，脊椎动物出现后不久，一种新的策略出现了，脊椎动物能在体内进化出新的防御系统，速度同微生物的进化速度一样快。我们称之为适应性免疫系统。

这个系统的进化是渐进的，包含许多中间步骤。其运作的基本原理在第 7 章已经介绍过。针对入侵者专门定制基因以生成新的抗体和新的 T 细胞受体是适应性免疫与先天免疫的主要区别。这个系统依赖于两个不同策略的组合使用，重排现有的抗体基因片段形成新的抗体基因，以及只选择那些生成的蛋白质能与病原体结合的新抗体基因进行复制。DNA 序列分析表明，执行基因重排的酶与原始脊索动物身上发现的转座酶有关联，脊索动物是与脊椎动物最接近的生物[8]。转座酶剪切 DNA 短链并将其插入 DNA 上新的位置。被转移的 DNA 称为转座子。如果转座子包括编码负责转移它的转座酶的基因序列，这个部分（转座子和生成的转座酶）就可以视为能通过将自己插入宿主 DNA 上新的位置来进行复制的 DNA 寄生虫。数据表明，有突变使得转座酶可以与编码抗体片段的 DNA 结合，而不是其自身的 DNA 相结合。这个错误被不断强化，从而可以产生出许多不同的抗体序列，而不用在 DNA 上附上数以百万计的抗体基因。这个机制要起作用，还需要有细胞能够生成抗体与外来抗原结合，从而起到选择和放大的作用。有可能在转座酶基因突变之前，原始脊索动物已经具有了一些抗体基因，以及判断哪一个与入侵者最匹配的识别和放大机制。

细胞分裂和选择的一般机制从多细胞生命出现起就存在了，比免疫系统要古老得多。细胞的选择取决于细胞表面与其他蛋白质（或多糖）结合的蛋白质。如果结合错误而不是正确的蛋白质，细胞就会被淘汰。免疫系统的选择复制与此类似，不同之处在于，选择以及随后的快速复制的刺激，是由与环境蛋白质（或多糖）的结合触发，这些不属于身体自有的常规大分子库。从受体内正常分子刺激变为受外来分子刺激，这个简单的变化可能是通往适应性免疫的第一步。

如果这个设想是正确的，选择就先于免疫系统中复杂引擎的全力发动。与生命的起源相比，适应性免疫的产生相对简单一些，这是因为已经具备了自复制信息编码系统，并且适应性免疫系统所需的关键要素也已经因其他目的存在。现代免疫系统的关键要素包括细胞分裂（以及DNA编码蛋白质）、抗体、T细胞受体、让结合蛋白质快速产生变异的重组系统，以及根据细胞表面蛋白质与特定分子的结合进行选择。在免疫系统出现之前细胞和蛋白质就已经存在，而且就如我们看到的，多细胞生命都根据细胞膜蛋白与其周围物质的结合对细胞的谱系进行选择。

大脑的发育

第7章曾简要介绍过，多细胞生物的构建是通过对分裂的细胞进行特定的选择。通过细胞的此消彼长发育出新的结构。在大脑中选择策略还作用于亚细胞层面，决定神经元之间的连接细节。神经元之间会建立随机连接，然后一些连接被选择留下，另一些则退化，从而建立起大脑的连接细节。神经往外生长连接远处的目标，通过细胞表面传递特殊的分子信号。分子信号促使神经元继续往前生长，形成突触，或者退缩然后往其他方向探索。探索和选择结合到一起，抽取出随机性所固有的创造性，而不用复杂引擎的全力推进。在大脑发育的过程中，没有对描述连接细节的指令的复制和修改，并不存在信息体来指定所形成的模式的细节。发育系统的确会在结构中记录过去的选择，但在大脑发育过程中，这种信息并没有被反复复制和修改以达到不断改善的目的。大脑连接展现了受巧妙规则引导的反复选择的力量。当然，这些规则是编码在生物的DNA中，通过漫长的生物进化创造出来。

在远古时期，动物生命的策略发生了改变，从预先确定身体和大脑改为通过随机的尝试和非随机的选择来塑造结构。科学家们喜欢用线虫来研究身体发育的细胞和分子机制。这种1毫米长的小蠕虫通常生活在温暖的土壤中，但在细菌培养皿中有喜欢的食物也能适应。雌雄同体的成虫有959个细胞，在身体上的位置基本固定（除非发生了变异）。发育是确定性的：如果移除一个胚胎细胞，成虫就会缺失由这个细胞发育而成的一部分身体。神经系统也是一样。成虫有302个神经元，出现的位置具有很高的可预见性，相互的连接也高度可预见。

线虫的DNA编码了大约20 000个基因，与人类的DNA相差不大（人类大约22 000个基因）。显然，人类要复杂得多，然而却只需增加很少的基因就能产生出人类。这说明了什么？我认为答案在于我们身体的形成很好地利用了选择的力量。在人体中，没有哪个细胞的位置是精确预先确定的。如果缺失了某个胚胎细胞，其他细胞的后代会接替其功能。人体在单个细胞层面上很不一样，在组织和器官层面上却或多或少是一样的。这种发育策略与线虫不一样。显然如果细胞的位置和功能都明确指定，则需要20 000个基因才能构造有1 000个细胞的生物。人体有10 000 000 000 000（10^{13}）个细胞。如果所有细胞的精确位置都由DNA中的指令预先确定，要实现这样的复杂性是根本不可能的。在远古时期从确定性策略到基于变化/选择的系统的转变使得我们成为可能。这也使得复杂的大脑成为可能。

思维

对思维的起源知之甚少，但线虫应该不太可能有思维。它的302个神经元通过决策提高获得食物、交配和避开不利环境的机会，但要说这种简单活动是思维很难让人信服。据我们所知，线虫的决策是固定连线的，有点类似于计算机中运行的人工神经网络（第6章）。鸟类和哺乳动物等高等动物显然具有思维。只要观察过动物如何解决问题，比如松鼠或乌鸦如何从"防鼠"鸟食器中获取食物，就会相信这一点。狗的行为也极具智慧。当然，我们无法知道动物到底在想什么，因为我们无法与之交谈。我们需要交谈才能了解他人的思维。不过我认为如果动物的表现和行为很像是在思维，就没有理由拒绝接受将动物的行为解释为它们的确是在思维。它们可能不像人类思维那样有精细的场景构建能力，也肯定不会用人类语言思考，但没有科学理由质疑鸟类和哺乳动物具有思维；显然它们也学习。甚至昆虫和较高级的软体动物也会学习。就连只有302个神经元的线虫也能学会趋近或避开与食物有关联的味道、气味或温度。

在第10章我曾推测思维之所以可能是因为大脑具有由复杂引擎塑造的计算策略。如果将学习解释为复杂引擎在大脑中以微秒级的速度运作，则需要很久以前在动物的进化史中偶然出现了一种学习策略，原始大脑对感知输入同时产生多种解释，然后选择与其他感知和记忆数据最匹配的解释。一旦实现这一点，只需稍加改进就能引入多回合的修改和选择，即复杂引擎。这是改进不完美的内部世界模型很自然而直接的方式。

无论线虫的大脑中编码了怎样的原始世界模型，它都必然源自标准而缓慢的生物进化试错过程。如果你很小，又生活在土壤中，你的世界在大部分时间里就具有很大的可预见性，但如果你很大，生活在海洋或陆地上，你就会不断面临新的环境。实时适应（而不是进化适应）必然会带来极大的优势。通往思维的进化的第一步可能出现在动物进化相当早期的时候。如果对于周围环境有一个心智模型将非常有用。没有这个模型就只能用基本随机的行为应对环境。好的模型能让人知道到哪里躲藏和寻找食物。即使是很初级的思维，心智模型也是必需的。问一些将自己置于不同位置或面临行动选择的环境的问题。我应当到A还是B地点寻找食物？我应当躲在X岩缝还是Y岩缝？一旦具有了这种能力，大脑所需的就是在不同的心智模型之间进行选择。

思维的进化与针对特定疾病的抗体的产生有一个重要的区别。抗体和思维都是基于对之前编码的信息的复制和修改。身体结构基本会不变，大脑中的连接模式则是暂时性的，可以有多种形式。大脑的生理结构具有很高的冗余性，很适合产生相似却又稍有不同的连接模式，根据与其他活跃神经模式的匹配程度进行选择。

学习需要有选项，而选项需要有选择的机制。当选择固定下来，就发生了学习。由于身体反应（运动、记忆、思维）是由神经活动模式决定，而神经活动模式又编码了信息，因此即使是简单动物的学习也涉及对信息编码模式的选择。不难想象大脑冗余会以这样的方式组织，最初作出和记住的决定可以通过反复的修改和选择的内部机制得到改善。因此，思维的根源与学习的根源可能密不可分。动物神经系统最简单的是珊瑚虫纲：水螅、珊瑚和水母。没有发现这种初等动物有联想学习。这些动物也没有中枢神经系统，虽然它们有神经细胞，能对刺激做出正面或负面反应；但它们似乎没有对间接线索进行联想的能力。所有有脑的动物似乎都能进行初级的学习。

对于让原始大脑能够学习的生理结构的革新还知之甚少，但无论是什么，学习必定是由基于细胞通信的时空模式的信息编码系统所设定。这个编码策略完全不同于基因编码。随后的关键步骤可能是能够提供选择的中枢神经系统的形成。这可能发生在寒武纪物种大爆发的早期。

社会进化

如果能够用大脑编码和修改信息，又能大致相互交流，还能选择性地记忆，则社会的进化就是不可避免的。当思想和概念通过人际传递，也就是在复制信息。由于我们会选择记住或忽略接收到的信息，有时候还会对听到和读到的添油加醋，可想而知社会编码的总体信息会不断进化。真正的问题在于为什么原始社会的进化如此缓慢。

社会进化的起源与交流的起源密不可分。社会进化不仅限于人类：打开车门的技巧很快在约塞米蒂国家公园的熊中普及，却没有传到大部分野熊种群。年轻的熊显然从年老的熊那里学习技巧。许多黑猩猩和猩猩群体使用不同的技巧获取食物。只有进化出了一种新的信息交流形式 —— 语言 —— 之后，科学和宗教等精致的社会制度才成为可能。

今天的社会进化背后的信息不仅限于说的话，还包括书写文字、图表、电影、音乐和电子设备解读的二进制码；但要对社会起作用，信息就必须有人类的大脑处理的阶段，编码为神经连接模式。社会进化是基于人类学习的复杂引擎的产物，而人类学习又很有可能是基于大脑的复杂引擎的产物。语言的进化是因为它能为掌握了语言的人带来好处，比如准确描述机会或危险。但一旦语言产生了，人们就会开始分享创新、喜好和信仰。当然个人会选择接受一些又忽略另一些。对于那些最善于交流的群体来说，这会带来极大的好处。人类社会进化的起源与一种新的信息编码方式 —— 语言 —— 的起源密不可分。对于语言的起源知之甚少，但很显然需要新的大脑结构（DNA 进化的结果）。

进化算法

进化算法是运行在计算机中的复杂引擎的实例，它们是人类的技术创新，本身也是社会进化的产物。进化算法的起源有很详细的文献记录。1940 年，最早的一些程序员就开始用程序模拟生物进化的某些方面。结果成功了。DNA 不是必需的，细胞也不是，生命的所有具体细节都不是必需的。要在计算机中人为构造出能进化的系统，所需的只是编码的信息，复制信息的机制，在复制过程中引入适度的变化，以及根据一致的标准选择部分信息进行复制和修改的机制。显然，这些算法的来源是人类的天赋和对生物的模仿；另外当然，算法少不了计算机。由于进化算法是预先设计的，它们的起源没有什么神秘。人类发明了它们。

在更深的层面上，复杂引擎在计算机上的实现要有编程语言才有可能，这是编码和使用信息的新途径。因此，人类社会的进化需要人类语言，而计算机进化算法则需要编程语言。计算机是社会进化的产物，社会进化又是能够交流、思维和学习的神经系统的产物。思维的大脑本身又是基于DNA序列所决定的复杂发育系统的背景下实现的随机尝试和选择才成为可能。而DNA序列本身又是在整个生物层面上无数次实验和选择的结果。因此这是复杂引擎的嵌套实现，每一个都是基于一个更古老的进化系统。唯一不是（明显）来自更古老进化系统的就是生命本身。

我们所讨论的所有的复杂引擎的例子，除了适应性免疫，都有不同的编码信息的方式，信息被用于生成某种东西或使得某种事件发生。表13.1对此进行了简要总结。

其中除了最后一个，复杂引擎在启动之前都有一个系统利用了选择但没有编码和复制信息的机制，而且在每个例子中，除了适应性免疫，都是新的编码和利用信息的方式使得复杂引擎的新实现成为可能。我们不知道最初的实现（生命的起源）是不是比后来的那些要困难得多，因为我们不是很清楚到底发生了什么。但显然讨论的所有系统，除了生命之外，它们的起源都是基于之前已经在运作的某种复杂引擎所发展出的结构才成为可能。这引出了一个问题，就是未来是否还会产生这个引擎的新的实现。如果是这样，将很有可能是从现存的复杂引擎的活动中涌现出来，并且有新的将信息作为指令进行编码和利用的方式。很难做出更具体的预测。谁能在100年前预测到社会（例如技术）的进化会导致解决困难的工程问题的进化算法的出现呢？现在进化算法已经被用于设计更强大的计算机。这一点有很深远的意义，下一章将进行探讨。

表13.1　　　　　　　　　5种进化系统概要

进化系统	编码信息的本质	编码的形式
生命	生物化学反应的催化和调控以及大分子之间的特异性相互作用	4种单体组成的DNA和RNA序列
适应性免疫	与特定微生物结合的蛋白质结构	DNA核苷酸序列
学习和思维	基于感知输入的外部世界表示以及在这个世界中可能的将来行为	神经元之间的时空交流模式
社会	向他人学习的知识以及人类行为的后果	人类语言模式
进化算法	计算机的执行动作和结果	计算机编码

进行中的计算意味着什么？

　　计算视角的一个自然推论是，你、你的身体、你的思维、你的成就以及你与他人的互动都是正在进行的计算的当前状态。如果这让你有些不安，这是因为你还没有完全接受计算无处不在的观念。计算与物理和生物过程的分离是过去400年科学认识发展过程中的历史性事件，本质上，不存在什么分离。

　　因为如果没有指令说明细节，大部分复杂事物都基本不可能存在，而我们所关注的大部分事物都是复杂的，我们的世界中的大部分事物也都依赖于指令才能存在。复杂引擎是简单却又强大的计算策略，在不知道怎样变化能改进指令的情况下也能对指令进行改进。反复对随机尝试进行选择就能做到。在某种编码媒介上记录这些选择就能不断对选择进行累计。这种方法使得复杂引擎成为可能，也解释了包括我们在内的本来不可能存在的各种复杂事物的存在。基于系统本身的细节及其所处的环境，复杂引擎能不断革新，似乎没有尽头。两个很明显的例子是生命 —— 计算已经持续了35亿年 —— 和人类社会的进化 —— 已经持续了可能有20万年。在另一些实现中，引擎会达到一个目标然后停止，例如适应性免疫和大部分进化算法。人类思维的计算则贯穿人的一生（假设思维的确是依靠复杂引擎）。

我们习惯于将计算视为根据给定规则操作信息，产生输出然后停止的过程，输出可以是比如计算结果或打印的文档。复杂引擎的计算也产生输出，但这些输出在下一轮计算中又被用于输入。循环的过程可以无穷无尽，只有达到了预定的目标或者计算的物理基础崩溃才停止。正在进行的概率计算的中间阶段一个让人欣慰的特性是，虽然未来是未知的，但一切皆有可能。

第 14 章
未来

通往何方？

　　未来学家在预测未来方面有着糟糕的记录。这个可以解释。复杂引擎的核心特征就是在可能性空间穿行的轨迹是混沌的，无法从细节上预测它们将通往何方。创造性的源头是随机变化；不过预测未来仍然是一件有意思的事情。如果系统存在最优解，复杂引擎的变化就会朝着这个完美的答案前进；但即使是这种系统，通往可预测结果的路径仍然是无法预测的。回想一下第6章讨论的最多1问题；如果输出全为1，程序就会停止，但通往这个结果的路径有很多。选择作用于可选项，而实际提供的可选项都是随机的。随机变化提供可能性，选择做决定，未来取决于所选择的。如果系统没有最优解，比如存在协同进化，则结果会一直变化。同样，如果变化是随机的，则路径无法预测。

　　虽然很难，但有时候还是可以看出总体趋势。生物中就有这种收敛式进化。我们相当有把握认为在越来越干旱的气候下，植物会进化出刺和小叶子，而在越来越冷的气候中，哺乳动物会进化出更厚的皮毛。在特定条件下，进化系统预计会产生出越来越复杂的产物，对此有更多争议。在协同进化系统中，随着群体的进化，选择规则也会进化，因为各成员同时也是其他成员的环境。就像第12章讨论的，如果快速并且有计算需求的响应会带来优势，复杂性的一个方面——深度——就会增加。另一种很重要的进化是技术的发展，在技术的发展中，过去的成就为新的进展提供基础。当变化是基于之前的变化，效果将很惊人。一个例子是摩尔定律[1]，说的是过去半个世纪中，计算机的性能呈指数增长。

计算机学家、未来学家和科普作家雷伊·克兹维尔阐释了技术能力的指数增长和成本的指数下降的长远影响[2]。他重点关注3项技术，计算机技术、生物技术和纳米技术，他认为这些技术在不久的将来会融合。他的一些推论虽然让人难以相信，却也很难辩驳。下面我们逐个来探讨。

计算机技术

戈登·摩尔是集成电路的先驱之一，也是英特尔公司的共同创始人。1965年他提出了一个著名的预测，在今后的数十年里，集成电路中晶体管的数量每两年会翻一倍。图14.1绘制了各年生产的各种商用微处理器的晶体管数量。与预测惊人地相符。一些专家认为根据当前的技术水平，这种趋势在下一个十年很有可能还会持续。这意味着还会增长数十倍。

克兹维尔提出，摩尔定律是一个更久远趋势的最新发展，这个趋势包括5种计算技术，他称之为范式。5种计算技术分别是：机电设备、

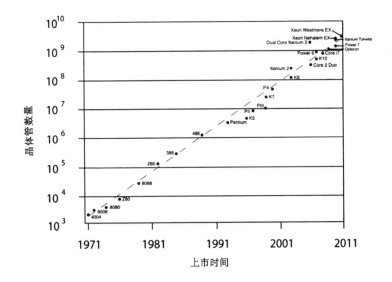

图14.1 CPU晶体管数量,1971-2011。横轴表示各种成功的商用芯片的上市时间,纵轴是每个集成电路的晶体管数量的对数。虚线表示每两年翻倍的预测,从1971年每颗芯片2 000晶体管开始。数据引自维基百科的摩尔定律词条

继电器、真空管、晶体管和集成电路。每种新范式的引入都使得设备变得更小,更快,也更便宜。图14.2是从1900年以来基于这5种范式的商用计算设备每千美元每秒的计算量。

克兹维尔预测目前的范式 —— 集成电路 —— 在2020年之前会被新的范式 —— 可能是分子计算 —— 取代,从而继续推进这个趋势。他解释说,技术发展、成熟、然后被其他技术取代并不鲜见。他认为每种新技术都有3个发展阶段:

缓慢发展(指数增长的早期阶段)

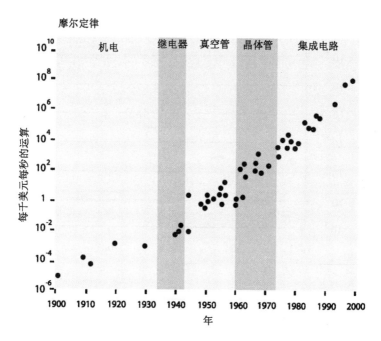

图14.2 从1900年以来各种商用计算设备每千美元每秒的计算量的对数。这些设备是基于5种不同的技术

快速发展（指数增长的爆炸式发展阶段）

范式成熟后的平稳阶段

实现最初的突破之后，任何新技术的发展都有一段缓慢发展的阶段，然后随着技术的进一步提升和越来越多工程师将技术应用到越来越多的场合，发展速度加快。这个阶段同时还伴随着成本的快速降低。最终，随着报酬递减效应，改进越来越难，技术的变化越来越小。这就是成熟阶段。技术进化成熟阶段的例子包括家用冰箱、微波炉、汽

车化油器和铅酸蓄电池。如果技术性能可以度量，性能与时间的关系将是S曲线。当技术开始成熟，往往会被另一种新技术取代，新技术的发展同样为S曲线。从而有可能形成技术的链条。图14.3（左图）体现了这个思想；而绘制成性能的对数与时间的关系时，结果（接近）为一条斜往上的直线（右图）。真实数据会有些波动。如果绘制的不是性能而是每单位性能的成本，则结果也是类似的，不过趋势是向下。

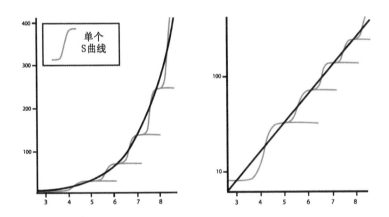

图14.3 技术进步似乎是由一系列技术相继出现构成，每种技术都有呈S形曲线的3个阶段。左边是性能与时间的关系，右边是性能的对数与时间的关系，表现为一条直线

计算机技术现在处于模仿人脑的起跑线上。人脑的逻辑结构完全不同于计算机，在某些方面更擅长。近年来高速计算机的并行化可能是通往这个方向的一步，因为大脑结构就是大规模的并行。大脑具有创造性，很擅长模式识别，也很擅长处理逻辑的不一致性，而这些都是数字计算机的弱点。为了实现这样的能力，需要对人脑的计算逻辑有更好的认识。

生物技术

摩尔定律的有效性无可否认，但是不是纯属巧合？其他技术是
不是也存在长期的指数发展？克兹维尔关注的两项技术是生物技术
和纳米技术。生物技术中最受关注的是改变和移植生物DNA的一系
列能力。这些技术的核心是精确分析DNA序列的廉价技术，DNA测
序技术目前已处于快速发展阶段。这项技术最早于20世纪70年代发
明，当时非常繁琐而且昂贵。到1990年，化学技术的发展以及自动化
水平的提高使得人类基因组计划成为可能。这个由政府资助的计划有
许多部门参与，目标是在15年内对人类DNA的30亿对碱基进行测序。
在计划发起的时候DNA的测序成本大约为每对碱基10美元。当时估
计随着技术进步测序会更快和更便宜。因此，计划的预算被设定为
30亿美元，约为每对1美元，10倍的提升。计划最后提前了3年完成，
花费了大约27亿美元。由于技术的发展极为成功，到2000年，由克
雷格·文特尔领导的另一个团队采用最新技术只用了9个月花1亿美
元就完成了第二次人类基因组测序（每对碱基3美分）。2007年詹姆
士·沃森（DNA结构的发现者之一）宣布他获得了自己的DNA序列。
完成这项工作的公司据说花了100万美元和2个月。也就是说，到
2007年（大规模）测序的成本已经降到了每对碱基0.03美分。2008
年美国国家卫生研究院宣布了1000组基因计划，准备测序1000组
基因，每组的成本5万美元。2011年10月26日，X奖金基金会宣布了
王者基因组X奖金。1000万美元奖金将奖励给第一个在30天内测序
百名百岁老人基因组或最先做到每百万对碱基错误率低于1对并且每
组基因成本低于1000美元的团队。竞赛从2013年1月3日开始。在竞
赛开始的时候给各团队发放DNA样本。如果有人能获得奖金，实现了

每组人类基因测序成本1000美元的目标（这很有可能），则只用20年测序一个人的DNA的成本就从30亿美元降到了1000美元，所需时间从15年降到了7小时。显然DNA测序技术的发展处于爆炸阶段。

这些进展是基于5条不同的技术发展路线：化学、自动化、并行化、微型化，以及分析巨量数据的计算技术的改进。自动化和并行化依赖于微型化，而所有这些，除了化学之外，又都依赖于计算机控制和分析。这体现了各领域技术的相互依赖和相互促进。

生物技术其他方面的进展很难度量，但毫无疑问许多前沿领域都在以惊人的速度发展。这部分是因为廉价DNA测序数据的迅速增长，部分是因为强大的计算技术的迅速发展。

这对未来意味着什么？一是针对个人的医疗。美国国家卫生研究院之所以将纳税人的钱用于降低测序的成本和提高速度，就是为了将DNA序列纳入每个人的医疗数据。这样就有可能针对每个人的基因组量身定制医疗方案。目前，由于每个人对药物的反应因人而异，因此药物的作用很受制约。药物与蛋白质相互作用，而身体里的蛋白质又由DNA序列决定，因此如果知道了DNA序列，就能收集与每个病人的蛋白质有关的药物反应的数据。

另一个还很遥远但并非遥不可及的可能性是设计生物。如果生物学的发现以及相关的技术继续加速发展，不难想象有一天基因工程师会坐在电脑前"设计"新种玉米或清除油污的新微生物之类。我们目前已经处于重新设计病毒用于医疗用途的前沿。

重新设计病毒的目的是基因治疗。一些人天生有基因缺陷。有人提出将正常基因移植到体细胞中来进行修复。病毒可以携带基因进入体细胞。这个想法已经开始了临床试验，目前还在改进，10年之内有可能成为常规疗法。

纳米技术

克兹维尔技术未来观的第3部分是纳米技术。这个领域关注的是极度微型化。设备尺寸的缩减由来已久。19世纪末，工业技术由巨大的机器主导，用巨大的齿轮和杠杆完成各种工作。其中一些大型机器仍在服役，用于升起吊桥或关闭水闸，但大部分已经被更小而又更强大，更能胜任那些工作的机器替代。举个例子说明进步有多大，2003年加利福利亚大学伯克利分校的一个团队宣布制造出了比人的头发直径小300倍的马达[3]。

由于设备的范围很广，很难用图表说明设备尺寸随时间减小的趋势。不过可以以钟表为例。埃及人在公元前14世纪左右发明了水钟。最初只是底部有小洞的陶碗。在内侧刻线，就可以用水的流失表示时间的流逝。后来改进为用流水驱动运动的部件。14世纪前后欧洲发明了落水钟。最初的设计并不精确，但可以四处移动而无需调整铅垂。第一块怀表出现在1462年左右，有16世纪初制造的怀表留存至今。这些早期的设计用今天标准来看很粗糙。第一块腕表出现在1862年，到20世纪20年代商品腕表已经能够做得很小，足以吸引具有时尚意识的女士。1909年亨利·瓦朗获得了第一台电子钟的专利；这些钟被安装在漂亮的家具中。2008年爱普生东洋通信发布了一款尺寸只有3.4毫米×1.7毫米×1毫米的精准时钟芯片。当然这款芯片没有钟面，否则你要用放大镜才能看时间。在技术的发展史中，钟表变得更小、更便宜、也更精确。大部分技术的发展都有类似的经历。

　　我们之前讨论了晶体管。晶体管尺寸的缩小也符合摩尔定律。由原子组成事物的微型化必然具有极限。一个物体不可能比单个原子还小，而晶体管、马达或钟表等设备由多个部件组成，每个部件都不可能比单个原子更小。微型化的极限是操作单个原子。1990年，IBM的科学家朝这个方向迈出了惊人的一步，他们能用原子力显微镜在平整表面排列单个原子。图14.4展示了用35个原子排列的字母IBM[4]。从排列氙原子到制造出原子级别的马达或者能修复分子尺度损伤的纳米机器人还有很长的路要走，但许多有远见的科学家和工程师都将此视为终极目标。

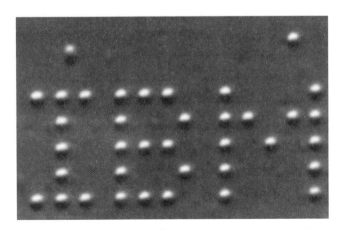

图14.4　在镍金属表面用氙原子拼出的字母IBM（自然出版集团拥有版权）

这个领域的许多学者都从生物学获得灵感。活细胞中就存在许多微型机器，包括马达、棘轮、泵、光传感器、微小的运输系统，甚至时钟。它们都非常小。一种制造微型分子设备的策略就是向生物学习。因此纳米技术的一些方面也将与生物技术融合。在我们有生之年能不能看到注入血管识别和摧毁癌细胞的纳米机器问世？有可能。

制造微型设备需要计算，因为微型设备需要有很高的装配精度，而且原子和分子的行为很难预测和控制。显然这是相互依赖，生物技术和纳米技术的发展依赖于越来越高的计算能力，而计算能力的发展反过来又依赖于纳米和生物技术。

许多人共同关心的一个问题是，随着技术的发展，机器会不会有一天取代我们？克兹维尔则从另一个角度看问题。他认为我们将会与技术融合！毕竟我们的大脑就是信息处理设备。大脑是生物计算机，与电脑具有完全不同的逻辑结构。有3个指标说明了这方面的趋势：以"人机交互"为主题的毕业课题数量（在美国2000年1个也没有，到2009年有69个），亚马逊网站关于脑机交互的新书数量（2007年和2008年达到6本），以及关于这个主题的科普文章和新闻的数量（很多）。2008年11月2日，在CBS的节目中，斯科特·佩利说道：

> 在许多安静的实验室中，正在发展一项惊人的技术，将人脑直接连接到电脑。这像是一次突然的人类进化跨越——这次跨越将在未来让瘫痪的人再次行走，让截肢者借助仿生肢体行动。

故事主角斯科特·麦克勒患有肌萎缩性(脊髓)侧索硬化，这是一种神经退化疾病，让他除了眼睛之外全身瘫痪。通过类似头盔的可穿戴设备，斯科特能够参加电视访谈，通过分析他想说的话，计算机就能替他发声。现在这项技术处理的速度还很慢，斯科特回答问题时平均每个字母要花20秒。但还是能让他交流，而且交流得相当好。2008年艾莫提夫系统公司发布了用于计算机游戏的第一个商用脑机接口。这是一种头戴式设备，有14个传感器，穿戴者可以通过意念控制角色的行为。零售价299美元。目前这还是新鲜事物，因为大多数人还是更习惯用手，但谁又知道十年或二十年之后会怎么样呢？

另一项更成熟的技术是耳蜗埋植。2009年有15万深度耳聋者依靠这种设备恢复了听力。其原理是将小型麦克风连接到音频处理器，通过植入听神经的电极阵列输出电脉冲。然后大脑会将这些脉冲转换为听觉。植入的耳蜗替代了内耳的功能，让患者可以恢复听力，当然目前的效果还比不上健康的耳朵[5]。

目前脑机接口还比不上正常的身体功能，但这项技术的发展还不到15年，正在迅速提升。也许有一天你穿戴的设备可以让你的大脑像计算机一样快速而且精确，同时又还保留了人类的优势。这一天并非遥不可及。

克兹维尔本身是计算机专家。他注意到现在的计算机能力的指数增长和成本的指数递减只进行了40年，我们生活的世界就已经彻底改变。如果光速对信息传递速度的限制可以被绕开，那么只需200年整个宇宙都会改观。这纯粹是科幻，但在不远的将来我们将看到两个重要改变。一是将会出现由计算机设计的计算机。这将使得技术脱离人类思维的限制。现在，计算机芯片的设计已经非常复杂，人类工程师已无法完全掌握；软件在英特尔新一代芯片的设计中扮演着重要角色。人类工程师还要多久才会退出这个循环？二是计算机将能够模拟人类的思维过程。这将使得计算机可以与人类互动。

如果脑机接口能让人类和机器交换大量比特信息，人类思维将脱离人体的限制。由于信息可以复制，因此不必限制在特定的物理系统中。如果我们的思维可以被复制给具有人类思维能力的机器，我们的思维就不会随我们的身体死去，我们（我们的记忆和思维）将变得不朽。克兹维尔认为这将在21世纪40年代实现，并且在力争让自己活到那个时候。不清楚在他的想法中是不是要让自己的身体也一直活下去，不过我可以肯定，如果问他，他不会在乎这一点！

我们准备好了参与复杂引擎的新的实现吗？

在思考我们星球的历史上复杂引擎的新的实现时，会注意到两个模式。首先，实现了这个引擎的系统似乎会引发新的实现（第13章曾经讨论）。另外，新的实现之间的时间间隔越来越短。生命起源在某种程度上是所有实现的基础。我们还没有发现哪种复杂引擎与生命无关。图14.5表现了这种趋势。图中略去了适应性免疫系统，因为它似乎不太可能产生对人类未来很重要的变化；而且将动物思维包括了进来，虽然还不确定复杂引擎是否在其中具有核心地位。

故事是这样：40亿年前出现了生命（事件1）；大约2亿年前出现

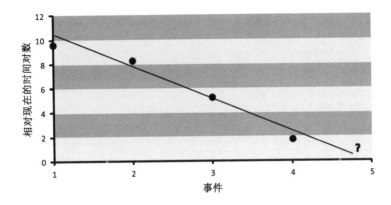

图14.5 事件发生时间的对数图。数字表示的事件为:(1)生命的起源,(2)思维的起源,(3)基于语言的人类社会的起源,(4)进化算法的起源,(5)现在

了具有初级思维能力的动物脑(事件2);大约20万年前开始出现人类语言和基于语言交流的社会(事件3);60年前出现了基于计算机的进化算法(事件4)。图14.5画出了各起源时间的对数值。图中只有4个点,但趋势很惊人,如果继续下去,预计下一次起源随时会出现!下一步会不会是计算机设计计算机?会不会是计算机的体系结构将复杂引擎包括进去?会不会是人类思维与计算机硬件的融合?会不会都发生?还是其他事件?时间会证明一切,如果我们没有消灭自己,很有可能在不远的将来看到复杂引擎带来新的意外[6]。这将是让人兴奋的时刻。

致谢

首先要感谢我的同事丹·阿什洛克和杰克·卢茨，没有他们持之以恒的兴趣和耐心，我不可能深入理解进化计算和理论计算机科学。没有他们富有启发的讨论就不可能有这本书。这本书的第一个读者是马特·帕蒂兹，他当时是爱荷华州立大学的研究生，现在是阿肯色大学计算机科学和工程系的助教，他阅读了书稿，并且给出了正面的反馈。还有许多同事，包括利·特斯特法新、阿兰·阿瑟利、詹姆斯·莱思罗普、詹姆斯·莫罗、伊桑·斯科特、唐·坂口、道格·芬尼莫尔、史蒂芬·卡瓦莱尔和加里·霍华德，都给出了许多中肯的意见和建议。两位系主任杜安·恩格尔和马丁·斯波尔丁也抽出宝贵时间阅读了书稿。还有数十位大学生也阅读了书稿并给出了意见，在此不再一一致谢，你们的付出对我很重要，我希望你们能喜欢这本书。学生们还帮我指出了不易理解的段落。他们的许多建议都被采纳。一些章节所探讨的思想最初是在我教授的复杂适应系统的课堂上拿出来讨论的。其中大部分图表是由爱荷华州立大学学习生物和医学制图的学生绘制的。他们是埃米·迪坎普、奥德丽·吉福德、米根·赫瑟尔顿、布兰登·霍尔特、塔莎·奥布林、梅格·皮珀布林克和肖恩·西贝尔斯基。他们的酬劳是由爱荷华州立大学出版资助基金提供的。另外我还要感谢我的出版商，彼得·普雷斯科特，是他帮助我编辑和走完复杂的出版流程；同时还要感谢哥伦比亚大学出版社的帕特里克·菲茨杰拉德和布里奇特·弗兰纳里—麦科伊整理书稿并制版。最后感谢我的妻子贝齐、女儿凯特和玛吉，以及女婿戈登·鲍恩和伊桑·斯科特，一直鼓励我的写作并提出意见和建议。尤其要感谢他们让我意识到我所阐释的概念并不像我想的那样简单；尤其感谢贝齐和凯特，她们本身就是很有造诣的作家。

注释

引 言

[1] Michael Ruse 在 *Darwin and Design*（2003）一书中给出了关于目的复杂性的哲学思想的简明历史。

[2] *Information and the Nature of Reality*（2010），Paul Davies 和 Niels Henrik Gregersen 编撰，收录了许多知名学者的综述文章。这本书是目前哲学研究的前沿资料，涵盖物理学和宗教。塞思·劳埃德的章节"计算的宇宙"概括了他之前的 *Programming the Universe*（2006）一书的主要思想。

[3] 我认为理查德·道金斯的《盲眼钟表匠》（1986）是为非专业读者阐释生物进化的最好读本，虽然计算机模拟有些过时。优秀的大学新生会喜欢这本书，基础差一些的则有些困难。对这部分学生，可以读道金斯后来的一些书，例如 *Climbing Mount Improbable* 和 *The Ancestors Tale: A Pilgrimage to the Dawn of Evolution*。

[4] Daniel W. McShea 和 Robert N. Brandon 2010 年的新书 *Biology's First Law, The Tendency for Diversity & Complexity to Increase in Evolutionary Systems* 探讨了标准的达尔文学说的一半：选择之前的可继承多样性的产生。如果抛开选择，多样性增加就是多样性产生的自然结果，作者将此提升为了"定律"。之前还有人对选择也做过同样的尝试，提出了"自然选择律"。这些尝试能否进入进化的教科书还有待观察。

[5] 原因在于"定律"一般表示为简单的命题或数学方程。进化是一个过程，进化计算的输入往往很长而且复杂，产生的结果也很复杂。简单的命题或关系很少适用于这种情况。

[6] 对于对进化感兴趣的读者，除了道金斯，还有一个要推荐的作者是丹尼尔·丹尼特。丹尼特的 *Darwin's Dangerous Idea*（1995）可能是与这本书最接近的。他是一流的哲学家，对进化理解深刻，并且擅长以易于理解的方式写作。

[7] 托马斯·库恩（《科学革命的结构》，1962）被公认提出了"范式

转变"作为科学进步的基本特征。库恩和卡尔·波普尔是20世纪两位最有影响力的科学哲学作家。波普尔认为科学进步具有进化特征。

[8] 史蒂芬·古尔德在 *Wonderful Life: The Burgess Shale and the Nature of History*（1989）一书中有力地阐明了这一点。这是一本有趣而且富有洞察力的书，介绍了生活在"寒武纪大爆发"时期的生物。这是动物化石第一次出现在地质记录中的时期。

[9] 赛斯·劳埃德是理论物理学家，与圣塔菲研究所关系密切。他最近的书 *Programming the Universe: A Quantum Computer Scientist Takes on the Cosmos*（2006）阐释了信息在宇宙学中的核心地位。

[10] 如果对心理学和大脑感兴趣可以读 Steven Pinker 的书。*How The Mind Works*（1997）是我的最爱。Pinker 让人信服地论述了大脑是信息处理器官以及我们的行为都是其活动的产物的观点。

[11] 社会进化一直是极具争议的领域，很难为读者提建议。我推荐3本书：道金斯的《自私的基因》（1976），David Sloan Wilson 的 *Darwin's Cathedral*（2002），以及 Eric Beinhocker 的 *The Origin of Wealth*（2006）。各有特色：道金斯写遗传学，David Sloan Wilson（从群体生物学家的视角）写宗教，Beinhocker 写经济。他们一起勾勒了进化活动在所有社会组织中无所不在的地位。

第1章

[1] 这个食谱来自 HGTV 网站：http://www.hgtv.com/hgtv/ah_recipes_poultry_eggs/article/0,1801,HGTV_3189_1394919,00.html。在网上搜"简易蛋奶酥"可以找到很多类似食谱。

[2] Great Principles of Computing：http://cs.gmu.edu/cne/pjd/GP。如果想对计算有更深刻的认识，这个网站很不错。

[3] 在信息科学中意义是一个很难界定的词，部分是因为意义是相对的。取决于背景。人们可以量化地说一个信息与另一个信息的相

关程度，或者导致了另一个系统多大变化，或者一个进化系统获取了多少关于其环境的信息（Adami et al. 2000）；但人们不能量化一定量的信息对某人或某物的意义。

[4] 以下式子可以计算系统的香农熵：$\mathscr{H} = -\sum p_i \log 2(p_i)$。符号 $\sum$ 表示对 n 种可能状态求和，p_i 是第 i 种状态的概率，$\log_2$ 表示求以 2 为底的对数。$\mathscr{H}$ 的单位为比特。这个公式用起来很简单。假设系统有 2 种可能的状态，则公式变成 $\mathscr{H} = -[p_1 \log_2(p_1) + p_2 \log(p_2)]$，其中 p_1 为状态一的概率，p_2 为状态二的概率。如果两个状态的概率相等，则 $p_1 = 1/2$，$p_2 = 1/2$，$1/2 \times \log_2(1/2) + 1/2 \times \log_2(1/2) = -1$，因此 $\mathscr{H} = 1$ 比特。只有两个等概率状态的系统携带的信息量为 1 比特。如果概率不相等，则 $\mathscr{H}$ 的值要低一些。香农将 $\mathscr{H}$ 称为熵，但他和其他人都将 $\mathscr{H}$ 视为对信息的度量。当系统所有状态的概率（p_i 项）相等时，$\mathscr{H}$ 达到最大值。

[5] 有一个简单的办法可以帮助理解为什么对象携带的信息（不考虑意义）等于以对象为具体状态的系统的熵，就是将对象的信息定义为对象的熵与系统的熵的差值。由于单个对象的熵为 0（概率为 1，而 1 的对数为 0），因此刻画对象的信息就等于系统的熵。

[6] 要想深入了解这些概念必须学些数学。有一本被广泛采用的教材是科弗（Cover）和托马斯（Thomas）著的《信息论基础》（*Elements of Information Theory*, 1991）。

[7] 这个思想扩展了注释 5 中给出的逻辑。当（注释 4 中）香农公式所有的概率相等时，系统达到最大熵。这等同于消息中的所有位随机选择。如果概率不等，则序列就在某种程度上不那么随机，而非随机意味着具有结构。Adami et al.（2000）用进化系统的实际熵与最大熵之间的差值定义复杂性，并用来度量系统从环境中获得的信息。其中的思想是，如果进化的位串是随机的，则没有携带环境信息，而如果概率不等，则表明获得了信息。我不认为复杂性一词用在这里很适当，作者还不如用负熵，与热力学意义保

持一致。

[8] 所有关于进化的书都有这样一张表。细节可能不同，但都可以扩展或归纳成这5条。

[9] 《攀登不可能之山》（*Climbing Mount Improbable*）是《盲眼钟表匠》的续篇。道金斯在这本书中想澄清一些前一本书读者误解或不理解的地方。因此这本书比《盲眼钟表匠》要容易读些，但如果想更好地理解进化，建议两本都读。

[10] Dennis Bray 的 *Wetware, a Computer in Every Living Cell* (2009)探讨了细胞生命行为构成计算的议题。

[11] 牛顿引力定律的数学形式如下：$F = G \cdot m_1 \cdot m_2 / r^2$。$F$是质量为$m_1$和$m_2$，距离为$r$的两个物体之间的引力，$G$为常数。后面我会强调这个以及类似的公式只是简单关系。如果你对此感到怀疑，比较一下引力定律和蛋奶酥的配方或数千行代码组成的程序。

[12] 道金斯、丹尼特、平克（Pinker）、埃德尔曼（Edelman）和拜因霍克尔（Beinhocker）的著作支持了这种论断。关于这个主题还有一本有趣的书是乔治·戴森（George B. Dyson）的《机器中的达尔文》（*Darwin Among the Machines*，1997）。

[13] Michael Behe 的 *Darwin's Black Box* (1996)可能是论证无法还原的复杂性的最具影响的著作。这类论证都有一个问题，我称之为缺乏想象力，更常见的说法是"基于个人的不相信的论证"（道金斯，《盲眼钟表匠》，p.38）。换句话说，不经证明就做出"这根本不可能发生"这样的论断。随便到网上搜索一下Behe就能找到许多文章解释为什么他的论证站不住脚。对这本书Robert Dorit 在1997年9-10月的《科学美国人》发表了一篇很有说服力的书评。

[14] Sean Carroll 的 *Endless Forms Most Beautiful: the New Science of*

Evo Devo and the Making of the Animal Kingdom (2005)。在我看来，这本书是向普通读者介绍通过进化创造动物身体结构背后的分子机制的最好读本。

[15] 这种图被称为分形，图中例子被称为Julia集，以纪念Gaston Julia第一个研究了它们的性质。图1.1是Matefitness项目（Genoa，Italy，www.matefitness.it）的成果，经许可引用。

[16] 丹尼尔·丹尼特在*Freedom Evolves* (2003) 一书中详细解释了意向性立场的含义。

[17] 道金斯在《盲眼钟表匠》中直接引用了William Paley，然后给出了自己的论证，指出曾让达尔文印象深刻的Paley的论证现在被发现是不成立的。

[18] 加里·齐科（Gary Cziko）在《没有奇迹》（*Without Miracles*，1995）一书中提出所有复杂适应的例子都源自选择。他的结论源自唐纳德·坎佩尔（Donald Campbell）和卡尔·波普尔（Karl Popper）的著作，他在书中评论了他们的观点。

第2章

[1] 计算大原理网站上（http://cs.gmu.edu/cne/pjd/GP）有很多关于计算的思想，很富有启发。

[2] 对于想深入了解进化的读者，我极力推荐丹尼尔·丹尼特的《达尔文的危险思想》（1995）。丹尼特的研究领域是哲学。

[3] 关于逻辑门及其电路设计在网上可以找到很多内容。搜索"逻辑门"就能找到很多信息，远比我在这里给出的多。

[4] 斯蒂芬·沃尔弗拉姆（Stephen Wolfram），《新科学》（*A New Kind of Science*，2002）。这本书有1 000多页，但是图很多，容易阅读。沃尔弗拉姆希望他书中的思想"不仅能影响科学和技术，同时也能影响到一般性思维。复制图2.3-2.6需经Wolfram

Research公司同意。

[5] 同上。

[6] 埃里克·温弗里的网页位于http://www.dna.caltech.edu/~winfree/。他和他的合作者研究DNA模块的编程结构。

[7] 图2.7和2.9的思想源自"Algorithmic Self-Assembly of DNA Sierpinski Triangles,"Paul W. K. Rothemund, Nick Papadakis & Erik Winfree, *PLOS Biology*, pp. 2041−2052, Vol. 2, December 2004。图2.8是直接引自该文。经创作共用许可契约（Creative Commons License Deed, http://creativecommons.org/licenses/by/2.5/）许可使用。

[8] 杰克·卢茨（Jack Lutz）是爱荷华州立大学的计算机学教授，一直给研究生教授拼砌理论。这句话引自他2007年在课堂上说的话。

第3章

[1] 如果对宇宙起源和"万有理论"感兴趣，格林（Brian Greene）的《宇宙的琴弦》（*The Elegant Universe*, 2003），塞思·劳埃德（Seth Lloyd）的*Programming the Universe*（2006），李·斯莫林（Lee Smolin）的*The Life of the Cosmos*（1997），以及保罗·戴维斯（Paul Davies）的《上帝与新物理学》和《实在终极之问》等一系列书都是很好的读物。

[2] 参见沃尔弗拉姆的《新科学》中的数百个例子。

[3] 这一章的标题是受斯图尔特·考夫曼（Stuart Kauffman）在《宇宙为家》（*At Home in the Universe*, 1995）一书中提出的"免费的结构"一语的启发。考夫曼用这个词描述非平衡态条件下自发形成的结构。这个词贴切地形容了所有不需要指令就能形成的结构。

[**4**]　库仑定律的数学表达式为，

$$F = -\frac{k \times q_1 \times q_2}{r^2}$$

式中 F 是力，k 是常数，q_1 和 q_2 是两个电荷大小，r 是电荷之间的距离。通常电荷为正 q 就为正，因此如果另一个电荷为正一个电荷为负，F 就为正（电荷吸引）；如果两者都为正或为负，F 就为负（电荷排斥）。

[**5**]　含时薛定谔方程

$$ib\frac{\partial \psi}{\partial t} = -\frac{b^2 \partial^2 \psi}{2m \partial x^2} + V(x)\psi(x,t) \equiv \tilde{H}\psi(x,t)$$

是描述量子力学行为的基本方程。它描述了物理系统随时间变化的波动方程。Ψ 是波函数，$V(x)$ 是势函数，H 是被称为哈密顿算子的数学函数。这个方程的解就是所允许的能级。

[**6**]　牛顿万有引力定律：$F = g \cdot m_1 \cdot m_2 / r_2$，其中 g 是常数，m_1 和 m_2 是两者质量，r 是两者距离。

[**7**]　贝纳德流等类似现象的驱动力长期被误解。关于表面张力的核心作用是怎样被发现的历史，参见科施米德尔的 *Bénard Cells and Taylor Vortices*（1993）。

[**8**]　幂律公式为 $y = ax^k$。这个公式描述的是指数关系。这种关系在自然界很常见。等式两边取对数得到 $\log(y) = k \cdot \log(x) + \log(a)$。以 $\log(y)$ 和 $\log(x)$ 为坐标轴画图，会得到斜率为 k 的直线。如果数据在对数–对数坐标上形成了直线，就表明存在幂律。

[**9**]　佩尔·巴克（Per Bak）的 *How Nature Works*（1996）展示了自然界和试验中观察到的许多幂律的例子，并强调了自组织对于理解许多现象的重要性。

第 4 章

[1] 我认识内特·约翰逊时他是一名研究生，当时他在利用进化算法为中美洲的穷人改进简易燃木炉。他在大学阶段学习机械工程课程是在2003年。

[2] 威廉·佩利的《自然神学》（*Natural Theology-or Evidences of the Existence and Attributes of the Deity Collected from the Appearances of Nature*，1802）是最著名的认为有更高的力量设计了生命的论证，道金斯的《盲眼钟表匠》的标题受此启发。道金斯有力地解释了科学发现是如何否定了佩利的观点。

[3] 这一节省略了许多分子细节。每种密码子氨基酸对都有不同的tRNA，还有特定的酶确保正确的氨基酸会首先与每个tRNA连接。一个特殊的密码子AUG启动mRNA上的过程，3种终止密码子都可以让过程结束。过程还需要各种被称为翻译因子的"助手"蛋白质。想了解更详细内容的读者可以阅读任何一本大学水平的生物学入门教材中的分子遗传学章节。我一直使用尼尔·坎贝尔（Neil Campbell）和简·里斯（Jane Reese）的《生物学》。这本书现在是第9版，最新版的第一作者现在是简·里斯。

[4] 网站上有T₄组装和感染过程的漂亮动画：http://www.seyet.com/t4_academic.html。书中的图引自2003年的综述文章，P.G. Leiman，S. Kanamaru，V.V. Mesyanzhinof，F. Arisaka，& M.G. Rossmann，Structure and Morphogenesis of Bacteriophage T4，*Cellular and Molecular Life Sciences*，vol 60，pp. 2356–2370。

[5] 随便找一本入门教材，例如坎贝尔和里斯的《生物学》，都会有更详细的阐释。完整的阐释要参考更专业的教材。我推荐的两本是马克·比尔的《神经科学：探索大脑》（Mark F. Bear，Barry W. Conners，& Michael A Paradiso，*Neuroscience: Exploring the Brain*，3d ed.，2007）和戴尔·普维斯的《神经科学》（Dale Purvis，*Neuroscience*，5th ed.，2012）。

[6] 《自私的基因》（*The Selfish Gene*，1976）是理查德·道金斯的第

一本书，在他写的生物和社会学书籍中可能是最有影响力的一本。其中尤其是有两点经受了时间的检验。第一，身体是传播基因的工具；第二，文化中传播的思想概念可以用基因的术语来理解。在书中他提出了拟子（meme）一词来描述文化中与（DNA）基因相对应的概念。

第 5 章

[1]　在《银河系搭车客指南》（1979）中，道格拉斯·亚当斯根据量子力学的多重宇宙解释，基于未来科技能实现跨平行宇宙旅行的设想，想象了幽默奇幻的星际之旅。

[2]　"没有词汇的数字认知：来自亚马逊的证据。"彼得·戈登（Peter Gordon）2004年10月15日发表在《科学》杂志的文章提供了清晰的证据指出有些语言的计数不能超出2。

[3]　有很多很好的网站详细介绍了如何用罗马数字进行初等算术。搜索"罗马数字算术"。

[4]　丹尼尔·丹尼特在《达尔文的危险思想》中借鉴了豪尔赫·路易斯·博尔赫斯（Jorge Luis Borges）在《迷宫》（*Labyrinths*，1962）中想象的所有可能书籍的图书馆，"巴别塔图书馆。"丹尼特想象了巴别塔图书馆的子集，称为孟德尔图书馆，图书馆中有所有可能的DNA序列。

[5]　Small probability reference：Risk to groundlings of death due to airplane accidents：a risk communication tool. Bernard Goldstein，et al.，Risk Analysis 12 (1991)：339-341。数据来自美国，1975-1985。

[6]　《物种起源》，查尔斯·达尔文，1859。这本书可能是有史以来影响最大和被引用最多的科学著作。到现在仍然有可读性。

[7]　肖恩·卡罗尔（Sean Carroll）的 *Endless Forms Most Beautiful*（2005）可能是最好的介绍进化发育生物学的大众读物。

第 6 章

[1] 机器学习或人工智能是一门相当专业的学科，目标是让计算机能够学习。《科学美国人》（*Scientific American*）2002年出版的文集《理解人工智能》（*Understanding Artificial Intelligence*）是一本不错的介绍性读物。

[2] John Holland，*Adaptation in Natural and Artificial Systems：An Introductory Analysis with Applications to Biology*，*Control and Artificial Intelligence*，2nd ed.，1992；David Goldberg，*Genetic Algorithms in Search Optimization and Machine Learning*，1989。这两本书都很适合非专业读者。

[3] 塔耳塔罗斯（Tartarus）是阿斯拓洛·特勒（Astro Teller）发明的计算机游戏，其祖父爱德华·特勒（Edward Teller）曾主导美国氢弹计划，外祖父杰拉德·德布鲁（Gerard Dedbreu）是诺贝尔经济学奖获得者。特勒说自己是企业家、科学家和作家。他在卡内基·梅隆大学读研究生时为研究机器学习发明了这个游戏。丹·阿什洛克（Dan Ashlock）吸收了这个思想，并与其学生一起深入研究，他2006出版的进化计算专著（Ashlock，2006）用一章篇幅对塔耳塔罗斯实验进行了探讨。

[4] Goldberg，1989；Ashlock，2006。

[5] 所有生物入门教材都用这种图，通常认为是休厄尔·赖特最先使用。Sewell Wright，*The Roles of Mutation*，Inbreeding，Crossbreeding，and Selection in Evolution. *Proceedings of the Sixth International Congress on Genetics*，pp.355-366，1932。

第 7 章

[1] 关于发育过程中的细胞迁移和程序性细胞死亡在任何现代发育生物学课本中都有讨论，例如 Lewis Wolpert，et al.，*Principles of Development*，3rd ed.（2006）和 Scott F. Gilbert，*Developmental Biology*, 8th ed.，（2006）。

[2] 杰拉尔德·埃德尔曼（Gerald Edelman）因免疫学的研究在1972

年获得了诺贝尔生理学或医学奖，然后就转向了神经系统的研究。他在《神经达尔文主义》（*Neural Darwinism*，1987）一书中阐释了他关于变异和选择在大脑运作中起核心作用的思想。埃德尔曼与朱利奥·托诺尼（Giulio Tononi）合著的《意识的宇宙》（*A Universe of Consciousness*，2000）对他的思想进行了更浅显的阐释（译注：参见埃德尔曼的《比天空更宽广》，湖南科学技术出版社，2012和《第二自然：意识之谜》，湖南科学技术出版社，2010）。

[3] 最新的大学生物入门教材通常会用1章介绍哺乳动物免疫系统。阅读这样的课本章节是了解这个领域的不错途径。进一步阅读可以参考专门针对这方面的中级水平课本，例如Janeway, Shlomchk, Travers, & Walport, *Immunobiology*（2004）。

[4] 在人类医学中通常使用HLA（人类白细胞抗原）一词而不是MHC（主要组织相容性）。

第8章　　[1] 同样，任何一本生物学入门教材都会介绍配对和重组（有时候也叫"交换"）。

[2] David Goldberg, *Genetic Algorithms in Search*, *Optimization and Machine Learning*（1989）。戈德堡对遗传算法的定义中包含有重组。

[3] 达尔文，《物种起源》，1859。

第9章　　[1] 斯图尔特·考夫曼, *Origins of Order*（1993）, *At Home in the Universe*（1995，中译本《宇宙为家》，湖南科学技术出版社）, *Reinventing the Sacred*（2008）。考夫曼是圣塔菲研究所（SFI）的长期成员，也是向大众介绍复杂性科学的新发现以及复杂适应系统最有影响力的人之一。

[2] 图9.8引自Cyran等人2003年发表在《细胞》期刊的一篇综述

文章。细胞中生物钟的分子细节还没有完全清楚，各物种之间也有明显区别。在网上对此进行深入了解的一个好地方是NIH网站（http://www.nih.gov/），或者直接搜索"生物钟"。

[3]　这个列表是直接引自维基百科上的条目。有两本可读性很强的书是约翰·霍兰的 *Hidden Order*（1995，中译本《隐秩序》）和 *Emergence*（1998，中译本《涌现》）。

第10章　[1]　Eric Kandel, *In Search of Memory, the Emergence of a New Science on Mind*（2007）。埃里克·坎德尔回忆了他成功的神经科学家学术生涯，同时对现代思维科学进行了很好的综述。

[2]　Karl Popper, *Objective Knowledge:An evolutionary Approach*, 1972（中译本：波普尔，《客观知识：一个进化论的研究》，上海译文出版社），第六章，关于云和钟。这一章是1965年4月21日在华盛顿大学的亚瑟·霍利·康普顿纪念演讲的正式文本。这个精彩的讲座勾勒了人类思维中的随机性和选择的作用，同时也是对波普尔的工作的精彩论述。

[3]　对于肌肉功能的基本介绍，再次向读者推荐大学生物入门课本，例如坎贝尔和里斯的《生物学》（2008）。

[4]　要想进一步理解混沌，有一本不错的书，Robert L. Devaney, *Chaos*, *Fractals*, *and Dynamics*, *Computer Experiments in Mathematics*, 1990。

[5]　Arthur H. Compton, *The Human Meaning of Science*, pp. 45-46（1940）。康普顿从这个例子开始论证，由于量子力学，经典因果律在分子层面不再成立。据此康普顿认为，让人欣慰的是，人类的自由意志与现代物理学相容。

[6]　哲学从古希腊到现在的一个中心主题是人类自由意志。在量子力学之前的牛顿定律和大部分物理定律都有确定性的方程。几

乎所有西方哲学家和大部分科学家都将此解读为宇宙是确定性的。康普顿（*The Freedom of Man*, 1935；*The Human Meaning of Science*, 1940）和波普尔（"云和钟,"1972）都有力地论证了量子力学终结了这种世界观。虽然如此，这个思想仍然被认为有哲学和/或科学基础。

[7]   Steven Pinker, *How the Mind Works*（1997）很好地阐释了大脑的功能，这本书极具可读性。

[8]   Donald T. Campbell, "进化认识论"，收录在 *The Philosophy of Karl Popper*, P. A. Schlipp ed., pp. 412–463（1974），第12章。

[9]   杰拉尔德·埃德尔曼因抗体结构的研究获得了1972年诺贝尔生理学或医学奖，随后35年里致力于研究大脑工作原理。他写了几本书介绍神经达尔文主义和意识。*A Universe of Consciousness, How Matter Becomes Imagination*（2000）是很好的入门读物。*Neural Darwinism : A Theory of Neuronal Group Selection*（1987）详细介绍了他的思想。

[10] 贝叶斯大脑的思想综合了20年来的几条思路。近年来贡献最多的是伦敦大学学院的Karl Friston。我不知道有没有好的大众读物，如果想进一步了解的话可以参考3篇综述文章："The Bayesian Brain : The Role of Uncertainty in Neural Coding and Computation." David C. Knill & Alexandre Pouget, *TRENDS in Neuroscience* 27 : 712–719（2004）；"The Free Energy Principle." Karl Friston, *Nature Reviews Neuroscience* 2 : 127–138（2010）；以及"Hierarchical Bayesian Inference in the Visual Cortex." Tai Sing Lee & David Mumford. *J. Opt. Soc. Am A.*, 20 : 1434–1448（2003）。

[11] Karl Friston, "A Theory of Cortical Responses," *Philosophical Transactions of the Royal Society* 360 : 815–836（2005）以及注释10提到的"The Free Energy Principle"（2010）。

[12] 要了解埃德·索贝博士的工作，参见网站www.invention-center.com。

第 11 章

[1] 在《自私的基因》（1976）中，道金斯讨论了群体遗传学的基本原理，并提出了拟子的概念。

[2] 埃里克·拜因霍克在《财富的来源》（ The Origin of Wealth , 2006 ）一书中解释了扩增和演绎修补（ deductive tinkering ）的作用。这本书很好的阐释了经济是进化的复杂适应系统的思想。

[3] 事实上，大部分实践科学家对这个主题并不是很关心。科学家们几乎从不根据科学哲学来做研究，而是向成功的科学家学习。《科学发现的逻辑》的作者卡尔·波普尔和《科学革命的结构》的作者托马斯·库恩都不是实践科学家；波普尔是哲学家，而库恩则是历史学家。

[4] 有大量文献将科学视为进化过程。重要的作者包括卡尔·波普尔、唐纳德·坎贝尔、斯蒂芬·图尔明和大卫·赫尔。我推荐波普尔的《科学发现的逻辑》和大卫·赫尔的 Science as a Process, an Evolutionary Account of the Social and Conceptual Development of Science (1988)。

[5] 埃里克·拜因霍克，《财富的来源》，2006。

[6] 同上。

[7] 丹尼特，《达尔文的危险思想》，1995。

[8] 埃里克·拜因霍克，《财富的来源》，2006。

[9] David Sloan Wilson , Darwin 's Cathedral : Evolution , Religion , and the Nature of Society (2002)。

第 12 章

[1]　Christoph Adami, Charles Ofria, & Travis C. Collier. "Evolution of Biological Complexity," in *Proceedings of the National Academy of Sciences*（2000）。这篇学术论文将复杂性定义等同为信息论的负熵，并证明这个量在特定的进化系统中增加。我反对这样使用复杂性一词，因为这样刻画的是特定系统与最优的距离，与通常的复杂性意义很不一样。

[2]　这里的结构和功能复杂性的区别引自: Francis Heylighen, The Growth of Structural and Functional Complexity During Evolution, 收录在 *The Evolution of Complexity*（1999）。海利戈恩对复杂性及其各种定义方式多有论述。

[3]　同上。

[4]　关于深度最重要的学术论文: Charles Bennett, Logical Depth and Physical Complexity, 收录在 *The Universal Turing Machine: A Half Century Survey*, Oxford University Press, 1988。

[5]　图 12.1 中的数据来自: J. J. Sepkoski, A Kinetic Model of Phanerozoic Taxonomic Diversity. Ⅲ. Post-Paleozoic Families and Mass Extinctions, *Paleobiology*（1984）。这些数据被广泛引用、讨论和分析。陆生动物和维管植物也有类似的数据报道（P. W. Signor, *American Zoologist* \[1994\]）。虽然被多次修正，但多细胞生物的多样性在长时期里增长这个基本结论已经得到了化石记录的证明。

[6]　斯蒂芬·古尔德喜欢强调地球上的生命完全依赖于细菌，而不怎么依赖于哺乳动物的存在。在他的书中经常有这样的观点。

[7]　Steven J. Gould, *Full House: The Spread of Excellence from Plato to Darwin*（1996）。

[8] Daniel McShea, Complexity and Evolution: What Everybody Knows, *Biology and Philosophy*（1991）。麦克谢伊可能比其他同时代的生物学家更深入地研究了进化与生物复杂性之间的某些关联。

[9] 图12.3最早出现在：T. R. Gregory, Macroevolution, Hierarchy Theory, and the C-value Enigma, *Paleobiology*（2004）。动物基因组大小数据库有最新数据，http://www.genomesize.com/index.php。

[10] 图12.4经许可重绘，引自：James W. Valentine, Allen G. Collins, &C. Porter Meyer, Morphological complexity increase in metazoans, *Paleobiology* 20: pp. 131—142, 1994。更近的数据表明曲线前部的弯曲是数据不完整所致。目前对多孔动物门起源时间的估计大约为7亿年前，刺胞动物门约为6.8亿年前。（有兴趣的读者可以参考：The Cambrian Conundrum: Early Divergence and Later Ecology Success in the Early History of Animals, D. H. Erwin, et al.,（2011）, *Science* 334, pp. 1091–1097。）

[11] Stuart Kauffman, *The Origins of Order*（1993），以及更浅显的 *At Home in the Universe*（1995,《宇宙为家》, 湖南科学技术出版社）。

[12] McShea, 1991。

[13] 丹尼尔·阿什洛克，个人信件。5个发表的例子参见：Dan Ashlock & John E. Mayfield, Acquisition of General Adaptive Features by Evolution, *Evolutionary Programming* Ⅶ, V. W. Porto, N. Sarava-nan, D. Waagan, & A. E. Eiben eds.（1998）; Daniel Ashlock, Elizabeth Blanken-ship, & Jonathan Gandrud, A Note on General Adaptation in Populations of Painting Robots, *Proceedings of the* 2003 *Congress on Evolutionary Computation*（2003）;

Daniel Ashlock & Brad Powers, The Effect of Tag Recognition on Non-Local Adaptation, *Proceedings of the* 2004 *Congress on Evolutionary Computation*, Vol. 2（2004）; David Doty, Non-Local Evolutionary Adaptation in Gridplants, *Proceedings of the* 2004 *Congress on Evolutionary Computation*, vol. 2（2004）; Daniel Ashlock & Adam Sherk, Non-Local Adaptation of Artificial Predators and Prey, *Proceedings of the* 2005 *Congress on Evolutionary Computation*（2005）。

[14] W. Ross Ashby, *An Introduction to Cybernetics*（1956）。

[15] 参见注释4。

[16] Leigh Van Valen, A New Evolutionary Law, *Evolutionary Theory*（1973）。红皇后假说认为生物不断与其他进化的生物竞争，并且每个类群（种群、类属，等等）的环境因为竞争者的进化也在不断变化。在这样的环境中，生存的唯一途径就是不断进化。这个假说被用来解释在大量的类群中，灭绝的可能性一直存在，并且与群体已经存在的时间无关。一旦类群无法通过进化适应其竞争者的变化就会灭绝。

[17] Lathrop, Computing and Evolving Variants of Computa-tional Depth, 1997, 博士论文, 以及 Compression depth and genetic programs, *Proceedings of the Second Annual Conference on Genetic Programming*, pp. 370-378. Morgan Kaufmann, San Francisco, 1997。普通读者可能会觉得这些文章难以理解，但能大致了解一下理论计算机科学的抽象性。

[18] Bennett（1988）将逻辑深度比喻为一个对象的内在"价值"，并且将价值直接联系到"证明一个对象的计算历史的量"。Juedes（1994）等人所说的"计算有用性"，Lutz（个人信件）说的"冗余

的组织"，以及Lathrop（1997）引用的Bennett和Juedes的说法，认为深度表现了"繁杂结构"，"x的组织中存储的计算工作"，和"通过计算嵌入在字符串中的组织"。因此，我们看到本内特所说的价值是基于这样的观念，即输入的信息可以被计算过程组织成对将来的计算越来越有用的输出结构。

第 13 章

[1] 有许多书论述生命的起源。最适合入门但又很老的一本书是Robert Shapiro 的 *Origins, A Skeptic's Guide to the Creation of Life on Earth*（1987）。还有两本较新的书是 William Schopf 编辑的 *Life's Origin*（2002）和 Andrew H. Knoll 的 *Life on a Young Planet, the First Three Billion Years of Evolution on Earth*（2003）。2009年公布了一项重大突破，John Southerland 在曼彻斯特大学的团队发现了一条化学合成嘧啶核苷酸的可行路径，这种物质是RNA的前体（Powner, M., Gerland, B., & Sutherland, J., *Nature*[May 2009]）。此前核苷酸的合成被认为是生命的前生物化学起源最大的难题。目前依然不知道在同样的原汤中产生氨基酸、核苷酸和糖的条件，但Powner 等人发现的途径在这个方向上推进了一大步。

[2] 两种成分RNA系统的持续复制在2009年被发现。在这个系统中，两种预先合成的具有RNA连接酶活性的RNA与4种特别设计的RNA聚合物结合时会产生至少两种连接酶。如果加入这4种前体聚合物，会同时产生越来越多的连接酶。只要有前体分子，这个系统似乎能一直复制下去（T. Lincoln & G. Joyce, *Science*[February 27, 2009]）。

[3] Stuart Kauffman, *Reinventing the Sacred*（2008）。

[4] Bernd M. Rode, Daniel Fitz, & Thomas Jakschitz, The First Steps of Chemical Evolution Towards the Origin of Life, *Chemistry & Biodiversity*（2007）。这篇综述文章很好地介绍了各种化学起源理论，但没有包括2009年发表的一些突破（参见注释1和2的文献）。

[5] Stuart Kauffman 的 两 本 书 阐 释 了 这 个 思 想：*Reinventing the Sacred*（2008）和 *Origins of Order*（1993）。专 业 性 的 分 析 参 见 E. Mossel & M. Steel，Random Biochemical Networks：The Probability of Self Sustaining Autocatalysis，*Journal of Theoretical Biology*（2004）。

[6] Harold J. Morowitz，Vijaysarathy Srinivasan，Shelley Copley，& Eric Smith，The Simplest Enzyme Revisited，the Chicken and Egg Argument Solved，*Complexity*（2005）。

[7] 在化学中摩尔的定义是物质所含成分（例如原子、分子、离子、电子）的数量等于12克碳12的原子数量的物质的量。1摩尔纯物质含有6.0221415 × 1023个原子或分子。1摩尔所含的质量的克数等于物质的分子/原子量。因此，可以通过称重并与分子/原子量比较来测量纯物质的摩尔量。这个解释来自维基百科，在任何一本化学课本中都有类似的定义。

[8] Matt Inlay，Evolving Immunity，A Response to Chapter 6 of Darwin's Black Box。这篇文章的网址位于 http://www.talkdesign. org/faqs/ Evolving_Immunity.html。

第14章

[1] 维基百科对摩尔定律有很好的总结，给出了参考文献和数据表。

[2] Ray Kurzweil，*The Singularity Is Near*（2005）。这本书的许多图可以在书的网站上看到，singularity.com。

[3] A. M. Fennimore，T. D. Yuzvinsky，Wei-Qiang Han，M. S. Fuhrer，J. Cumings，& A. Zettl，Rotational Actuators Based on Carbon Nanotubes，*Nature*（2003）。网上有这种马达运行的视频：http://www.livescience.com/technology/ 050412_smallest_motor. html。

【4】 D. M. Eigler & E. K. Schweizer，Positioning Single Atoms with a Scanning Tunneling Microscope，*Nature*（1990）。在 IBM STM 图库中还有其他原子的图像：http://www.almaden.ibm.com/vis/stm/atomo.html。

【5】 美国国立卫生研究院对人工耳蜗的移植提供了简单介绍：http://www.nidcd.nih.gov/health/hearing/coch.asp。随着这种设备的商业化，一些供应商在网上也提供了教育材料。

【6】 实际上这是个很怪的图，随着时间流逝，数字4的点会上移接近期望线。这个点落在所画的线上需要数百年时间。要进行推测有一个基本问题是，只有很少的数据点时无法确切得知到底在哪里划线。

名词解释

ANN	参见人工神经网络。
B 细胞（B-cell）	能产生抗体的细胞。
CAS	参见复杂适应系统。
DNA	脱氧核糖核酸的缩写，基因的分子结构。所有活细胞都有（或曾有）编码细胞生长和分裂的必要信息的 DNA。DNA 分子是由脱氧核苷酸组成的长链。一些 DNA 分子由数百万个脱氧核苷酸组成。
DNA 聚合酶（DNA polymerase）	以现有 DNA 为模板，将脱氧核苷酸连接到一起合成 DNA 分子的酶。
DNA 序列（DNA sequence）	构成 DNA 分子的脱氧核苷酸的特定序列。
II 型事物	形成过程需要指令的事物。
IPCS	选择性迭代概率计算，复杂引擎的一种更正式的说法。
I 型事物	形成过程不需要指令的事物。
MHC	参见主要组织相容性。
mRNA	参见信使 RNA。
RNA	核糖核酸的缩写。核苷酸的多聚体，结构非常类似于 DNA，但在细胞中有不同的功能。类似于 DNA，RNA 也编码信息。
RNA 剪接	细胞中许多 RNA 分子最初是合成为更大的前身分子。改变这些前身分子的方式之一是去掉至少一个内含子。去掉内含子并重连 RNA 分子就称为剪接。
RNA 聚合酶（RNA polymerase）	将核苷酸连到一起合成 RNA 的酶。
T_4	一种噬菌体。
T 细胞	一种能产生 T 细胞受体的免疫系统细胞类型。一些 T 细胞能检测和摧毁体内受病毒感染的细胞；还有一些则调控不同免疫系统细胞的行为。
T 细胞受体（T-cell	T 细胞表面产生的蛋白质。T 细胞受体结合细胞膜上 MHC 蛋白质

receptor，TCR)	"表达"的外来多肽（氨基酸链）抗原。参见 MHC。
ZIP 文件（ZIP file）	使用 ZIP 压缩算法压缩的文件。ZIP 文件比源文件小。源文件可以通过将 ZIP 文件解压恢复。
α - 粒子（Alphaparticle）	由两个质子和两个中子组成的原子。
氨基酸（Amino acids）	蛋白质分子的化学构成。氨基酸可以单独存在也可以连接成链。
氨基酸侧链（Aminoacid side chain）	氨基酸的中心结构由两个碳原子和一个氮原子结合在一起组成。端部的碳是"酸"基的一部分，中间的碳与氢原子以及另一个化学结构结合，氮原子是氨基的一部分。与中间的碳连接的化学结构称为侧链。
白细胞（Leukocyte）	血液或组织中的免疫细胞，也称为白血球。
贝纳德流（Bénard cells）	将薄层液体从底部或顶部均匀加热形成的规则循环对流模式。
贝叶斯（Bayesian）	由托马斯·贝叶斯开创的统计学分支。这种数学理论融入了存在先验概率分布的思想（在收集任何数据之前概率就已经存在）。
贝叶斯最优（Bayes optimal）	从贝叶斯统计的角度来看最优的统计结果。
编码（Code）	将一种信息形式转化成另一种形式的规则。例如，摩斯码将点线形式和字母相互转化。基因编码将 DNA 中的核苷酸序列转化成蛋白质中的氨基酸序列。
表型（Phenotype）	生物学概念，泛指生物的生理特征。
布尔（Boolean）	从乔治·布尔（1854）的著作中衍生出来的数学或逻辑概念。布尔函数可以取两个值：真或假（1 或 0）。
程序（Program）	计算机可以执行以完成特定任务的指令。
催化	由于某种物质的参与导致化学反应速率的变化称为催化。化学反应不会消耗反应的催化剂。催化剂通常能让反应在更低的温度下进行。在生物学中，酶是对特定反应具有高度特异性的蛋白质催化剂。
单体（Monomer）	小的化合物单元，是名为多聚体的大型分子的组成模块。多聚体由多个单体组成。参见多聚体。
蛋白质（Protein）	由一条或多条氨基酸单体链组成的生物多聚体。蛋白质负责细胞中的大部分活动，包括结构的创建和化学反应的催化。
蛋白质合成（Protein synthesis）	蛋白质在细胞中的组装过程。蛋白质中的氨基酸序列完全由相应的信使 RNA 的核苷酸序列决定。
蛋白质组（Proteome）	细胞中蛋白质相互作用的网络。

点突变（Point mutation）　　涉及一个比特位或一个核苷酸的自发突变。

迭代（Iteration）　　反复进行的过程，每次循环的结果作为下一次循环的起点。

定律（Law）　　通常为简单的数学关系，一般很成熟，但不一定。

动量（Momentum）　　运动质量沿相同方向相同速度持续运动的趋势。动量的值等于质量与速度的乘积。

动作电位
（Actionpotential）　　特殊的离子流模式，伴随着沿神经元（神经细胞）传递的电压变化。动作电位是神经元与其他神经元和肌肉细胞交流的主要方式。

对流环
（Convectioncell）　　液体或气体底部加热顶部冷却时出现的协同运动。暖液（气）流上升，冷液（气）流下降，形成规则模式。贝纳德流就是一种对流环。

多聚体（Polymer）　　由大量相似或相同的"单体"连接到一起形成。就好像珍珠项链。

多肽（Polypeptide）　　氨基酸链，在本书中这个词可以与蛋白质互换。

多肽自发折叠
（Spontaneous folding of apolypeptide）　　氨基酸链自发折回自身形成紧凑的结构。链的3维结构取决于氨基酸以及周围液体的相互作用。通过这种方式，所有氨基酸序列都有特有的紧凑形状。

多糖（Polysaccharides）　　大分子多聚体，单体是单糖（糖）。

反向传播
（Back propagation）　　一种训练人工神经网络的方法。这种方法需要知道所期望的网络输出数值，并且将节点加权输入转化为输出的数学函数（激活函数）是可微的（在微积分中，可微函数在定义域的任意点都存在导数）。

非平衡结构
（Nonequilibrium structure）　　不处于平衡态的系统中出现的结构。这类结构通常需要有通过系统的持续能量流。没有能量流，结构就会耗散。

分子（Molecule）　　由至少两个原子通过化学键结合组成的结构。分子通常具有与其原子成分完全不同的性质。

分子拼砌
（Moleculartiling）　　分子砖组装到一起形成结构的过程。

分子运动
（Molecularmotion）　　与热运动相同。分子的自发运动，表现为温度。

分子砖（Molecular tiles）　　人造的化学结构，通常由DNA构成，置于溶液中时能通过自发组装物理结构执行计算。

封闭系统
（Isolatedsystem）　　在热力学中，如果没有能量（或物质）能进入或离开系统，就说系统是封闭的。

符号序列
（Sequences of symbols）　　符号组成的一维序列。

负熵（Negentropy）	系统的熵与系统的最大（平衡态）熵之间的差值。
复杂适应系统 （Complex adaptive system）	各部分之间互动，并且对过去的互动具有（一定的）记忆的系统。在这类系统中，未来的互动部分取决于过去的互动。
复杂性（Complexity）	对事物的复杂程度进行量化的未严格定义的概念。事物的复杂性通常被认为是系统或对象的组分数量以及组分之间的各种互动的某种函数。
复杂引擎 （Engine of complexity）	所有（广义达尔文意义上的）进化过程都具有的计算循环。框图见图 5.2。这个循环一旦实现，将能组装复杂的指令。
概率计算 （Probabilistic computation）	至少包括一个随机步骤的计算。即使每次运行的输入相同，概率计算每次运行也会产生不同的结果。
构造引擎 （Engine of construction）	类似于复杂引擎的循环，只是在选择之前没有复制。这个循环能产生惊人的事物，但不像复杂引擎那样具有创造性。
还原性条件 （Reducing conditions）	还原因子占主导的状态（参见氧化 / 还原）。在生物圈中最常见的氧化因子是氧分子，最常见的还原因子则是没有与氧结合的氢。还原性大气包含氢分子、氨（氮与氢结合）、甲烷（碳与氢结合）、和少量氧分子。
海森伯测不准原 （Heisenberg uncertainty principle）	原子尺度的粒子特定的物理属性对无法同时确定。一个例子是对粒子在空间中的位置测量越精确，对动量的测量就越不精确，反过来也是一样。
寒武纪 （Cambrian period）	5.42 亿年前到 4.88 亿年前的一段地质时期。寒武纪地层是具有明显动物化石的最古老的地层。在比寒武纪更古老的地层中，动物化石很小而且罕见，很难与现代动物学分类关联。
寒武纪海洋（Cambrian sea）	寒武纪地质时期的海洋。
核苷酸（Nucleotide）	RNA 的单体化合物，DNA 的单体通常也这么称呼。DNA 的单体的正式名称是脱氧核苷酸。参见单体。
核苷酸链（Nucleotide chain）	核苷酸组成的链，其中一个核苷酸的糖基与下一个核苷酸的磷酸基通过化学（共价）键相连。
核糖体（Ribosomes）	细胞中包含的分子结构，是细胞中合成蛋白质的场所。
红皇后（Red Queen）	在协同进化系统中，每个物种都必须不断进化，以维持相对于系统中其他物种的适应性。这个词源自刘易斯的《爱丽丝镜中奇遇记》中的红皇后赛跑。皇后在爱丽丝身边边跑边说，"你看，你必须全力奔跑，才能保持不动。如果你想去别的地方，奔跑的速度就必须至少再快一倍。"
宏观态（Macrostate）	物理系统在比原子大的尺度上的状态。系统的宏观态由压力、温度、和外观等属性刻画。

化学不稳定
（chemical Labile）

不稳定的化合物很容易分解。

化学性（Chemical）

与原子或分子相互作用有关的现象或条件。

混沌理论（Chaos theory）

分析对初始条件具有敏感依赖性的动力系统的行为的数学分支。

基因（Gene）

DNA 的功能单元。大部分时候这个词指的是编码形成某种蛋白质所必需的信息的 DNA 段。

基因表达（Gene expression）

基于基因序列生成某种蛋白质。

基因网络（Genetic network）

在细胞中一些基因生成的蛋白质调控其他基因蛋白质的生成，这样形成的调控网络称为基因网络（基因通过生成的蛋白质调控其他基因）。

基因型（Genotype）

生物的基因组构成的类型。

基因重组
（Geneticrecom bination）

DNA 分子断开和重连的细胞过程，新的 DNA 分子由两个或更多原来的 DNA 分子的段组成。

基因组（Genome）

一个生物的所有 DNA 序列。所有生物（除非是同卵双胞胎或克隆）都有独一无二的基因组。

脊索动物（Chordates）

脊索动物是一种包括脊椎动物在内的大的动物门类，也包括尾索动物和头索动物。脊索动物都有被称为脊索的发育结构，是脊椎动物背脊骨的前身。

计算（Computation）

输入通过设备产生相应输出的过程。计算通常有多个步骤。

计算链条
（Computational chains）

前后相连的计算，一个计算的输出作为下一个计算的输入。

钾通道
（Potassiumchannel）

让钾离子而不让其他离子通过生物膜的蛋白质结构。

简单计算
（Computationally simple）

很容易从短输入计算出来。这里的容易指的是计算只需少量步骤和计算资源。

简单输入（Simple input）

一般表示短输入。如果输入不是序列，则表示输入规模较小。

胶束（Micelle）

由一大类结构类似洗涤剂的分子形成的结构。这类分子的一端亲水，另一端疏水。当置于水中时倾向于形成拉长的球体（胶束），亲水端朝外，疏水端朝内，将水排斥在胶束外面。

节点（Node）

网络的汇合点。节点可以是与其他节点连接或互动的任何东西。

结构（Structure）

同有序一样，与随机相对。在结构中各部分有固定（或者至少不随机）的关系。

进化（Evolution）	这个词有多重意义。最简单的是进步的变化。这本书极少使用这个意义；它定义得太模糊。另一个是达尔文式变化，意指生物谱系的遗传变化。第三个意义，也是这本书中最常用的，是与复杂引擎有关的变化。这是广义的不限于生命系统的达尔文式变化。
进化发育生物学（EvoDevo）	试图基于分子调控机制推演或重构生物结构的进化史的生物学分支。
进化计算 （Evolutionary computation）	利用了复杂引擎的计算。
进化认识论 （Evolut ionary epistemology）	一种哲学流派，认为知识以类似自然选择的过程进化。参见认识论。
进化适应（Evolved fit）	适应的出现有多种途径。如果是通过复杂引擎的方式，就称为进化适应。
进化算法 （Evolutionary algorithm）	包括"遗传算法"在内的一类计算机算法，其中融合了复杂引擎。
静息电位 （Restingpotential）	未受刺激的情况下跨细胞膜的电位。
局部最小/大 （Localminimum/maximum）	在具有峰谷的地形中，有一个山谷是最低点，一个山峰是最高点。局部最小是比最低点高但周围的地势都相对更低的山谷。
巨噬细胞（Ma-crophage）	白细胞的一种，类似阿米巴虫，在体内巡逻，吞噬碎屑和细菌。
抗体（Antibody）	适应性免疫系统产生的特殊蛋白质。当体内出现外来分子时，抗体能高度特异性地与其结合。抗体由 B 细胞产生，在血液和淋巴中循环。有些抗体也可以通过分泌产生。
抗原（Antigen）	免疫系统响应的分子（通常是蛋白质或多糖）。通常这种响应是抗体或 T 细胞受体与抗原的结合。
柯尔莫哥洛夫复杂性 （Kolmogorov complexity）	参见算法信息。
可数性（Countability）	（数学中的）可数集指的是元素个数不多于自然数的集合。不可数集指的是元素个数多于与自然数一一对应的集合。可数集具有可数性。
库仑定律（Coulomb'slaw）	两个点电荷之间的斥力正比于电荷大小的乘积，反比于两者之间距离的平方。
跨膜通道 （Membrane channel）	嵌在细胞膜上选择性允许小分子或离子通过膜的蛋白质。
扩增（Amplification）	埃里克·拜因霍克尔用这个词描述在社会的进化中，商业计划等富含信息的产物的传播和增殖。

离散（Discrete）	不连续; 颗粒化; 元素具有分离的值。在离散系统中，元素相互区隔。
离子（Ion）	具有（正的或负的）净电荷的原子或分子。
离子泵（Ion pump）	嵌在细胞膜上能转移特定离子通过膜的蛋白质。泵需要化学能来源以执行动作。
离子通道（Ion channel）	嵌在细胞膜上能选择性让特定离子通过膜的蛋白质。
理论（Theory）	对现象的解释。理论可以是猜测性的，也可以是严格验证的。
理想气体定律（Universal gas law）	气体的压力、体积和温度有如下关系：$PV = nRT$。其中 P 是压力，V 是体积，T 是温度，R 是决定单位的常数，n 是气体的量。
量子力学（Quantum mechanics）	描述和解释极小尺度的物理现象的数学理论。
临界状态（Critical state）	小的扰动能引发大的变化的系统状态。
磷脂（Phospholipid）	生物膜的主要成分。
磷脂双层（Phospholipid bilayer）	磷脂形成的双层结构。磷脂双层是生物膜的基本结构。
逻辑门（Logic gate）	实现布尔函数的物理设备。参见布尔函数。
慢增长（Slow growth）	深度的特性。深度对象要从简单（短）输入产生，只能通过深度计算。
酶（Enzyme）	对特定反应具有高度特异性的蛋白质催化剂。酶也调控它们催化的化学反应。自然界的酶都由活细胞产生。参见催化。
密码子（Codon）	mRNA 中 3 个相邻核苷酸的组合。参见信使 RNA。4 种核苷酸 3 个一组总共有 64 种排列（AAA、AAG、ATC，等等）。每种排列称为一个密码子。其中 61 种对应蛋白质中特定的氨基酸，还有 3 种是"终止"密码子。
幂律（Power law）	一种数学关系，描述事件的频率正比于事件规模的某次幂。当现象遵循幂律，小事件比大事件要常见得多。
免费的结构（Structure for free）	形成结构无需遵循指令。
免疫（Immunity）	生物依靠免疫系统建立起稳固的分子和细胞防疫，保护生物免受特定抗原的感染。免疫包括天生免疫和适应性免疫。
模板（Template）	用来形成互补结构的物理结构。在 DNA 复制过程中，DNA 双螺旋的一条链作为新链的模板。这个词与元胞自动机中的种子行具有相同的意义。
摩尔定律（Moore's law）	新发布的微处理器的晶体管数量每两年增长一倍的经验法则。这

个法则在 40 多年里都一直有效。

目的性信息 （Purposeful information）	具有意向性的结果或产物的特定信息组织。目的性信息是"为了"某事物。
钠离子通道 （Sodium channel）	允许钠离子通过生物膜的蛋白质结构。
囊泡（Vesicle）	在生物学中，由生物膜形成的封闭球状结构称为囊泡。囊泡中含水。人工磷脂双层也可以形成囊泡。
能量（Energy）	能量和熵是经典热力学的两个基本属性。能量与质量以及变化的势有关。第一热力学定律说的是能量既不能创生也不能消灭，但可以改变形式。
能量守恒 （Conservation of energy）	热力学第一定律：能量既不能创生也不能消灭（但是可以转换形式）。参见能量。
拟子（Meme）	在文化中，通过人际传播的思想、行为或风尚。这个词是理查德道金斯在《自私的基因》中提出，用于讨论文化的进化。拟子类似于遗传学中的基因，但没有同等的结构或精确定义。
牛顿万有引力定律 （Newton's Law of gravity）	物质相互吸引，两个物质（点）的引力正比于质量的乘积，反比于两者距离的平方。
配子体（Gametophyte）	能产生精子或卵细胞的植物或植物组织。植物表现单倍体（一份染色体）繁殖和二倍体（两份染色体）繁殖交替的生命循环。单倍体繁殖的植物称为配子体；二倍体繁殖的植物称为种子植物。几乎所有常见的植物都是种子植物，对于种子植物，配子体是花粉（雄性）或花中的特定组织（雌性）。
平衡态结构 （Equilibrium structure）	系统处于平衡态时所呈现的结构。这种结构不会变化，但一些会表现出重复运动，就像钟摆或围绕太阳运转的行星。
启动子序列 （Promoter sequences）	细胞中蛋白质转录因子结合的 DNA 段。转录因子的结合会改变 RNA 聚合酶启动相邻 DNA 段的 RNA 副本的合成。参见转录因子。
前身分子 （Precursor molecules）	分子都是由化学反应产生。在化学反应中前身分子反应生成产物分子。前身分子也称为反应物。在生物细胞中，反应物本身又是其他反应物的化学反应产物。从而在最后的分子产生之前有很长的反应链条。这个链条上的任何反应物都可以认为是最后的产物的前身分子。
氢键（Hydrogen bond）	一个分子中与氧或氮原子（共价）结合的氢原子同另一个分子中与氧或氮原子结合的氢原子之间相互吸引。氢键将不同的分子（或大分子的不同部分）连接到一起，强度约为共价键的 1/10。
确定性（Deterministic）	完全由状态决定，没有选择，没有不确定性。
确定性混沌	这个词指的是可以用确定性方程描述的不可预测的行为。对于这

（Deterministic chaos）	种情形，如果要预测很远的未来，对初始条件的测量需要有无穷精度。参见混沌理论。
确定性计算 （Deterministiccomputation）	相同输入总是产生相同输出的计算。
群体遗传学 （Population genetics）	遗传学的分支，研究混杂繁殖生物群体中基因频率的变化。群体遗传学从数学上描述生物进化的原理。
热力学（Thermodyna-mics）	研究能量和做功的物理学分支。
热力学第二定律（Second law of thermodynamics）	封闭系统的熵要么增加要么保持不变。另一种说法是热量总是从热往冷传递。
热力学第一定律	能量既不能创生也不能消灭，但能改变形式。参见能量。
热力学平衡（Equilibrium in thermodynamics）	如果外界没有输入，系统宏观上就不会有变化的状态。在平衡态所有力和势都处于平衡。
热运动（Thermal motion）	微小结构的自发运动，温度的物理表现。
人工神经网络 （Artificial neural network）	一种计算模型，由几层简单的处理单元（节点）组成，每个节点从前一层的节点获得输入。第一层接受输入数据，每个节点将输出传送到后一层的节点。节点输出是对节点的所有输入进行加总或其他简单变换。典型的 ANN 有 3 层。
人工神经网络权重 （Weights of an ANN）	人工神经网络的节点有多个输入，但输入的权重不一定相同。一些输入相对来说影响更大。权重是与输入值相乘的数值，决定输入有多重要。权重为 0 意味着输入被完全忽视。参见人工神经网络。
人类中心论 （Anthropocentrism）	认为人类最重要，或者以人类为中心的看问题的立场。
认识论（Epistemology）	关注知识的本质和范畴的哲学分支。
冗余（Redundancy）	系统中的重复。在计算机科学中，具有冗余的数字对象可以被压缩而不会损失信息。
塞平斯基三角形 （Sierpinski gasket）	由各种大小三角形组成的图样，通过反复应用异或布尔函数生成。参见异或。
三元超级网（Tripartite supernetwork）	参见超级网络。
山峰函数（Hill function）	画成 3 维很像对称的山峰的数学函数。
熵（Entropy）	熵和能量是经典热力学的两个基本属性。当能量一定，熵度量的是无做功能力的程度。在统计力学中，熵度量的是系统的随机或无序的程度。当系统处于平衡态，系统的熵处于最高值，系统无法做功。参见香农熵。

深度（Depth）	在这本书中意指几个数学度量，包括"逻辑深度"（丹尼特）和"计算深度"（卢茨）。通俗的说，深度度量的是从简单输入计算出数字对象的困难程度。
神经元（Neuron）	神经细胞。身体中组成神经和神经节的细胞，并且负责身体中的长距离通信。
神经元群选择（Neuronal group selection）	杰拉德·埃德尔曼提出的大脑形成和功能的理论。在这个理论中，大脑的总体生理结构由遗传决定，但神经元连接的细节由生长和发育过程中的细胞选择决定。在这个过程中，神经元群自组织成功能模块。在大脑初步形成后，突触选择继续作用于功能模块以及单个神经元。
神经元通信模式（Neuronal communication patterns）	生物神经元相互之间的通信网络。
生物钟（Circadian clock）	以大约 24 小时为周期的生物化学反馈环。大部分细胞都至少具有一个生物钟。
适应性地形（Adaptive landscape）	以 3 维方式展现某个问题的许多可能答案的值的方式。画出来的适应性地形很像卡通中的山地。
适应性免疫（Adaptive immunity）	体内出现感染后被激活的免疫系统部分。激活的免疫系统针对身体遇到的特定疾病产生出针对性的分子机制。
噬菌体（Bacteriophage）	一种感染细菌细胞的病毒。
收敛式进化（Convergent evolution）	最初很不一样的生物进化出很类似的特征。典型例子包括世界不同区域的沙漠植物都进化出了能进行光合作用的茎干，叶子则变成了不进行光合作用的刺。
双螺旋（Double helix）	细胞中 DNA 的分子形状。双螺旋由两条 DNA 分子单链相互环绕而成，中间通过多个氢键相连。两条 DNA 链的核苷酸序列互补，如果一边是"A"另一边则是"T"，一边是"G"另一边则是"C"。
算法（Algorithm）	执行某个过程或解决某个问题的一组指令。算法通常指的是能让计算机执行特定动作的一系列命令。
算法随机	不可压缩，无论何种计算都无法减少不可压缩对象的大小。
算法信息	在计算机科学中很有用的一种信息度量。比特位串的算法信息内容可以通俗地认为是输入通用计算机后能生成该位串的最短可能的位串的长度。
随机变异（Random varation）	生物学中指的是没有预设效果的 DNA 变异。
随机的（Stochastic）	概率性的，部分或完全随机；具有随机的要素。

随机数发生器（Random number generator）	通常指的是输出随机数的算法。如果计算机是确定性的（几乎所有计算机都是），则输出的是伪随机数。
随机性（Randomness）	当前或之前状态的知识不能为将来的事情提供信息。
随机序列（Random sequence）	顺序不可预测的符号列。
天生免疫（Innate immunity）	在生物接触特定的致病生物之前就存的防疫感染的机制。由于有天生免疫，大部分可能的感染都没有发生。
停机问题（Halting problem）	在计算机科学中有时候无法知道正在进行的计算是否最终会产生输出还是会一直进行下去永不产生输出。
通用计算机（Universal computer）	能编程模拟其他任何计算机的计算机。个人电脑就是通用计算机。
突变（Mutation）	生物 DNA 或遗传算法编码的自发或随机变化。
突变率（Mutation rate）	突变发生的频率。
图灵机（Turing machine）	阿兰·图灵于 1936 提出的一种假想的机器，用于证明计算机科学中的一些定理。图灵机根据少量简单的规则操作条带上的符号。它是现代计算机的思想先驱。
脱氧核苷酸（Deoxynucleotide）	DNA 的化学单元。脱氧核苷酸通常也简称核苷酸。
网络（Network）	由相互连接的节点组成的结构。节点可以是任何东西。
网络的稳定状态（Stable states of a network）	许多网络都具有动态行为。当动态网络进入不变的状态，就称为稳定状态。外界输入经常会改变或破坏稳定状态，导致向新状态的转移。
微观态（Microstate）	系统在原子或分子尺度上的所有瞬时位置和动量。
物质（Matter）	宇宙中具有静质量和体积的"东西"。通常这意味着其由原子组成。物质具有质量，质量又通过爱因斯坦质能方程 $E=mc^2$ 与能量相关联（其中 E 是能量，m 是质量，c 是光在真空中的速度）。
系统（System）	任何具有边界的事物。
细胞（Cell）	生物的基本组织单元。细胞被生物膜包裹，DNA 决定其中表达的蛋白质。
细胞的超级网络（Supernetwork in cells）	细胞具有生物化学反应网络、基因调控网络以及蛋白质相互作用网络（蛋白质组）。这三个网络组成了界定生物细胞的超级网络。
细胞质（Cytoplasm）	细胞中位于细胞膜和细胞核（如果细胞有核）之间的成分。
香农度量（Shannon measure）	香农信息。

香农熵（Shannon entropy）	香农信息。
香农信息 （Shannon information）	香农基于各种可能性的概率提出的信息的数学定义；与统计力学的熵的定义密切相关。
协同进化（Coevoution）	至少 2 种物种一起进化，物种进化以应对其他物种的进化。典型的例子包括，羚羊进化得速度越来越快，以逃脱豹子的追捕，而豹子为了追逐羚羊也进化得速度越来越快；花进化出红色管状花以吸引蜂鸟，蜂鸟则进化出长喙从管状花中吸取花蜜。
新科学系统（NKS systems）	NKS 是"新科学"的缩写。这个词是由斯蒂芬·沃尔弗拉姆提出，用来描述用简单规则和输入产生出明显的复杂性的逻辑系统。
信使 RNA （Messenger RNA，mRNA）	RNA 的一种形式，将 DNA 序列复制为核糖体，RNA 的核苷酸序列决定组成多肽的氨基酸序列。
信息（Information）	一个简单的定义是"符号模式传递的意义"。更严格的数学定义是香农信息和算法信息。参见香农信息和算法信息。
信息体（Information body）	为了传递意义以某种方式组织的符号集。
形态（Morphological）	形状或形式。
选择性剪接 （Alternative splicing）	细胞中的一种修改 RNA 的方式。在剪接过程中 RNA 分子在两点被截断，中间部分被移除。当同一个 RNA 发生多处剪切时，剪切点可以以不同方式连接，导致 RNA 不同的中间区域被移除。剪接最终会产生怎样的 RNA 取决于剪切点被怎样组合到一起。结果是从单个基因可以产生出选择性的 RNA。
学习（Learning）	涉及概率的数据获取，无需记忆具体的例子。
学习算法 （Learning algorithms）	让计算机能够学习的程序。
压缩（Compression）	将信息载体通过计算转换成更小的对象，并且压缩后的对象能够通过计算还原成原来较大的形式（解压）。
压缩深度 （Compression depth）	数字对象的可逆压缩所需的计算资源（时间或空间）的数学度量。
氧化 / 还原 （Oxidation/reduction）	电子在分子之间发生转移的化学反应。在氧化 / 还原反应中，如果一种反应物（参与反应的分子）被氧化，另一种则被还原。获得电子的反应物被还原，失去电子的反应物则被氧化。
遗传码（Genetic code）	DNA（和 mRNA）中核苷酸的顺序与蛋白质中氨基酸的顺序的对应规则。mRNA 的核苷酸每次读取 3 个，每 3 个核苷酸（1 个密码子）对应于多肽中一个特定的氨基酸。参见密码子和 mRNA。
遗传算法 （Genetic algorithm）	模仿生物进化的"突变"和"重组"的计算机算法，属于进化算法的一种。

遗传性变异 （Heritable variation）	在同种类的自然种群中总是存在基因差异。整个种群的这种差异 称为遗传性变异。群体中每个成员的基因组都有微小的差异。参 见基因组。
异或（XOR）	一种布尔函数，当且仅当输入有一个为 1 时结果为 1，否则结果为 0。参见布尔函数。
意向性立场 （Intentional stance）	丹尼尔·丹尼特提出的术语，用来描述人们将人类动机的语言应用 于自然界中的情形。例如："鱼有尾巴是为了在水里游泳。"
意义（Meaning）	当一个对象或行为对某物或某人具有特定的影响，意义就出现了。 意义意味着某个对象对于其他对象具有重要性。
有序（Order）	随机的对立面。有序表明模式或结构的存在。
与（AND）	一种布尔函数（参见布尔函数），当所有输入为 1 时输出值为 1（真）， 否则为 0（假）。
元胞自动机 （Cellular automaton）	"元胞"组成的 1 维、2 维或多维网格。元胞自动机根据规则周 期性更新状态，新的状态取决于元胞本身以及相邻元胞的当前状 态。
原核生物（Prokaryote）	基于原核细胞的生物。原核细胞比真核细胞简单，没有细胞核。 细菌是最常见的原核生物。
原子（Atom）	与化学有关的最小物质单位。每种元素的原子都有特定数量的质 子和电子。
折返（Reentry）	杰拉德·埃德尔曼用这个词来描述"脑区之间并行进行的信号动态 交换，使得脑区在时间和空间上持续关联。"折返利用神经元群 内部和之间的大规模并行往返连接组成的庞杂网络。埃德尔曼进 一步将折返描述为一种大脑中持续的高层次选择形式。
真核生物（Eukaryote）	基于真核细胞的生物。真核细胞要比原核细胞复杂得多，包含大 量内部结构，包括细胞核和线粒体。所有高等生物（植物、动物 和真菌）都由真核细胞组成。
整体适应 （Nonlocalized adaptation）	丹·阿什洛克提出的词，用来描述在基于计算机的协同进化系统中 观察到的普遍的能力提高。
指令（Instruction）	以某种方式组织，能使特定的事情发生或建立起某种结构的信息。
质粒（Plasmid）	从染色体 DNA 分离并且独立复制的 DNA 分子。质粒能携带各种 蛋白质的基因编码。
质量（Mass） 种子行（Seed row）	物质的基本属性。质量度量物体对加速的阻碍，也决定物体对其他 质量物体的引力有多强。质量与重量密切相关，但不是专门针对地球。 元胞自动机的第一行。参见元胞自动机。
重组（Recombination）	生物学和进化算法中使用的术语。在生物学中指的是两个 DNA 分

	子截断然后交互重连的过程。在计算机科学中有类似的意义，不过重组的是数据结构而不是 DNA。重组也称为 "交叉"。
主要组织相容性（Major histocompatibility，MHC）	一组基因及其编码的细胞表面蛋白质从原则上决定组织类型和移植相容性。MHC 蛋白质在体内几乎所有细胞上都有，在 T 细胞对外来抗原的识别中扮演了重要角色。
转录（Transcription）	RNA 合成。在分子遗传学中，转录指的是复制 DNA 序列形成 RNA 序列的过程。
转录因子（Transcription factor）	调控从 DNA 模板合成 RNA 的蛋白质。通常是通过与 DNA 结合并与 RNA 聚合酶相互作用实现。
转移 RNA（transfer RNA，tRNA）	将氨基酸组合成核糖体并根据 mRNA 的核苷酸序列进行排列的一类 RNA 分子。
转译（Translation）	在分子遗传学中，转译指的是蛋白质的合成过程。
转座酶（Transposase）	负责从 DNA 大分子上剪切出一小段 DNA 并插入新位置的酶。
转座子（Transposon）	由转座酶从 DNA 大分子上剪切出来并插入新位置的一段 DNA。转座子经常携带有编码转移它的转座酶所需的基因。如果是这种情况，转座子就有高度的独立性，在适当的条件下可以转移到新的细胞甚至不同的物种。
状态（State）	系统组分的特定的组合形态。
状态概率（State probability）	系统出现特定状态的可能性。
自催化集（Autocatalytic set）	斯图尔特·考夫曼用这个词描述化学反应组成的网络，其中一些化学成分是一些化学反应的催化剂。如果化学成分的种类足够多，并且其中有很大一部分是网络中化学反应的催化剂，则只要有适当的化学输入，网络就能一直自我维持下去。
自然选择（Natural selection）	在达尔文式进化中，自然决定哪些生物生存下来并繁育下一代。
自组织临界性（Selforganized criticality）	系统趋向介于稳定和不稳定之间的平衡状态。
自组装（Selfassembly）	多个部件无需外界帮助组合到一起形成结构的过程。这其中 "没有组装者"，通常是热运动将部件移入位置。
最多 1（One-max）	一个简单的算法问题，用程序将 0/1 串转化成同样长度的全 1 串，但没有明确告诉计算机如何识别 1。如果允许做加法，进化算法可以轻松实现。
最佳击球点（Sweetspot）	击打棒球时，如果球棒的特定部位击中球，球会飞得更远，击球手的手也不会痛。球棒的这个部位称为最佳击球点。这个词用在其他背景下意指很大范围中一个有很好特性的小区域。

参考文献

Adams, Douglas. 1979. *The Hitchhikers Guide to the Galaxy*. London: Pan Books.
-

Adami, Christoph, Charles Ofria, and Travis C. Collier. 2000. "Evolution of Biological Complexity." *Proceedings of the National Academy of Sciences* 97: 4463–4468.
-

Ashby, W. Ross. 1956. *An Introduction to Cybernetics*. London: Chapman & Hall.
-

Ashlock, Daniel. 2006. *Evolutionary Computation for Modeling and Optimization*. New York: Springer
-

Ashlock, Daniel and John E. Mayfield. 1998. "Acquisition of General Adaptive Features by Evolution." In *Evolutionary Programming* VII. V. W. Porto, N. Saravanan, D. Waagan, and A. E. Eiben eds., 75–84. London: Springer.
-

Ashlock, Daniel, Elizabeth Blankenship, and Jonathan Gandrud. 2003. "A Note on General Adaptation in Populations of Painting Robots." In *Proceedings of the* 2003 *Congress on Evolutionary Computation*, 46–53, IEEE Press.
-

Ashlock, Daniel and Brad Powers. 2004. "The Effect of Tag Recognition on Non-Local Adaptation." In *Proceedings of the* 2004 *Congress on Evolutionary Computation*, vol 2. 2045–2051. IEEE Press.
-

Ashlock, Daniel and Adam Sherk. 2005. "Non-Local Adaptation of Artificial Predators and Prey." *Proceedings of the* 2005 *Congress on Evolutionary Computation*. 41–48. IEEE Press.
-

Bak, Per. 1996. *How Nature Works, The Science of Self-Organized Criticality*. New York: Copernicus.
-

Bear, Mark F., Barry W. Conners, and Michael Paradiso. 2007. *Neuroscience*, 3rd ed.
-

Baltimore: Lippincott, Williams and Wilkins.
-

Behe, Michael. 1996. *Darwin's Black Box: The Biochemical Challenge to Evolution*.
-

New York: Touchstone.
-

Beinhocker, Eric. 2006. *The Origin of Wealth: Evolution, Complexity, and the Radical Remaking of Economics*. Cambridge: Harvard Business School Press.
-

Bennett, Charles. 1988. "Logical Depth and Physical Complexity." In *The Universal Turing Machine: A Half Century Survey*. Rolf Herken, ed., 207–236. Wien: Springer Verlag.
-

Borges, Jorge Luis 1962. "The Library of Babel," 51–58, In *Labyrinths*. New York: New

Directions.

-

Bray, Dennis. 2009.*Wetware, a Computer in Every Living Cell*. New Haven: Yale University Press.

Campbell, Donald T. 1974. "Evolutionary Epistemology." In *The Philosophy of Karl Popper*, P. A. Schlipp, ed., Chapter 12, 412–463. Chicago: Open Court.

-

Campbell, Neil A. and Jane B. Reese. 2008.*Biology*, 8th ed. San Francisco: Benjamin-Cummings.

-

Carroll, Sean. 2005. *Endless Forms Most Beautiful, the New Science of Evo Devo and the Making of the Animal Kingdom*. New York: W. W. Norton.

-

Compton, Arthur H. 1940.*The Human Meaning of Science*. Chapel Hill: University of North Carolina Press.

-

Compton, Arthur H. 1935. *The Freedom of Man*. New Haven: Yale University Press.

-

Cover, Thomas M. and Joy A. Thomas. 1991.*Elements of Information Theory*. New York: Wiley.

-

Cyran, S. A., A. M. Buchsbaum, K. L. Reddy, M. C. Lin, N. R. Glossop, P. E. Hardin, M. W. Young, R. V.Storti, and J. Blau. 2003. "vrille, Pdp1, and dClock Form a Second Feedback Loop in the Drosophila Circadian Clock." *Cell* 112:329–341.

-

Cziko, Gary. 1995.*Without Miracles*. Cambridge: MIT Press.

Darwin, Charles. 1839.*The Voyage of the Beagle*. London: Colburn.

-

Darwin, Charles. 1859.*On the Origin of Species by Means of Natural Selection*. London: John Murray.

-

Darwin, Charles. 1871.*The Descent of Man, and Selection in Relation to Sex*. London: John Murray.

-

Davies, Paul and Niels Henrik Gregersen, eds. 2010.*Information and the Nature of Reality*. Cambridge: Cambridge University Press.

-

Dawkins, Richard. 1976.*The Selfish Gene*. Oxford: Oxford University Press.

-

Dawkins, Richard. 1986.*The Blind Watchmaker.* New York: W. W. Norton,

-

Dawkins, Richard. 1996.*Climbing Mount Improbable*. New York: W. W. Norton.

-

Dawkins, Richard. 2004.*The Ancestors Tale: A Pilgrimage to the Dawn of Evolution.* Boston: Houghton Mifflin.

-

Dennett, Daniel. 1995.*Darwin's Dangerous Idea: Evolution and the Meanings of Life*. New York: Simon & Shuster.

-

Dennett, Daniel. 2003.*Freedom Evolves*. New York: Viking.

-

Devaney, Robert L. 1990.*Chaos, Fractals, and Dynamics, Computer Experiments in Mathematics*. Boston: Addison-Wesley.

-

Dorit, Robert. 1997. "A Review of *Darwin's Black Box: The Biochemical Challenge to Evolution.*" In *American Scientist* 85; 474–475.

-

Doty, David. 2004. "Non-Local Evolutionary Adaptation in Gridplants." *Proceedings of the 2004 Congress on Evolutionary Computation* vol 2. 1602–1609. IEEE Press.

-

Dyson, George B. 1997.*Darwin Among the Machines: The Evolution of Global Intelligence*: New York: Perseus Books.

-

Edelman, Gerald. 1987.*Neural Darwinism: A Theory of Neuronal Group Selection*. New York: Basic Books.

-

Edelman, Gerald and Giulio Tononi. 2000.*A Universe of Consciousness: How Matter Becomes Imagination*. New York: Basic Books.

-

Eigler, D. M. and E. K Schweizer,. 1990. "Positioning Single Atoms with a Scanning Tunneling Microscope." *Nature* 344:524–526.

-

Erwin, Douglas H., Marc Laflamme, Sarah M. Tweedt, Erik A. Sperling, Davide. Pisani. 2011. "The Cambrian Conundrum: Early Divergence and Later Ecology Success in the Early History of Animals." *Science* 334:1091–1097.

-

Fennimore, A. M., T. D. Yuzvinsky, Wei-Qiang Han, M. S. Fuhrer, J. Cumings, and A. Zettl. 2003. "Rotational Actuators Based on Carbon Nanotubes." *Nature* 424:408–410.

-

Friston, Karl. 2005. "A Theory of Cortical Responses." *Philosophical Transactions of the Royal Society B: Biological Sciences* 360:815–836.

-

Friston, Karl. 2010. "The Free Energy Principle." *Nature Reviews Neuroscience* 2:127–138.

-

Gilbert, Scott F. 2006.*Developmental Biology*, 8th ed. Sunderland: Sinauer.

-

Goldberg, David. 1989.*Genetic Algorithms in Search Optimization and Machine Learning*. Boston: Addison Wesley.

Goldstein, Bernard, Michele Demak, Mary Northridge, and Daniel Wartenberg. 1992. "Risk to Groundlings of Death Due to Airplane Accidents: A Risk Communication Tool." *Risk Analysis*, 12: 339–341.

-

Gordon, Peter. 2004. "Numerical Cognition Without Words: Evidence from Amazonia." *Science* 306:496–499.

-

Gould, Steven J. 1989. *Wonderful Life: The Burgess Shale and the Nature of History*. New York: W. W. Norton.

Gould, Steven J. 1996. *Full House: The Spread of Excellence from Plato to Darwin.* New York: Three Rivers.

Greene, Brian. 2003. *The Elegant Universe: Superstrings, Hidden Dimensions, and the Quest for the Ultimate Theory.* New York: W. W. Norton.

Gregory, T. R. 2004. "Macroevolution, Hierarchy Theory, and the C-Value Enigma." *Paleobiology* 30:179–202.

Heylighen, Francis. 1999. "The Growth of Structural and Functional Complexity During Evolution." In *The Evolution of Complexity: The Violet Book of 'Einstein Meets Magritte' (Einstein Meets Magritte: An Interdisciplinary Reflection on Science, Nature, Art, Human Action and Society).* Francis Heylighen, Johan Bollan, and Alexander Riegler eds., 17–44. Dordrecht: Kluwer.

Holland, John. 1992. *Adaptation in Natural and Artificial Systems: An Introductory Analysis with Applications to Biology, Control and Artificial Intelligence,* 2nd ed. Cambridge: MIT Press.

Holland, John. 1995. *Hidden Order: How Adaption Builds Complexity.* New York: Perseus Books.

Holland, John. 1998. *Emergence: From Chaos to Order.* New York: Perseus Books.

Hull, David. 1988. *Science as a Process: An Evolutionary Account of the Social and Conceptual Development of Science.* Chicago: University of Chicago Press.

Inlay, Matt. 2002. "Evolving Immunity, A Response to Chapter 6 of Darwin's Black Box." 网址 http://www.talkdesign.org/faqs/Evolving_Immunity.html. 2013 年 1 月 15 日访问.

Janeway, Charles, Mark Shlomchk, Paul Travers, and Mark Walport. 2004. *Immunobiology.* New York: Garland Science.

Juedes, David W., James I. Lathrop, and Jack H. Lutz. 1994. "Computational Depth and Reducibility." *Theoretical Computer Science* 132(2):37–70.

Kandel, Eric. 2007. *In Search of Memory: The Emergence of a New Science on Mind.* New York: W. W. Norton.

Kauffman, Stuart. 1993. *Origins of Order: Self-Organization and Selection in Evolution.* Oxford: Oxford University Press.

Kauffman, Stuart. 1995. *At Home in the Universe: The Search for Laws of Self-Organization and Complexity.* Oxford: Oxford University Press.

Kauffman, Stuart. 2008. *Reinventing the Sacred: A New View of Science, Reason, and Religion.* New York: Basic Books.

Knill, David C. and Alexandre Pouget. 2004. "The Bayesian Brain: The Role of Uncertainty in Neural Coding and Computation." *TRENDS in Neuroscience* 27:712–719.

Knoll, Andrew H. 2003.*Life on a Young Planet, the First Three Billion Years of Evolution on Earth.* Princeton: Princeton University Press.
-

Koschmieder, E. L. 1993. *Bénard Cells and Taylor Vortices.* Cambridge: Cambridge University Press.
-

Kuhn, Thomas. 1962.*The Structure of Scientific Revolutions.* Chicago: University of Chicago Press.
-

Kurzweil, Ray. 2005.*The Singularity Is Near.* London: Penguin Books.
-

Lathrop, James. 1997. PhD Dissertation. *Computing and Evolving Variants of Computational Depth.* Ames: Iowa State University.
-

Lathrop, James. 1997. " Compression Depth and Genetic Programs. " In *Proceedings of the Second Annual Conference on Genetic Programming,* 370–378. San Francisco: Morgan Kaufmann.
-

Lee, Tai Sing and David Mumford. 2003. " Hierarchial Bayesian Inference in the Visual Cortex. " *Journal of the Optical Society of America A* 20:1434–1448.
-

Leiman, P. G., S. Kanamaru, V. V. Mesyanzhinof, F. Arisaka, and M. G. Rossmann. 2003. " Structure and Morphogenesis of Bacteriophage T4. " *Cellular and Molecular Life Sciences* 60:2356–2370.
-

Lincoln, Tracy A. and Gerald F. Joyce. 2009. " Self-Sustained Replication of an RNA Enzyme. " *Science* 323:1229–1232.
-

Lloyd, Seth. 2006.*Programming the Universe: A Quantum Computer Scientist Takes on the Cosmos.* New York: Alfred A. Knopf.
-

McShea, Daniel W. and Robert N. Brandon. 2010.*Biology 's First Law: The Tendency for Diversity & Complexity to Increase in Evolutionary Systems.* Chicago: University of Chicago Press.
-

McShea, Daniel W. 1991. " Complexity and Evolution; What Everybody Knows. " *Biology and Philosophy* 6:303–324.
-

Morowitz, Harold J., Vijaysarathy Srinivasan, Shelley Copley, and Eric Smith. 2005. " The Simplest Enzyme Revisited, the Chicken and Egg Argument Solved. " *Complexity* 10:12–13.
-

Mossel, Elchanan and Mike Steel. 2004. " Random Biochemical Networks: The Probability of Self Sustaining Autocatalysis. " *Journal of Theoretical Biology* 233:327–336.
-

Paley, William. 1802.*Natural Theology – or Evidences of the Existence and Attributes of the Deity Collected from the Appearances of Nature.* London: Richard Faulder.
-

Pinker, Steven. 1997.*How the Mind Works.* New York: W. W. Norton.
-

Popper, Karl "Of Clocks and Clouds." 1972. Chapter 6 in *Objective Knowledge: An Evolutionary Approach*. Oxford: Oxford University Press.

-

Popper, Karl. 1968. *The Logic of Scientific Discovery*. New York: Harper.

-

Powner M. W., B. Gerland, and J. D. Sutherland. 2009. "Synthesis of activated Pyrimidine Ribonucleotides in Prebiotically Plausible Conditions." *Nature* 459: 239–242.

-

Purvis, Dale, George J. Augustine, David Fitzpatrick, William C. Hall, Anthony-Samuel La Mantia, and Leonard E White, eds. 2012. *Neuroscience*. 5th ed. Sunderland: Sinauer Associates.

-

Rode, Bernd M., Daniel Fitz, and Thomas Jakschitz. 2007. "The First Steps of Chemical Evolution Towards the Origin of Life." *Chemistry & Biodiversity* 4: 2674–2701. Zurich: Verlag Helvetica Chemica Acta.

-

Rothemund, Paul W. K., Nick Papadakis, and Eric Winfree. 2004. "Algorithmic Self-Assembly of DNA Sierpinski Triangles." *PLOS Biology* 2:2041–2052.

-

Ruse, Michael. 2003. *Darwin and Design: Does Evolution Have a Purpose?* Cambridge: Harvard University Press.

-

Schopf, William, ed. 2002. *Life's Origin*. Berkeley: University of California Press.

-

Scientific American. 2002. *Understanding Artificial Intelligence*. New York: Scientific American.

-

Sepkoski, J. J. 1984. "A Kinetic Model of Phanerozoic Taxonomic Diversity. III. Post-Paleozoic Families and Mass Extinctions." *Paleobiology* 10:246–267.

-

Shapiro, Robert. 1987. *Origins, A Skeptic's Guide to the Creation of Life on Earth*. New York: Summit Books.

-

Signor, P. W. 1994. "Biodiversity in Geological Time." *American Zoologist* 34: 23–32.

-

Smith, Adam. 1776. *An Inquiry into the Nature and Causes of the Wealth of Nations*. London: William Strahan.

-

Smolin, Lee. 1997. *The Life of the Cosmos*. Oxford: Oxford University Press.

-

Valentine, James W., Allen G. Collins, and C. Porter Meyer. 1994. "Morphological Complexity Increase in Metazoans." *Paleobiology* 20:131–142.

Van Valen, Leigh. 1973. "A New Evolutionary Law." *Evolutionary Theory* 1:1–30.

Wilson, David Sloan. 2002. *Darwin's Cathedral, Evolution, Religion, and the Nature of Society*. Chicago: Chicago University Press.

Wright, Sewall. 1932. "The Roles of Mutation, Inbreeding, Crossbreeding, and Selection in Evolution." In *Proceedings of the Sixth International Congress on Genetics*, 356–366.

Wolfram, Stephen. 2002.*A New Kind of Science*. Champaign: Wolfram Media.
-
Wolpert, Lewis, Jim Smith, Tom Jessell, Peter Lawrence, Elizabeth Robertson. 2006. *Principles of Development*, 3rd ed. Oxford: Oxford University Press.

译名表

专用名词

《盲眼钟表匠》｜ *The Blind Watchmaker*
《爱丽丝镜中奇遇记》｜ *Through theLooking-Glass*
《达尔文的大教堂》｜ *Darwin's Cathedral*
《科学革命的结构》｜ *The Structure of Scientific Revolutions*
《人类的由来》｜ *Descent of Man*
《小猎犬的远航》｜ *Voyage of the Beagle*
《银河系搭车客指南》｜ *The Hitchhiker's Guide to the Galaxy*
《自私的基因》｜ *The Selfish Gene*
阿肯色大学｜ University of Arkansas
爱荷华州立大学｜ Iowa State University
哥伦比亚大学｜ Columbia University
圭尔夫大学｜ University of Guelph
华盛顿大学｜ Washington University
加州大学伯克利分校｜ University of California at Berkeley
加州理工学院｜ Caltech
卡内基·梅隆大学｜ Carnegie Mellon University
伦敦大学学院｜ University College London
麻省理工学院｜ MIT
曼切斯特大学｜ University of Manchester
美国国家科学基金｜ National Science Foundation
美国国家卫生研究院｜ National Institutes of Health
密歇根大学｜ University of Michigan
牛津大学｜ Oxford University
普林斯顿大学｜ Princeton University
沃尔夫勒姆研究公司｜ Wolfram Research, Inc
芝加哥大学｜ University of Chicago

人名

理查德·道金斯｜ Richard Dawkins
阿兰·阿瑟利｜ Alan Atherly
阿瑟·康普顿｜ Arthur H. Compton
阿斯拓洛·特勒｜ Astro Teller
埃里克·拜因霍克尔｜ Eric Beinhocker
埃里克·温弗里｜ Erik Winfree
埃米·迪坎普｜ Amy D'Camp
奥德丽·吉福德｜ Audrey Gifford
彼得·丹宁｜ Peter Denning
彼得·普雷斯科特｜ Peter Prescott
玻尔兹曼｜ Ludwig Boltzmann
布兰登·霍尔特｜ Brandon Holt
布里奇特·弗兰纳里 - 麦科伊｜ Bridget Flannery-McCoy
大卫·赫尔｜ David Hull
大卫·威尔逊｜ David Sloan Wilson
丹·阿什洛克｜ Dan Ashlock
丹尼尔·丹尼特｜ Daniel Dennett
丹尼尔·麦克谢伊｜ Daniel McShea
道格·芬尼莫尔｜ Doug Finnemore
道格拉斯·亚当斯｜ Douglas Adams
杜安·恩格尔｜ Duane Enger
戈登·鲍恩｜ Gordon Bowen
戈登·摩尔｜ Gordon Moore
吉布斯｜ Willard Gibbs
吉姆·琼斯｜ Jim Jones
加里·霍华德｜ GaryHoward

图书在版编目（CIP）数据

复杂的引擎 /（美）约翰·E. 梅菲尔德著；唐璐译. — 长沙：湖南科学技术出版社，2018.1
（2024.1重印）
（第一推动丛书.综合系列）
ISBN 978-7-5357-9461-1

Ⅰ.①复… Ⅱ.①约…②唐… Ⅲ.①复杂性理论—普及读物 Ⅳ.① TP301.5-49

中国版本图书馆 CIP 数据核字（2017）第 211979 号

The Engine of Complexity
Copyright © Columbia University Press 2013
All Rights Reserved

湖南科学技术出版社通过安德鲁·纳伯格联合国际有限公司获得本书中文简体版中国大陆独家出版
发行权
著作权合同登记号 18-2015-061

FUZA DE YINQIN
复杂的引擎

著者
[美]约翰·E. 梅菲尔德

译者
唐璐

责任编辑
吴炜 孙桂均 杨波

装帧设计
邵年 李叶 李星霖 赵宛青

出版发行
湖南科学技术出版社

社址
长沙市湘雅路 276 号
http://www.hnstp.com
湖南科学技术出版社

天猫旗舰店网址
http://hnkjcbs.tmall.com

邮购联系
本社直销科 0731-84375808

印刷
湖南凌宇纸品有限公司

厂址
长沙市长沙县黄花镇黄花工业园

邮编
410137

版次
2018 年 1 月第 1 版

印次
2024 年 1 月第 7 次印刷

开本
880mm×1230mm 1/32

印张
12.75

字数
267000

书号
ISBN 978-7-5357-9461-1

定价
59.00 元

版权所有，侵权必究。